电气控制与 PLC 技术

主　编：侯柏林　吴仁君　刘锦杭
副主编：何　莹　刘奭奭

天津大学出版社
TIANJIN UNIVERSITY PRESS

图书在版编目（CIP）数据

电气控制与PLC技术 / 侯柏林，吴仁君，刘锦杭主编；何莹，刘爽爽副主编. — 天津 ： 天津大学出版社，2023.5（2024.8重印）

ISBN 978-7-5618-7495-0

Ⅰ. ①电… Ⅱ. ①侯… ②吴… ③刘… ④何… ⑤刘… Ⅲ. ①电气控制②PLC技术 Ⅳ. ①TM571.2②TM571.6

中国国家版本馆CIP数据核字（2023）第100785号

DIANQI KONGZHI YU PLC JISHU

出版发行 天津大学出版社
地　　址 天津市卫津路92号天津大学内（邮编：300072）
电　　话 发行部：022-27403647
网　　址 www.tjupress.com.cn
印　　刷 北京虎彩文化传播有限公司
经　　销 全国各地新华书店
开　　本 787mm×1092mm　1/16
印　　张 16.5
字　　数 419千
版　　次 2023年5月第1版
印　　次 2024年8月第2次
定　　价 49.00元

目　　录

项目一　电气基本控制电路

☑ 项目目标

1. 掌握常用三相交流异步电动机控制系统的工作原理。
2. 会识读三相交流异步电动机控制系统的安装图和原理图。
3. 能根据原理图选配元器件和连接电气线路。
4. 能独立完成三相交流异步电动机控制系统的安装和调试。
5. 能对三相交流异步电动机控制系统的常见故障进行分析并加以排除。
6. 领会安全文明生产要求。

★ OBE(outcome based education,目标导向教育)考点:会识读三相交流异步电动机控制系统的安装图和原理图;能独立完成三相交流异步电动机控制系统的安装和调试。

☑ 项目任务

1. 三相交流异步电动机点动控制线路的安装与调试。
2. 三相交流异步电动机自锁控制线路的安装与调试。
3. 三相交流异步电动机正反转控制线路的安装与调试。
4. 三相交流异步电动机 Y/△降压启动控制线路的安装与调试。

任务一　电动机的点动控制

一、任务目标

(1)掌握三相交流异步电动机点动控制线路的工作原理。
(2)会根据控制线路选择元器件和连接导线。
(3)能根据线路图独立安装三相交流异步电动机点动控制线路。
(4)能按规范调试三相交流异步电动机点动控制线路。
(5)能正确、快速地排除常见故障。

二、任务描述

点动控制线路是三相交流异步电动机控制线路中较简单的一种,其控制方式是:按下启动按钮电动机就运转,松开启动按钮电动机即停转。该线路主要用于短时断续工作的设备和装置中,如电动葫芦、机床。点动控制线路不需要过载保护。

图 1-1 是三相交流异步电动机点动控制线路的原理图,该线路由主电路和控制电路两

部分组成。

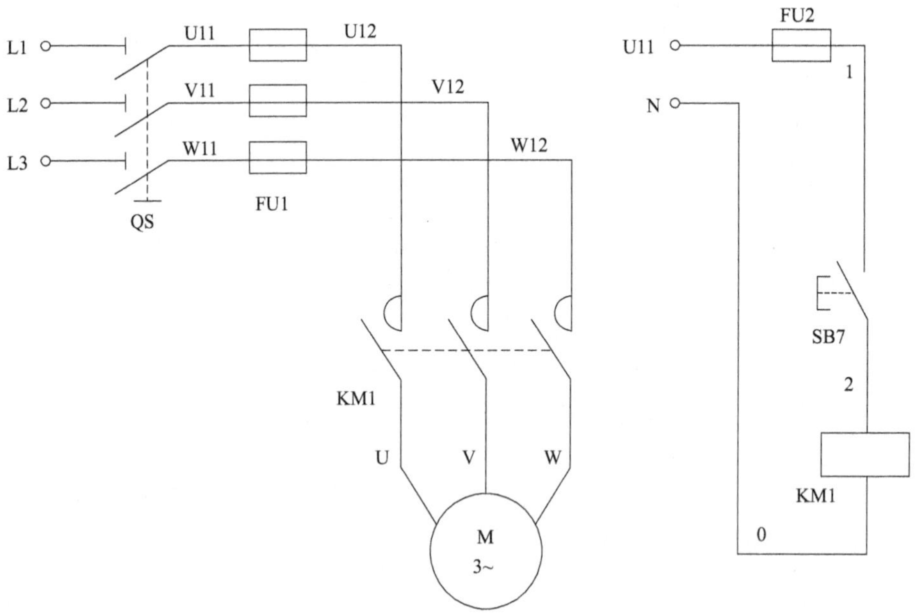

图 1-1　三相交流异步电动机点动控制线路的原理图

电动机点动控制动作分析如下。

(1)电动机运转:按下启动按钮 SB7 →接触器 KM1 线圈得电→ KM1 主触点闭合→电动机运转。

(2)电动机停转:松开启动按钮 SB7 →接触器 KM1 线圈失电→ KM1 主触点断开→电动机停转。

三、任务实施

1. 所需要的工具、设备、材料

所需要的工具、设备、材料如表 1-1 所示。

表 1-1　所需要的工具、设备、材料

序号	名称	数量	序号	名称	数量
1	三相交流异步电动机	1 台	5	交流接触器	1 个
2	绿色按钮	1 个	6	导线	20 根
3	熔断器	2 个	7	电工工具	1 套
4	热继电器	1 个	8	万用表	1 个

2. 线路安装与调试

电动机安装实训挂箱如图 1-2 所示。

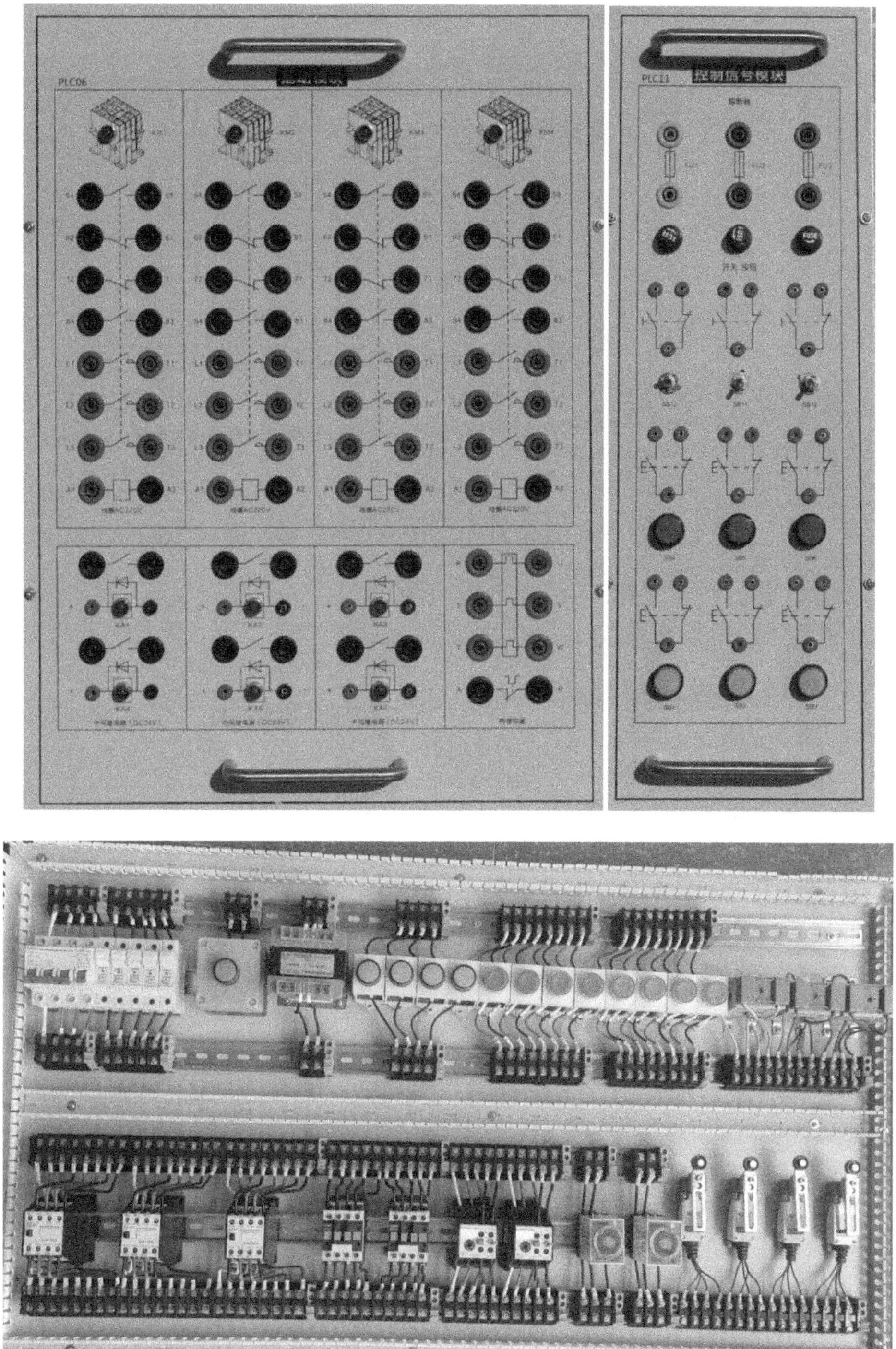

图 1-2　电动机安装实训挂箱

(1)根据表 1-1 配好元器件,并检查各元器件的质量。

(2)接线。按照图 1-1 选择熔断器 FU1、低压断路器 QS、接触器 KM1、按钮 SB7 后开始接线，动力电路用黑色线，控制电路用红色线，接线工艺应符合要求，接线图如图 1-3 所示。

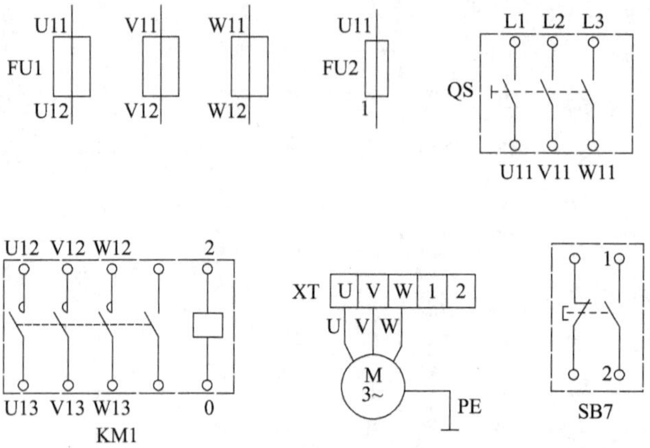

图 1-3 三相交流异步电动机点动控制线路的接线图

（3）检查。通电前仔细检查有无错接、漏接现象。

（4）通电运行。仔细观察接触器的动作情况，观察电动机运转是否正常，若有异常现象应马上断电检查。

四、知识链接

1. 电气控制系统图

电气控制系统一般由电动机和各种电器元件按一定的生产过程要求连接而成，为了便于安装、维修，通常将系统的组成和连接关系用图形的形式表达出来，这种图就是电气控制系统图。

电气控制系统图主要有三种：电气原理图、电气布置图、电气安装接线图。

1）电气原理图

（1）电气原理图一般由主电路和控制电路两部分组成。主电路是从电源到电动机的大电流通过的电路，通常绘制在原理图的左侧。控制电路中通过的电流相对较小，一般包括接触器、继电器的线圈电路和主令电器、接触器、继电器的触点，绘制在原理图的右侧。

（2）电气原理图中的各电器元件不画出实际的外形，而是按国家标准规定的图形符号、文字符号进行绘制。同一电器元件的各个部件可以不画在一起，但必须标注相同的文字符号。若有两个以上同类电器元件，采用在相同的文字符号后加数字序号的方法，如 SB1、SB2。

（3）为了方便读图，电气原理图中的电器元件应按功能进行布局，一般按动作顺序从上到下、从左到右放置。采用垂直布局时，动力电路的电源线绘成水平的，主电路垂直于动力电路，控制电路垂直放在两条电源线之间，线圈等耗能元件应绘制在电路的最下方，类似的电器元件应横向对齐。

（4）在电气原理图中，所有电器元件的图形符号均按未接通电源和没有受外力作用时的状态绘制。例如，接触器的触点符号的方向是：当图形符号垂直绘制时，垂线左侧的触点为常开触点，垂线右侧的触点为常闭触点；当图形符号水平绘制时，水平线下方为常开触点，常闭触点则位于水平线上方。

（5）为方便理解电气原理图和电路的功能，可将原理图分为若干图区，并在图区的下方进行编号，在图区的上方用文字标明各电器元件、电路的作用。

2）电气布置图

电气布置图表示电气控制系统中各电器元件实际的安装位置，包括线槽管和端子板的布置。绘制时要注意，图中各电器元件的文字符号均要与电气原理图中的文字符号相同，图中还需要标注基本的尺寸。

3）电气安装接线图

电气安装接线图表示电气控制系统中各电气设备和各电器元件之间的接线关系，为控制线路的安装、调试、维修提供依据。其绘制原则如下。

（1）各元件的位置应与实际位置相一致，同一元件的各部件要绘制在一起，并用点画线框起来。

（2）各元件的文字符号必须与电气原理图中元件的文字符号相一致，包括接线端子的编号。

（3）为了使接线图整洁、清晰、方便识图，走向相同的多根导线可以绘成单根线表示。

（4）同一安装底板上的电器元件可以直接连线，但安装底板外的电器元件必须通过端子板连接。

2. 三相交流异步电动机

三相交流异步电动机主要由定子和转子构成，如图 1-4 所示。

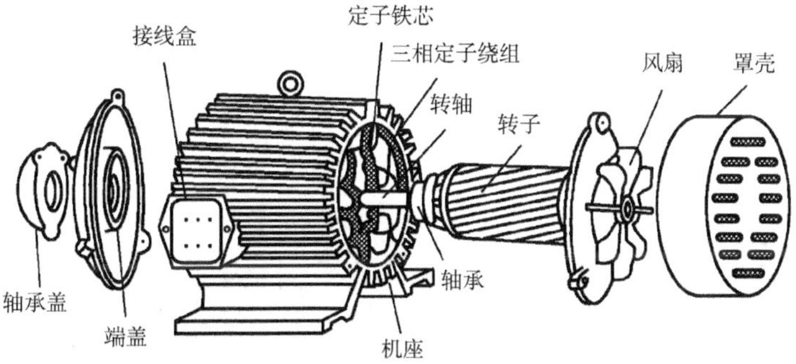

图 1-4　三相交流异步电动机的构件分解图

1）定子

定子由机座、定子铁芯和三相定子绕组组成。

机座：支撑转子，作为磁路的一部分，并有散热的作用，如图 1-5 所示。

定子铁芯：由绝缘硅钢片叠成，能减小涡流损耗，如图 1-5 所示。

三相定子绕组：由漆包线绕制而成，分为 U 相、V 相和 W 相，可以连接为 Y 形和△形，如图 1-6 所示。

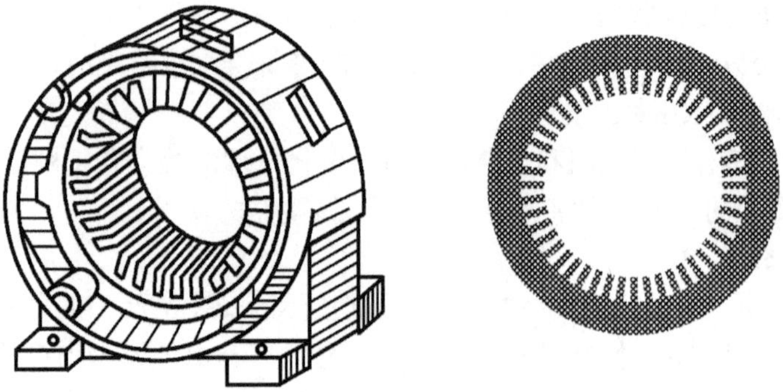

图 1-5　三相交流异步电动机的机座与定子铁芯

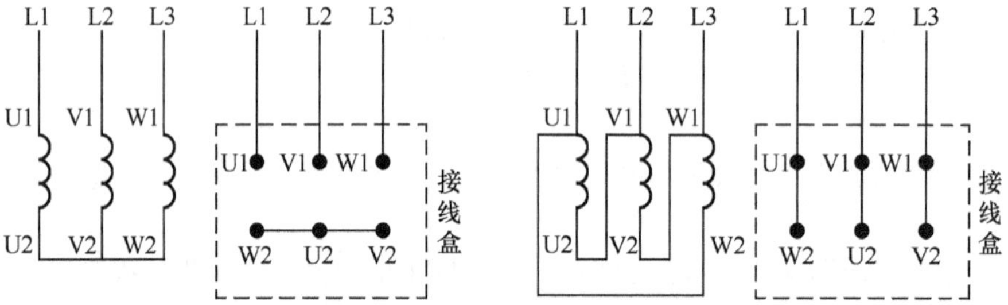

定子绕组 Y 形连接　　定子绕组 △ 形连接

图 1-6　三相交流异步电动机的定子绕组连接方式

2)转子

转子由转轴、转子铁芯和转子绕组等组成,如图 1-7 所示。

转轴:支撑转子,保证定子和转子之间的气隙。

转子铁芯:由硅钢片叠成,用来嵌入转子绕组。

转子绕组:由铜或铝浇铸而成,形似鼠笼,故称鼠笼转子。

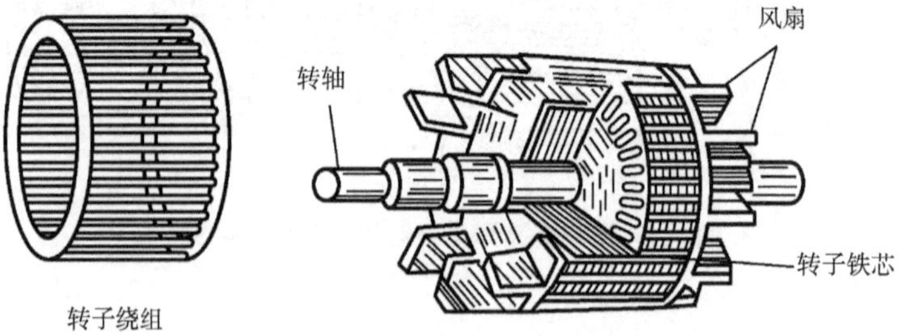

图 1-7　三相交流异步电动机的转子

3. 按钮

按钮是一种结构简单、使用广泛的手动主令电器,通常用来短时间地接通或断开小电流的控制电路,从而控制电动机或其他电气设备的运行。图 1-8 为按钮的外形图。

图 1-8　按钮的外形图

1)按钮的结构

按钮的典型结构如图 1-9 所示。它既有常开触点,也有常闭触点。触点 1、2 为常闭触点或动断触点,触点 3、4 为常开触点或动合触点。

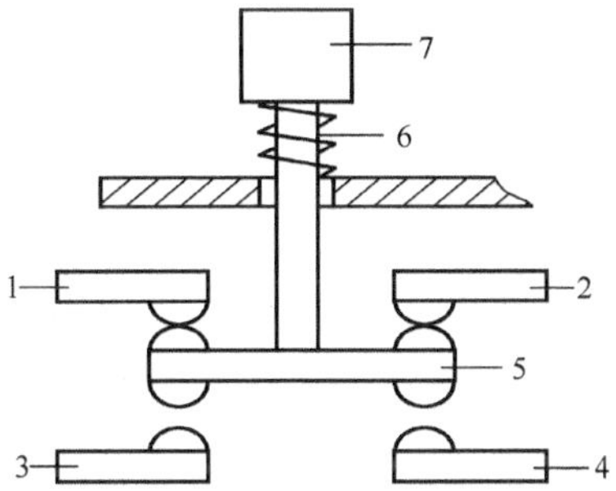

图 1-9　按钮的典型结构

1、2—常闭触点;3、4—常开触点;5—桥式动触点;6—复位弹簧;7—按钮帽

2)按钮的工作原理

常态时,在复位弹簧的作用下,桥式动触点将静触点 1、2 闭合,静触点 3、4 断开;按下按钮时,桥式动触点将静触点 1、2 断开,静触点 3、4 闭合。

3)按钮的图形符号和文字符号

按钮的图形符号和文字符号如图 1-10 所示。

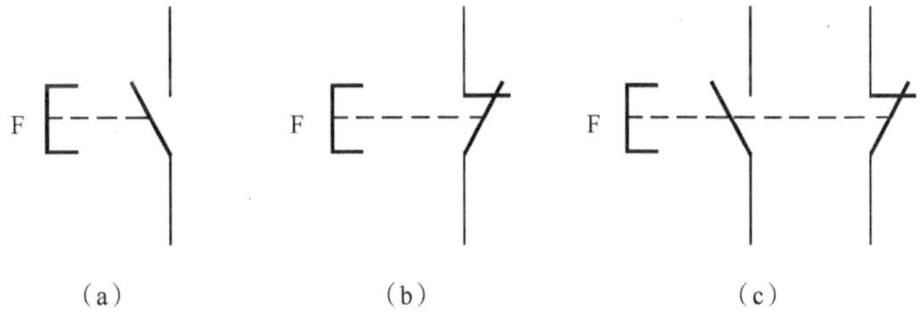

图 1-10　按钮的图形符号和文字符号

(a)常开按钮　(b)常闭按钮　(c)复合按钮

4)按钮的类型

(1)常开按钮。当手指未按下按钮帽时,触点是断开的;当手指按下按钮帽时,触点闭合;当手指松开后,触点在复位弹簧的作用下返回原位而断开。常开按钮在控制电路中常用作启动按钮,其触点称为常开触点或动合触点。

(2)常闭按钮。当手指未按下按钮帽时,触点是闭合的;当手指按下按钮帽时,触点断开;当手指松开后,触点在复位弹簧的作用下恢复闭合。常闭按钮在控制电路中常用作停止按钮,其触点称为常闭触点或动断触点。

(3)复合按钮。当手指未按下按钮帽时,常闭触点是闭合的,常开触点是断开的;当手指按下按钮帽时,先断开常闭触点,后闭合常开触点;当手指松开后,触点在复位弹簧的作用下全部复位。复合按钮在控制电路中常用于电气连锁。

为了便于识别各个按钮的作用,避免误操作,通常在按钮帽上做不同的标记或涂不同的颜色。例如,停止按钮必须是红色的,急停按钮必须用红色蘑菇形按钮,启动按钮必须是绿色的,点动按钮必须是黑色的,复位按钮必须是蓝色的(如保护继电器的复位按钮)。

4. 接触器

接触器是一种用于远距离频繁地接通与断开交直流主电路和大容量控制电路的自动切换电器。其主要控制对象是电动机,也可以用于控制其他电力负载,如电热器、照明灯、电焊机、电容器组等。接触器具有操作频率高、使用寿命长、工作可靠、性能稳定、维修方便等优点,同时还具有低电压释放保护功能,在电力拖动自动控制系统中得到了广泛应用。

1)交流接触器

交流接触器常用于远距离频繁地接通和断开额定电压至600 V 、额定电流至630 A 的交流电路,其外形如图1-11所示。交流接触器由电磁系统、触点系统、灭弧装置和其他部件组成,如图1-12所示。

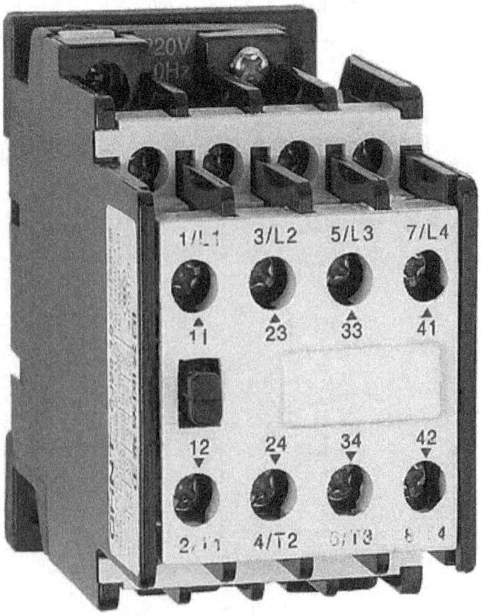

图1-11 交流接触器的外形

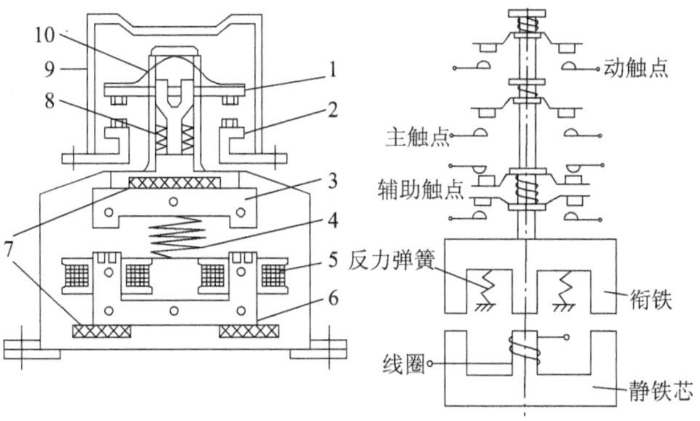

图 1-12　交流接触器结构示意

1—动触头；2—静触头；3—衔铁；4—反力弹簧；5—线圈；6—静铁芯；7—垫毡；8—触头弹簧；9—灭弧罩；10—触头压力弹簧

（1）电磁系统。电磁系统由线圈、动铁芯（衔铁）、静铁芯组成，主要完成电能向机械能的转化。电磁系统用来操纵触点的闭合与断开。由电磁感应原理可知，线圈通电后，静铁芯将吸引衔铁，当吸力大于反力弹簧的作用力时，衔铁移向静铁芯，直至两者接触为止。在接触器的衔铁上，通过机械连杆装有各种触点。当线圈得电时，常开触点闭合，常闭触点断开；当线圈断电时，动作与上述过程相反。

（2）触点系统。触点系统包括主触点和辅助触点。主触点用于通断主电路，辅助触点用于控制辅助电路。主触点容量大，有三对或四对常开触点；辅助触点容量小，通常有两对常开、常闭触点，且分布在主触点两侧。

（3）灭弧装置。容量在 30 A 以上的接触器都有灭弧装置。小容量的接触器常采用双断口桥形触点，以利于灭弧，其上有陶土灭弧罩；大容量的接触器常采用纵缝灭弧罩、栅片灭弧结构。

（4）其他部件。其他部件包括反力弹簧、缓冲弹簧、触头压力弹簧、传动机构、接线端子、外壳等。

2）直流接触器

直流接触器主要用于远距离接通与断开额定电压至 440 V、额定电流至 630 A 的直流电路，或频繁地操作控制直流电动机的启动、停止、反转和反接制动。

直流接触器的结构和工作原理与交流接触器类似，也由电磁系统、触点系统、灭弧装置等部分组成，只不过铁芯的结构、线圈的形状、触点开关及其数量、灭弧方式、吸力特性、故障形式等有所不同。

3）接触器的主要技术参数

接触器的主要技术参数有额定电压、额定电流、线圈的额定电压、机械寿命和电气寿命、线圈消耗功率、额定操作频率、动作值等。

（1）额定电压。额定电压指接触器主触点的额定工作电压。在一般情况下，交流额定电压主要有 AC 220 V、AC 380 V、AC 660 V，在特殊场合可高达 AC 1 140 V；直流额定电压主要有 DC 110 V、DC 220 V、DC 440 V 等。

（2）额定电流。额定电流指接触器主触点的额定工作电流。它是在一定的条件（额定电压、使用类别和额定操作频率等）下规定的，目前常用的电流为 10~800 A。

(3)线圈的额定电压。交流额定电压有 AC 36 V 、AC 127 V、AC 220 V 和 AC 380 V;直流额定电压有 DC 24 V、DC 48 V、DC 220 V 和 DC 440 V。

(4)机械寿命和电气寿命。接触器的机械寿命一般可达数百万次甚至一千万次;电气寿命一般是机械寿命的 5‰~20‰。

(5)线圈消耗功率。线圈消耗功率可分为启动功率和吸持功率。对直流接触器,两者相等;对交流接触器,启动功率一般为吸持功率的 5~8 倍。

(6)额定操作频率。额定操作频率指每小时允许的操作次数,如 300 次/h、600 次/h、1 200 次/h。

(7)动作值。动作值分为吸合电压和释放电压。规定接触器的吸合电压高于线圈的额定电压的 85%时应可靠吸合,释放电压不应高于线圈的额定电压的 70%。

4)接触器的电气符号

接触器的电气符号如图 1-13 所示。

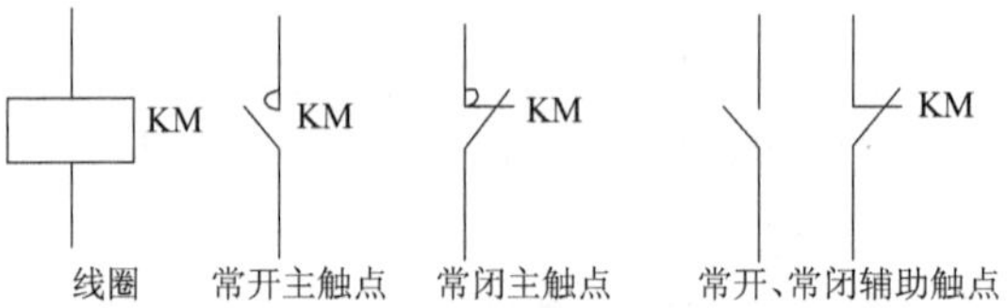

图 1-13 接触器的电气符号

5. 继电器

继电器是一种根据电气量(电压、电流等)或非电气量(时间、温度、速度、压力等)的变化接通或断开控制电路的自动切换电器。

继电器种类繁多、应用广泛,按输入信号可分为电压继电器、电流继电器、时间继电器、温度继电器、速度继电器、压力继电器等;按工作原理可分为电磁式继电器、感应式继电器、电动式继电器、热继电器、电子式继电器等;按用途可分为控制继电器、保护继电器等;按动作时间可分为瞬时继电器、延时继电器等。本节以电磁式继电器为主介绍几种常用的继电器。

1)电磁式继电器

电磁式继电器结构简单,价格低廉,使用、维修方便,广泛地应用于控制系统中。常用的电磁式继电器有电压继电器、电流继电器等。

电磁式继电器的结构和工作原理与接触器相似,即感应机构是电磁系统,执行机构是触点系统。电磁式继电器主要用于控制电路中,其触点容量较小(额定电流一般在 10 A 以下),触点对数多且无主、辅之分,无灭弧装置,体积小,动作迅速、准确,控制灵敏,可靠性高。

2)中间继电器

中间继电器实质上是一种电压继电器,其触点对数多,触点容量较小(额定电流为 5~10 A),可把一个输入信号变成多个输出信号或将信号放大(即增大触点容量),起到信号中转的作用。

中间继电器体积小，动作灵敏度高，在 10 A 以下的电路中可代替接触器起控制作用。中间继电器及其电气符号如图 1-14 所示。

（a）　　（b）　　（c）

图 1-14　中间继电器及其电气符号

（a）DZ-30B 系列直流中间继电器　（b）JZC4 系列交流中间继电器　（c）电气符号

3）时间继电器

在生产中经常需要以一定的时间间隔对生产机械进行控制。例如：电动机降压启动需要一定的时间才能加上额定电压；一条自动化生产线中的多台电动机常需要分批启动，在第一批电动机启动后，经过一定的时间才能启动第二批电动机。这类自动控制称为时间控制，时间控制通常是利用时间继电器实现的。

时间继电器是一种根据电磁原理或机械动作原理来实现触点系统延时接通或断开的自动切换电器。

时间继电器按动作原理可分为电磁式、空气阻尼式、电动式、电子式、可编程式和数字式；按延时方式可分为通电延时型与断电延时型两种。

时间继电器的电气符号如图 1-15 所示。

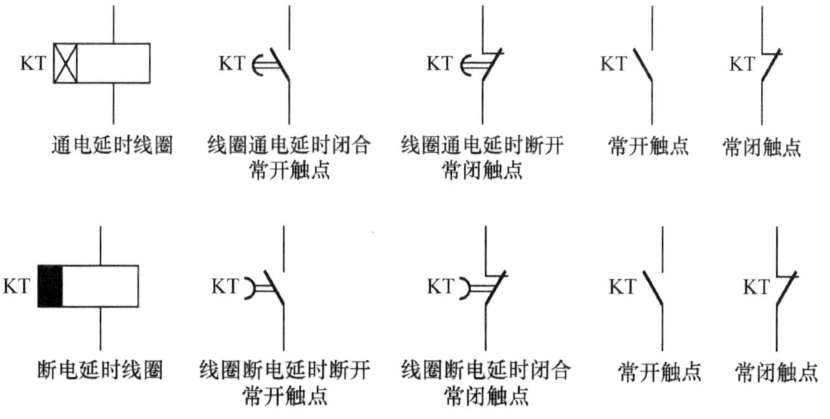

图 1-15　时间继电器的电气符号

下面以空气阻尼式时间继电器为例详细介绍时间继电器的结构和工作原理。

空气阻尼式时间继电器利用空气阻尼原理获得延时，它由电磁系统、工作触点、空气室和传动机构四部分组成，如图 1-16 所示。

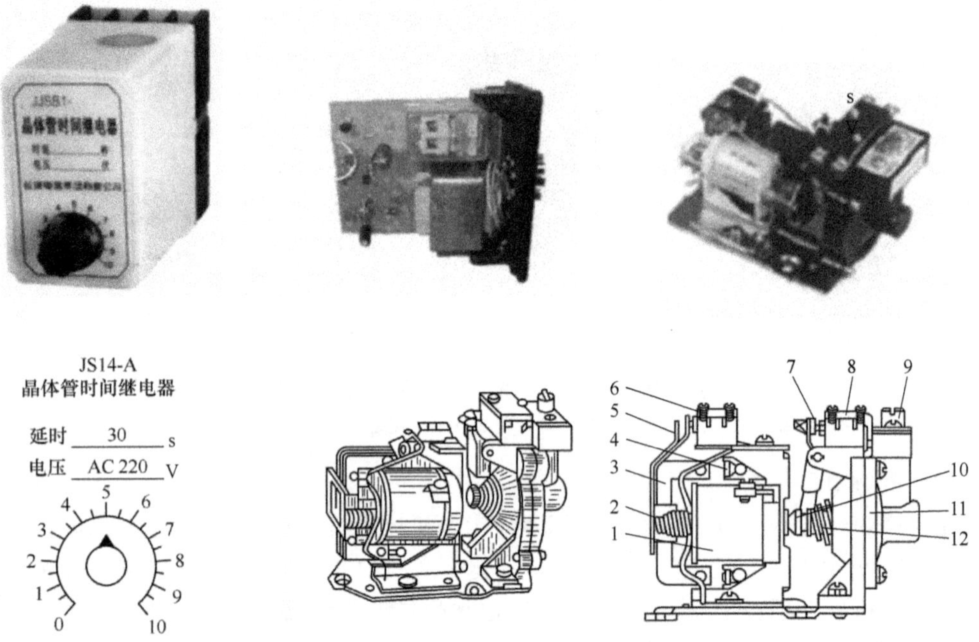

图 1-16　空气阻尼式时间继电器

1—线圈；2—反力弹簧；3—衔铁；4—铁芯；5—弹簧片；6—瞬时动作触点；
7—杠杆；8—延时动作触点；9—调节螺钉；10—推杆；11—空气室；12—宝塔形弹簧

电磁系统：由线圈、铁芯和衔铁组成，还有反力弹簧和弹簧片。在实际应用中，主要依靠电磁系统带动触点闭合与断开。

工作触点：是执行机构，由两对瞬时动作触点（一对常开、一对常闭）和两对延时动作触点组成。

空气室和传动机构：起延时和中间传递作用。空气室内有一块橡胶薄膜，其随空气的增减而移动。空气室上面的调节螺钉可调节延时的长短。传动机构由推杆、活塞杆、杠杆和宝塔形弹簧组成。

空气阻尼式时间继电器结构简单，价格低廉，但准确度低，延时误差大，因此在要求延时精度高的场合不宜采用。

空气阻尼式时间继电器有通电延时和断电延时两种类型，下面介绍通电延时型时间继电器（图 1-17）的工作原理。当线圈通电时，衔铁被吸合，活塞杆在宝塔形弹簧的作用下移动，移动速度由进气孔的气隙大小而定，各延时动作触点不立即动作，而要通过传动机构延迟一段时间才动作；当线圈断电时，延时动作触点迅速复原。

时间继电器种类很多，各具特点，在选择时可从以下几方面考虑。

（1）根据控制电路对延时动作触点的要求选择延时方式，即通电延时型或断电延时型。

（2）根据延时范围和精度要求选择。

（3）根据使用场合、工作环境选择。如电源电压波动大的场合可选用空气阻尼式或电动式时间继电器，电源频率不稳定的场合不宜选用电动式时间继电器，环境温度变化大的场合不宜选用空气阻尼式和电子式时间继电器。

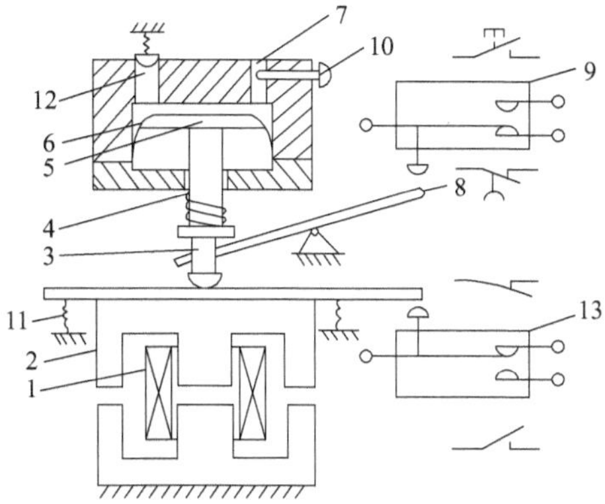

图 1-17 通电延时型时间继电器的结构示意

1—线圈；2—衔铁；3—活塞杆；4—宝塔形弹簧；5—橡胶薄膜；6—空气室；7—进气孔；8—推杆；9、13—微动开关；10—调节螺钉；11—反力弹簧；12—出气孔

4）热继电器

热继电器是一种利用电流的热效应来切断电路的保护电器，其外形如图 1-18 所示。

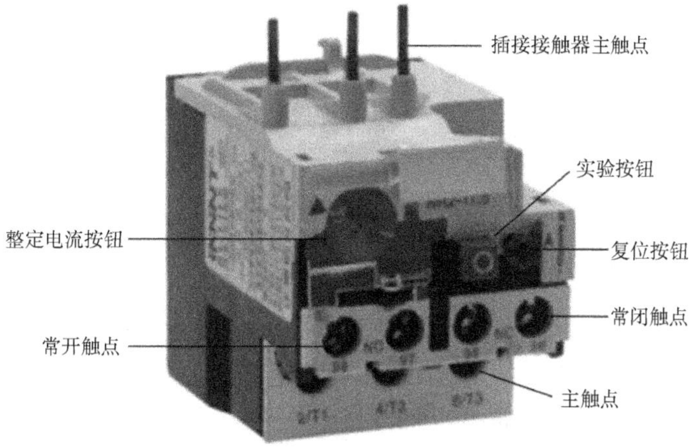

（a）

（b）（c）（d）

图 1-18 热继电器的外形

（a）JRS 系列 （b）T 系列 （c）JR16 系列 （d）JR20 系列

热继电器主要由发热元件、双金属片、触点和动作机构等组成，如图 1-19 所示。其中双金属片由两种膨胀系数不同的金属片焊合而成，受热后膨胀系数较大的主动片将向膨胀系数较小的被动片弯曲。

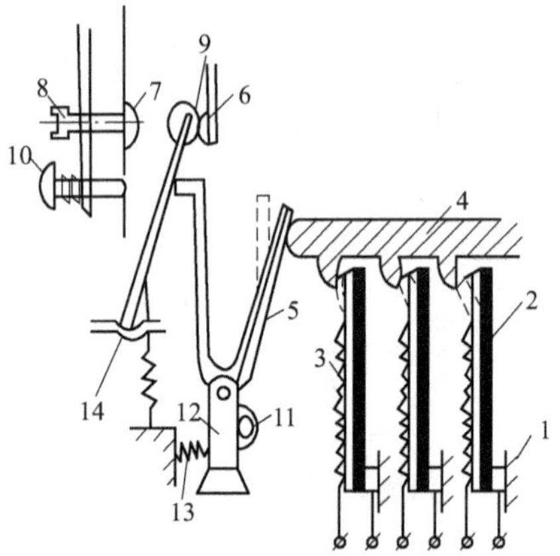

图 1-19　热继电器的结构示意

1—接线端子；2—双金属片；3—发热元件；4—推动导板；5—补偿双金属片；6 —常闭触点；7—常开触点；8—复位调节螺钉；9—动触点；10—复位按钮；11—调节按钮；12—支撑件；13—弹簧；14—推杆

热继电器在出现电动机不能承受的过载时切断电动机的电路，为电动机提供过载保护。所谓过载即电动机定子绕组的电流超过其额定值。电动机在实际运行中短时过载是允许的，但如果长期过载，绕组温升超过额定温升，将损坏绕组的绝缘，缩短电动机的使用寿命，严重时甚至会烧坏电动机绕组。因此，必须采取过载保护措施。

（1）热继电器的工作原理。热继电器的发热元件由电阻丝做成，它串接在电动机的定子绕组（电动机的主电路）中，电动机的绕组电流即为流过发热元件的电流，常闭触点串接在控制电路中。当电动机正常工作时，发热元件产生的热量能使双金属片弯曲，但不足以使触点动作；当过载时，流过发热元件的电流增大，产生的热量增加，双金属片产生的弯曲位移增大，推动导板带动补偿双金属片和与之相连的动作机构使触点动作，切断电动机的控制电路。

热继电器动作后，经过一段时间的冷却自动复位或经手动复位，其动作电流可通过旋转凸轮来调节。

热继电器由于其热惯性，当电路短路时不能立即动作切断电路，因此不能用于短路保护。

（2）热继电器的主要技术参数。热继电器的主要技术参数包括额定电压、额定电流、相数、发热元件编号、整定电流范围等。

整定电流是长期通过发热元件而不会引起热继电器动作的最大电流。电流超过整定电流的 20% 时，热继电器应当在 20 min 内动作，超过的数值越大，发生动作的时间越短。整定电流的大小在一定范围内可以通过旋转凸轮来调节。选用热继电器时，应使其整定电流等于电动机的额定电流。

（3）热继电器的电气符号。热继电器的电气符号如图 1-20 所示。

图 1-20 热继电器的电气符号

任务二 电动机的自锁控制

一、任务目标

(1)掌握三相交流异步电动机自锁控制线路的工作原理。

(2)会根据控制线路选择元器件和连接导线。

(3)能根据线路图独立安装三相交流异步电动机自锁控制线路。

(4)能按规范调试三相交流异步电动机自锁控制线路。

(5)能正确、快速地排除常见故障。

二、任务描述

自锁控制线路是三相交流异步电动机控制线路中常见的一种,其控制方式是:按下启动按钮电动机就运转,松开启动按钮后电动机仍然处于运转状态,要使电动机停转必须按下停止按钮。由于电动机是连续工作的,因此必须进行过载保护,防止电动机因过载或缺相而损坏。

三相交流异步电动机自锁控制线路的原理图如图 1-21 所示,该线路由主电路和控制电路两部分组成。

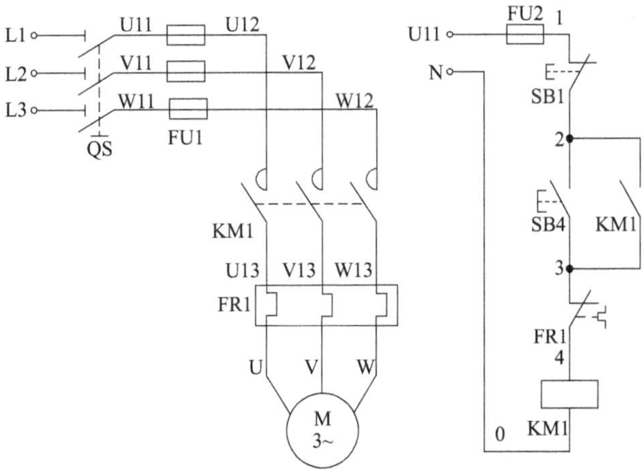

图 1-21 三相交流异步电动机自锁控制线路的原理图

1. 电动机启动

按下启动按钮 SB4 →接触器 KM1 线圈得电→ KM1 主触点闭合→电动机 M 得电并进入运转状态→ KM1 辅助常开触点闭合。

2. 自锁

由于 KM1 辅助常开触点闭合，松开启动按钮 SB4 后，接触器 KM1 线圈仍然得电，这个过程称为自锁。

接触器 KM1 线圈得电→ KM1 辅助常开触点（自锁触点）闭合→启动按钮 SB4 被短接→松开启动按钮 SB4 →接触器 KM1 线圈继续得电。

3. 电动机停转

按下停止按钮 SB1 → 接触器 KM1 线圈失电→ KM1 线圈主触点与辅助常开触点均断开→电动机的主电路与控制电路均被切断→电动机 M 失电停转。

4. 过载保护

电动机长期过载→热继电器 FR1 的发热元件发热→控制电路中的 FR1 常闭触点断开→接触器 KM1 线圈失电→ KM1 主触点断开→电动机 M 失电停转→电动机过载保护实现。

三、任务实施

1. 所需要的工具、设备、材料

所需要的工具、设备、材料如表 1-2 所示。

表 1-2　所需要的工具、设备、材料

序号	名称	数量	序号	名称	数量
1	三相交流异步电动机	1 台	6	交流接触器	1 个
2	绿色按钮	1 个	7	导线	20 根
3	红色按钮	1 个	8	电工工具	1 套
4	熔断器	2 个	9	万用表	1 个
5	热继电器	1 个			

2. 线路安装与调试

（1）根据表 1-2 配好元器件，并检查各元器件的质量。

（2）接线。按照图 1-21，以先电源电路、再主电路、最后控制电路的顺序和不妨碍后续接线的原则进行接线。先选择熔断器 FU1、低压断路器 QS 等元器件，然后接线，动力电路用黑色线，控制电路用红色线，接线图如图 1-22 所示。

（3）检查。通电前仔细检查有无错接、漏接现象。

（4）通电运行。仔细观察接触器的动作情况，观察电动机运转是否正常，若有异常现象应马上断电检查。

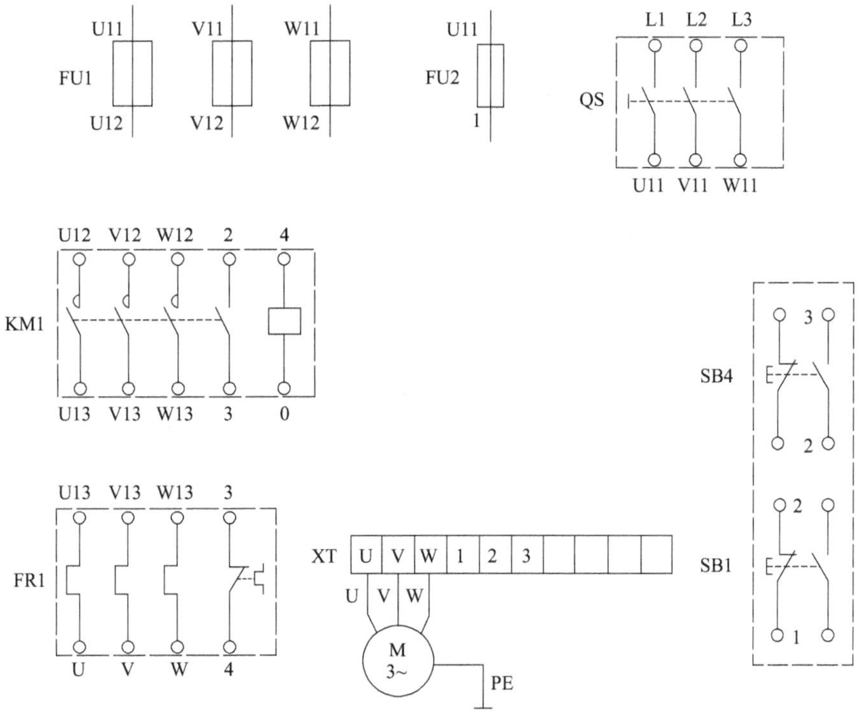

图 1-22　三相交流异步电动机自锁控制线路的接线图

任务三　电动机的正反转控制

一、任务目标

（1）掌握三相交流异步电动机正反转控制线路的工作原理。

（2）会根据控制线路选择元器件和连接导线。

（3）会使用常用电工工具与仪表。

（4）能根据线路图独立安装三相交流异步电动机正反转控制线路。

（5）能按规范调试三相交流异步电动机正反转控制线路。

（6）能正确、快速地排除常见故障。

二、任务描述

电动机的正反转控制用于要求机械的运动部件能向正、反两个方向运动的场合，如机床工作台的前进与后退控制、卷板机的正反转控制、起重机的上升与下降控制等。由电动机的工作原理可知，只要改变三相交流异步电动机三相电源的相序即可改变电动机的转动方向，实现电动机的正反转控制，通常将其中两相对调，另外一相不变。

三相交流异步电动机正反转控制线路的原理图如图 1-23 所示，该线路由主电路和控制电路两部分组成。

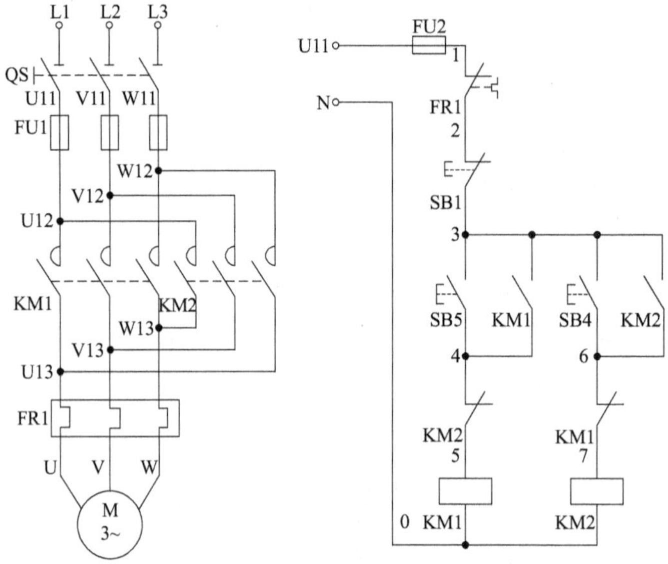

图 1-23　三相交流异步电动机正反转控制线路的原理图

1. 正向运转

合上电源开关 QS，按下正转启动按钮 SB5，正转控制回路接通，正转接触器 KM1 的线圈通电动作，其常开触点闭合自锁、常闭触点断开对反转接触器 KM2 的连锁，同时主触点闭合，主电路按 U1、V1、W1 的相序接通，电动机正转。

2. 反向运转

要使电动机改变转向（即由正转变为反转），应先按下停止按钮 SB1，使正转控制回路断开，电动机停转。为什么要这样操作呢？因为反转控制回路中串联了正转接触器 KM1 的常闭触点，当 KM1 通电工作时，它是断开的，若这时直接按下反转启动按钮 SB4，反转接触器 KM2 是无法通电的，故电动机仍然处于正转状态，不会反转。电动机停转后按下 SB4，KM2 通电动作，其主触点闭合，主电路按 W1、V1、U1 的相序接通，电动机的电源相序改变了，故电动机反向转动。

3. 停转

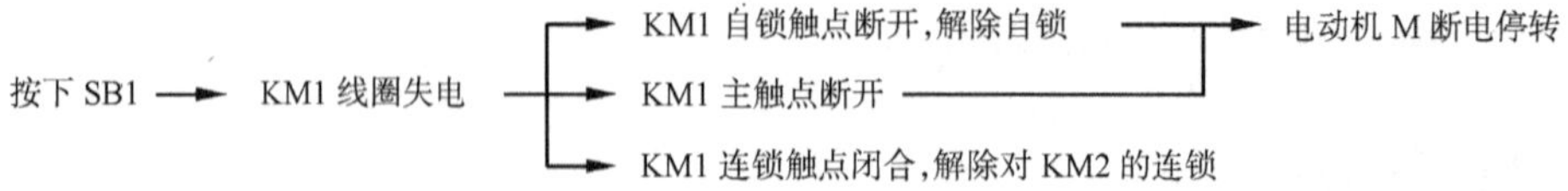

三、任务实施

1. 所需要的工具、设备、材料

所需要的工具、设备、材料如表 1-3 所示。

表 1-3　所需要的工具、设备、材料

序号	名称	数量	序号	名称	数量
1	三相交流异步电动机	1 台	6	热继电器	1 个
2	绿色按钮	1 个	7	交流接触器	2 个
3	红色按钮	1 个	8	导线	20 根
4	黄色按钮	1 个	9	电工工具	1 套
5	熔断器	2 个	10	万用表	1 个

2. 线路安装与调试

（1）根据表 1-3 配好元器件，并检查各元器件的质量。

（2）接线。按照图 1-23 接线，接线图如图 1-24 所示。正反转控制线路的接线较复杂，特别是按钮用得较多。在电路中，两处主触点的接线必须保证相序相反；连锁触点必须保证常闭互串；按钮的接线必须正确、可靠、合理。

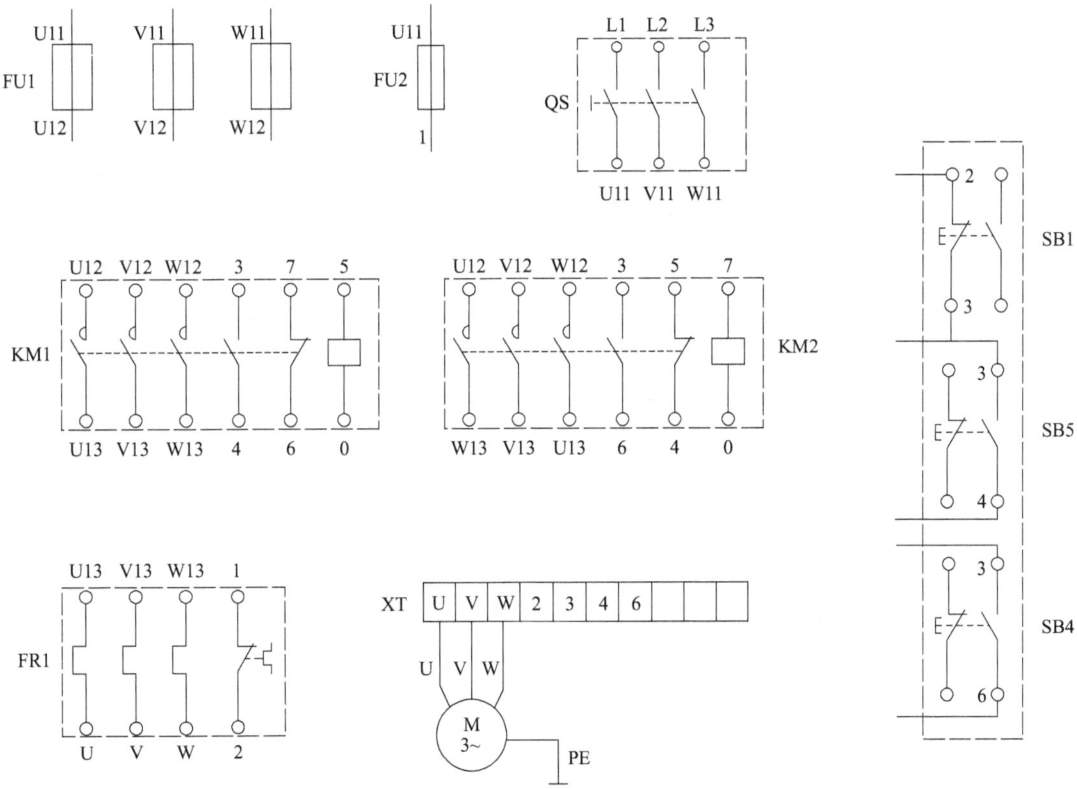

图 1-24　三相交流异步电动机正反转控制线路的接线图

（3）检查。通电前仔细检查有无错接、漏接现象。

（4）通电运行。仔细观察接触器的动作情况，观察电动机运转是否正常，若有异常现象应马上断电检查。

任务四　电动机的 Y/△降压启动控制

一、任务目标

（1）掌握三相交流异步电动机 Y/△降压启动控制线路的工作原理。
（2）会根据控制线路选择元器件和连接导线。
（3）会使用常用电工工具与仪表。
（4）能根据线路图独立安装三相交流异步电动机 Y/△降压启动控制线路。
（5）能正确、快速地排除常见故障。

二、任务描述

三相交流异步电动机直接启动（即全压启动）时控制线路简单，但启动电流很大，可达到额定电流的 4~7 倍。当电动机容量较大，不允许采用全压启动时，应采用降压启动。降压启动时，利用启动设备将电压降低后再加到电动机上，当电动机的转速升到一定值时再转到额定电压下运行。这种启动方法虽然可以减小启动电流，但电动机的转矩与电压的二次方成正比，电动机的启动转矩也因降压启动而减小，所以只适用于笼型电动机空载或轻载启动的场合。降压启动的目的是限制启动电流。

Y/△降压启动是常用的降压启动方法之一。其原理是：启动时将定子绕组星形（Y）连接，以限制启动电流，待电动机转速接近额定转速时将定子绕组转接成三角形（△），使电动机全压运行。采用这种启动方法启动电流较小（为直接启动时的 1/3），启动转矩也较小（为直接启动时的 1/3）。此外，采用这种启动方法可以频繁启动。

采用时间继电器控制方式的三相交流异步电动机 Y/△降压启动控制线路的原理图如图 1-25 所示，该线路由主电路和控制电路两部分组成。

线路的动作过程如下：

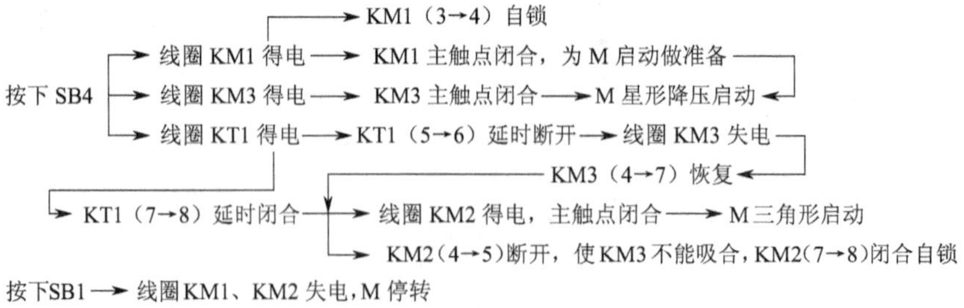

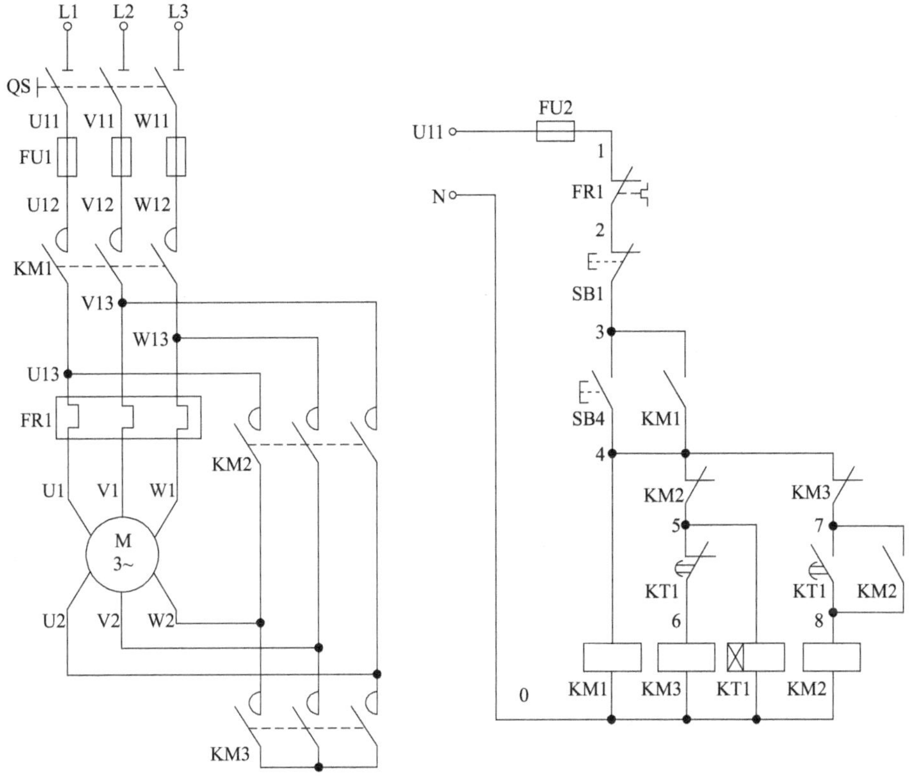

图 1-25　三相交流异步电动机 Y/△降压启动控制线路的原理图

三、任务实施

1. 所需要的工具、设备、材料

所需要的工具、设备、材料如表 1-4 所示。

表 1-4　所需要的工具、设备、材料

序号	名称	数量	序号	名称	数量
1	三相交流异步电动机	1 台	6	时间继电器	1 个
2	绿色按钮	1 个	7	交流接触器	3 个
3	红色按钮	1 个	8	导线	20 根
4	熔断器	2 个	9	电工工具	1 套
5	热继电器	1 个	10	万用表	1 个

2. 线路安装与调试

（1）根据表 1-4 配好元器件，并检查各元器件的质量。

（2）接线。按照图 1-25，以先电源电路、再主电路、最后控制电路的顺序和不妨碍后续接线的原则进行接线，接线图如图 1-26 所示。

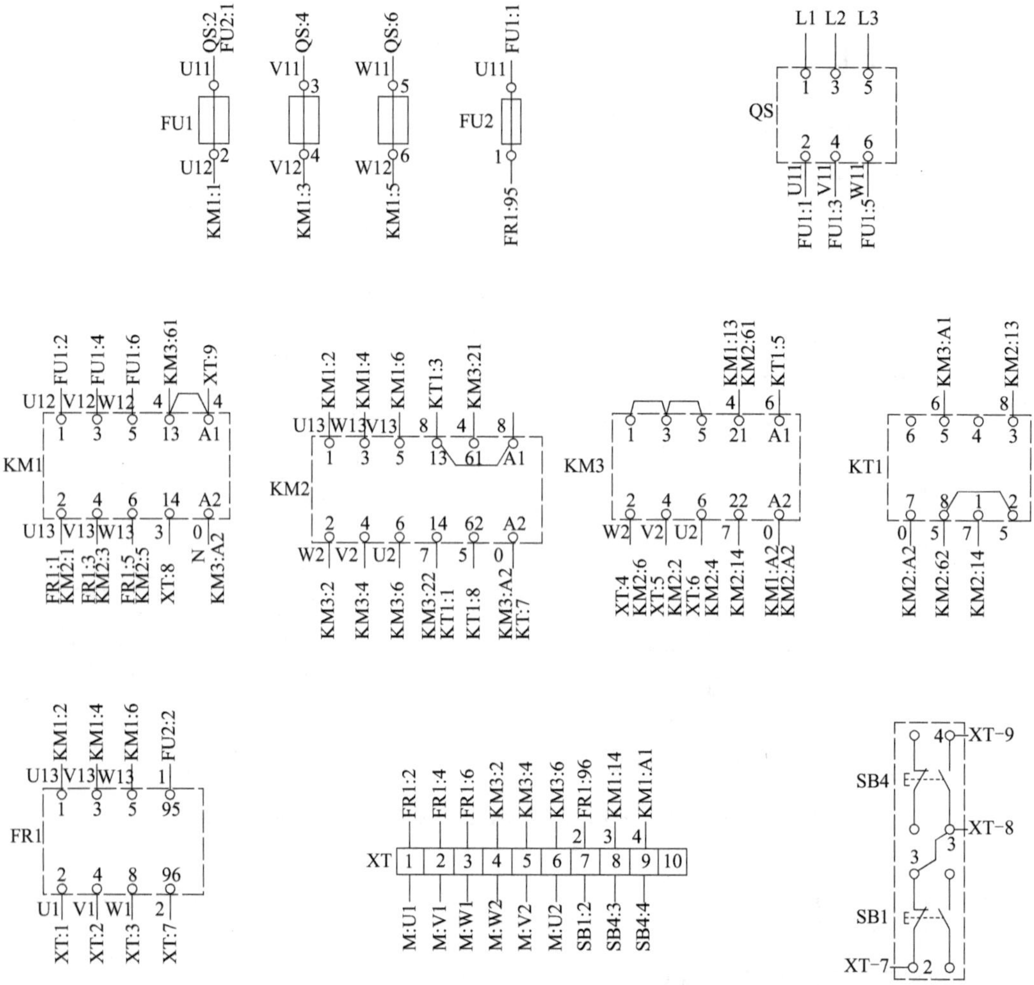

图 1-26　三相交流异步电动机 Y/△降压启动控制线路的接线图

（3）检查。通电前仔细检查有无错接、漏接现象。

（4）通电运行。仔细观察接触器的动作情况，观察电动机运转是否正常，若有异常现象应马上断电检查。

四、知识链接

得到输入信号（线圈通电或断电）后延迟一段时间才输出信号（触点状态变化）的继电器称为时间继电器，其外形如图 1-27 所示。时间继电器根据延时方式可分为通电延时型和断电延时型。常用的时间继电器有电磁式、空气阻尼式等，下面以空气阻尼式时间继电器为例进行介绍。

1）时间继电器的结构

时间继电器由电磁机构、延时机构和触点组成。图 1-28 所示为空气阻尼式时间继电器的结构。

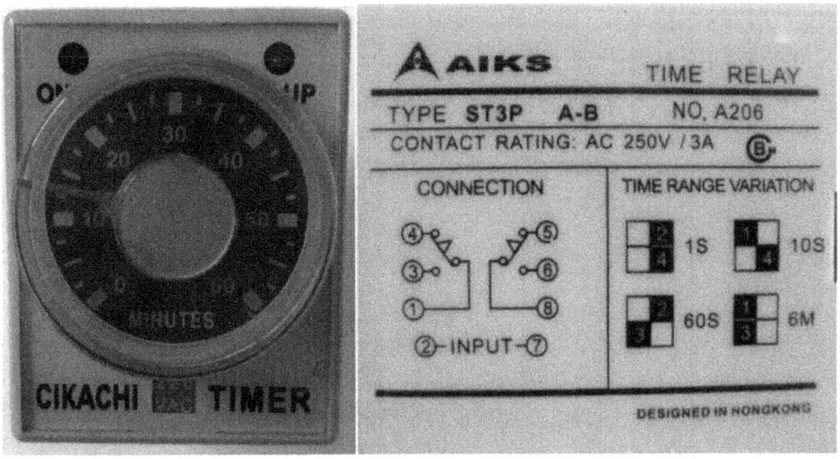

图 1-27　时间继电器的外形

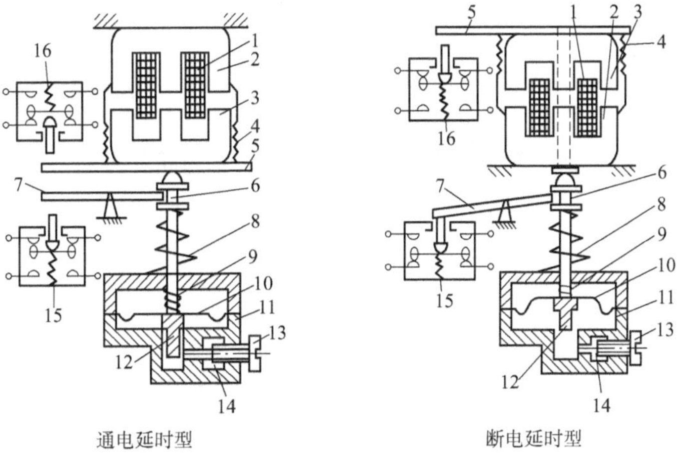

图 1-28　空气阻尼式时间继电器的结构

1—线圈；2—铁芯；3—衔铁；4—反力弹簧；5—推杆；6—活塞杆；7—杠杆；8—宝塔形弹簧；
9—弱弹簧；10—橡胶薄膜；11—空气室壁；12—活塞；13—调节螺钉；14—进气孔；15、16—微动开关

2）时间继电器的工作原理

空气阻尼式时间继电器利用空气阻尼原理达到延时的目的，其电磁机构有交流、直流两种。通电延时型和断电延时型时间继电器的结构和工作原理均相同，只是电磁机构安装位置相反。如图 1-28 所示，以通电延时型时间继电器为例说明时间继电器的工作原理。当线圈 1 通电后，衔铁 3 与铁芯 2 吸合，活塞杆 6 在宝塔形弹簧 8 的作用下带动活塞 12 和橡胶薄膜 10 向上移动，橡胶薄膜下方的空气室形成负压，活塞杆缓慢移动，移动速度由进气孔 14 的气隙大小决定。经过一段时间的延时后，活塞杆通过杠杆 7 压动微动开关 15，使其触点动作，起到通电延时的作用。当线圈断电后，电磁力消失，衔铁被释放，橡胶薄膜下方的空气室内的空气通过单向阀迅速排出，时间继电器迅速复位。

3）时间继电器的类型

（1）通电延时型：线圈通电，一定时间后触点才闭合或断开；线圈断电，触点瞬时复位。

（2）断电延时型：线圈通电，触点瞬时闭合或断开；线圈断电，一定时间后触点才复位。

4）时间继电器的图形符号和文字符号

图 1-29、图 1-30 所示分别为通电延时型、断电延时型时间继电器的图形符号和文字符号。

图 1-29　通电延时型时间继电器的图形符号和文字符号

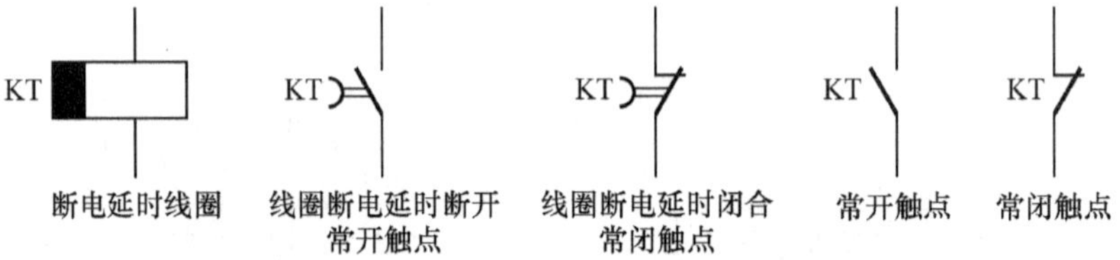

图 1-30　断电延时型时间继电器的图形符号和文字符号

5）时间继电器的型号

时间继电器的型号如图 1-31 所示。

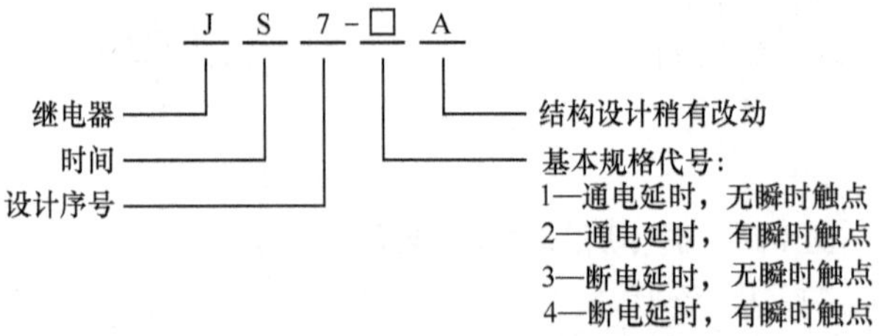

图 1-31　时间继电器的型号

6）时间继电器的选用原则

（1）线圈或电源的电流种类和电压等级应与控制电路相同。

（2）按控制要求选择延时方式和触点形式。

（3）校核触点数量和容量，若不够可以用中间继电器扩展。

☑ 项目小结

1. 常用低压电器有熔断器、断路器、热继电器、按钮（主令电器）、时间继电器、接触器、组合开关。在选用低压电器时应遵循安全和经济的基本原则。

2. 通常在启动按钮两端并联交流接触器的一对常开触点，构成自锁环节。电器之间相互联系和制约构成连锁（或互锁）环节。自锁和连锁控制在电气控制电路中应用十分广泛，是最基本的控制。

3. 电动机控制线路的安装与调试步骤如下。

（1）识读电路图，分析电路的工作原理。

（2）根据电路图或元器件明细表配齐元器件，并进行检验。

（3）绘制电气布置图和电气安装接线图。

（4）选配主电路和控制电路的导线。

（5）根据电气安装接线图布线。

（6）连接电动机和所有元器件金属外壳的保护接地线。

（7）连接电源、电动机等控制板外部的导线。

（8）自检并请指导教师验收。

（9）通电试车。

项目二　基本逻辑指令应用

☑ 项目目标

1. 了解 PLC(programmable logic controller,可编程逻辑控制器)的定义、产生和发展。
2. 掌握 PLC 控制系统的接线和基本控制原理。
3. 掌握 STEP 7-Micro/WIN 编程软件的使用。
4. 掌握基本逻辑指令的应用,熟悉梯形图的基本编程规则。
5. 能使用 PLC 的基本元件进行编程。

★ OBE 考点:掌握 PLC 控制系统的基本控制原理、编程软件的使用和编程规则;掌握电动机正反转、Y/△降压启动的原理和 PLC 梯形图程序的编写;熟练编写抢答器和轧钢机的梯形图程序;掌握基本逻辑指令的用法并熟练运用。

☑ 项目任务

1. S7-200 PLC 系统概述。
2. STEP 7-Micro/WIN 编程软件的使用。
3. PLC 控制电动机正反转。
4. PLC 控制电动机 Y/△降压启动。
5. 抢答器的控制。
6. 轧钢机的控制(带计数)。

任务一　S7-200 PLC 系统概述

一、任务目标

(1)了解 PLC 的产生、特点、内部结构、扫描工作方式。
(2)掌握 PLC 元件的功能和使用。
(3)掌握 PLC 控制系统的基本控制原理。
(4)了解 PLC 输出的类型。
(5)能够规范地完成 PLC 的接线和调试。

二、任务描述

西门子 S7-200 PLC 在实时模式下速度快,具有通信功能,生产力较高。使用 S7-200 PLC CPU224 进行控制,系统共需要 24 点数字量输入、22 点数字量输出,要求完成硬件系统配置、产品选型、安装与接线。

三、任务实施

1. 所需要的工具、设备、材料

所需要的工具、设备、材料如表 2-1 所示。

表 2-1　所需要的工具、设备、材料

序号	名称	数量	序号	名称	数量
1	PLC（CPU224）	1 台	4	PC（personal computer，个人计算机）	1 台
2	16 点数字量输入/输出 EM223 模块	1 个	5	导线	若干根
3	PC/PPI（point to point interface，点对点接口）电缆	1 根	6	扁平电缆	1 根

2. I/O（input/output，输入/输出）点的分配

S7-200 PLC 主机和扩展模块的 I/O 点数和地址分配如表 2-2 所示。

表 2-2　I/O 点分配表

输入（I）		输出（O）	
元件	信号地址	元件	信号地址
CPU224	I0.0~I0.7 I1.0~I1.5	CPU224	Q0.0~Q0.7 Q1.0~Q1.1
EM223	I2.0~I2.7 I3.0~I3.7	EM223	Q2.0~Q2.7 Q3.0~Q3.7

由表 2-2 可知，扩展系统的 I/O 点数是主机 CPU224 I/O 点数与扩展模块 EM223 I/O 点数的总和，为 30I/26O，大于任务要求的 I/O 点数，满足扩展要求。

3. I/O 接线图

在断电情况下连接好 PC/PPI 电缆和扩展模块，要求主机 CPU224 和扩展模块 EM223 采用 24 V 直流电源供电，并采用扁平电缆连接，固定在底盘或 DIN 导轨上。CPU224 与 EM223 的连接图如图 2-1 所示。

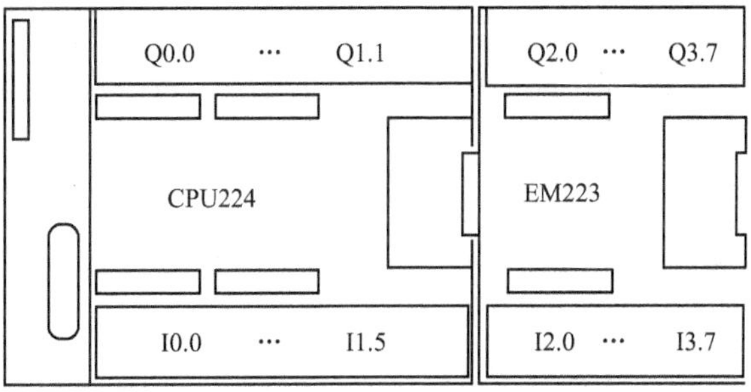

图 2-1　CPU224 与 EM223 的连接图

4. 任务总结与考核

（1）思考：PLC由哪几部分组成？各部分分别有什么作用？PLC的工作原理是什么？如PLC控制系统需要32个输入点、30个输出点，S7-200 PLC的主机和扩展模块如何选用？

（2）行动：按照任务要求，与同学、教师共同完成本任务的考核工作；整理所编写的材料，完成实训报告。

四、知识链接

（一）PLC概述

1. PLC的定义

PLC是在继电器控制技术和计算机控制技术的基础上开发出来的，最初主要用于顺序控制，一般只能进行逻辑控制，替代传统的继电器-接触器控制系统。进入20世纪70年代，随着计算机技术的发展和微处理器的应用，开始采用微处理器作为PLC的中央处理单元，则PLC不仅可以进行逻辑控制，而且可以进行模拟量的控制，功能不断增强。1980年，美国电气制造商协会（National Electrical Manufacturers Association，NAMA）将其重新命名为可编程控制器（programmable controller，PC），但是为了避免与个人计算机（PC）混淆，仍沿用PLC。

1987年，国际电工委员会（International Electrotechnical Commission，IEC）对可编程控制器给出了如下定义："可编程控制器是一种进行数字运算操作的电子系统，专为在工业环境下应用而设计。它采用可编程序的存储器存储执行逻辑运算、顺序控制、定时、计数和算术运算等操作的指令，并通过数字形式和模拟形式的输入和输出控制各种类型的机械或生产过程。可编程控制器及其有关外围设备都应按易于与工业系统连成一个整体、易于扩充功能的原则设计。"

2. PLC的产生和发展

早期的控制系统都是继电器-接触器控制系统，但到了20世纪60年代，继电器控制的缺点就暴露出来了，其设备体积大，触点寿命短，可靠性差，接线复杂（图2-2），改接麻烦，维修和排除故障困难。为改变这一状况，人们曾试图用小型计算机进行工业控制，以代替传统的继电器-接触器控制，但这一方法因价格昂贵、输入输出电路不匹配、编程复杂等原因而没能得到推广和应用。1968年，美国通用汽车（General Motors，GM）公司提出了"多品种、小批量、不断翻新汽车品牌型号"的战略，要实现此战略，需要一种新的工业控制装置，以随着生产品种的改变灵活、方便地改变控制方案，从而满足控制要求。GM公司提出了以下10项技术指标（GM十条）并在社会上招标，要求制造商为其装配线提供一种新型的通用控制器：

（1）编程简单，可在现场方便地编辑、修改程序；

（2）硬件维修方便，最好是插件式结构；

（3）可靠性明显优于继电器控制柜；

（4）体积明显小于继电器控制柜；
（5）具有数据通信功能；
（6）在成本上可与继电器控制柜竞争；
（7）输入为交流 115 V（美国电网电压为 110 V）；
（8）输出为交流 115 V、2 A 以上，能直接驱动电磁阀；
（9）在扩展时原系统只需进行很小的变更；
（10）存储器容量至少能扩展到 4 kB。

图 2-2　继电器控制接线复杂

1969 年，美国数字设备公司（Digital Equipment Corporation，DEC）研制出第一台可编程控制器，型号为 PDP-14，其在 GM 公司的自动装配线上试用成功，取得了满意的效果，自此开创了工业控制的新局面。

到目前为止，PLC 的发展经历了五个阶段。

第一个阶段：从第一台 PLC 诞生到 20 世纪 70 年代初期。CPU（central processing unit，中央处理器）采用中小规模集成电路，存储器为磁芯存储器（抗电磁干扰能力差）。

第二个阶段：从 20 世纪 70 年代初期到 70 年代末期。CPU 采用微处理器，存储器是 EPROM（erasable programmable read-only memory，可擦编程只读存储器）。

第三个阶段：从 20 世纪 70 年代末期到 80 年代中期。CPU 采用 8 位、16 位微处理器，还有采用多个微处理器的，存储器为 EPROM、EAROM（electrically alterable read-only memory，电改写只读存储器）、CMOS（complementary metal oxide semiconductor，互补性氧化金属半导体） RAM（random-access memory，随机存取存储器）。

第四个阶段：从 20 世纪 80 年代中期到 90 年代中期。PLC 全面采用 8 位、16 位微处理芯片，处理速度达到 1 ns/步。

第五个阶段：从 20 世纪 90 年代中期到现在。PLC 采用 16 位、32 位微处理芯片，还有采用 RISC（reduced instruction set computer，精简指令集计算机）芯片的。

PLC 的发展与 PC 的发展相比落后一点，主要原因不在于 CPU，而是 PLC 的发展要和外围设备的发展相匹配。

同计算机的发展类似，目前PLC正朝着两个方向发展。

一是朝着小型、简易、价格低廉的方向发展，如OMRON（欧姆龙）公司的CQM1、SIEMENS（西门子）公司的S7-200和S7-1200（2009年推出），SIEMENS公司把最新的通信和控制技术应用在了S7-1200这款产品上，并用这款产品强力打造了全球PLC中低端市场。小型PLC由整体结构向小型模块化结构发展，配置更加灵活。为了满足市场需要，已开发出多种简易、经济的超小型、微型PLC，最小的I/O点数为8~16，以适应单机、小型自动控制的需要。

二是朝着大型、高速、多功能和多层分布式全自动网络化方向发展。大中型PLC向着大容量、智能化和网络化发展，其能与计算机组成集成控制系统，对大规模、复杂系统进行综合性的自动控制。现已有I/O点数达14 336的超大型PLC，其使用32位微处理器和大容量存储器，多CPU并行工作，CPU扫描速度可达0.2 ms/千步，功能强大。

3. PLC的特点

1）抗干扰能力强，可靠性高

可靠性是电气控制设备的关键性能。为了使PLC在恶劣的环境中正常工作而不受影响，或在恶劣的条件消失后自动恢复正常，各PLC生产厂家在硬件和软件方面采取了多种措施，采用现代大规模集成电路技术和严格的生产工艺制造，使PLC除了具有较强的自诊断能力，能及时给出错误信息，停止运行等待修复外，还具有很强的抗干扰能力。

在硬件方面，PLC的主要模块均采用大规模或超大规模集成电路，大量开关动作由无触点的电子存储器完成，I/O系统有完善的通道保护和信号调理电路，从屏蔽、滤波、隔离、电源调整与保护、模块式结构等方面提高了PLC的抗干扰能力。在软件方面，设计了故障检测、信息保护与恢复、警戒时钟WDT（watch dog timer，看门狗定时器），加强了对程序的检查和校验等，大大提高了PLC的可靠性。

以上措施保证了PLC能在恶劣的环境中可靠地工作，使平均故障间隔时间（mean time between failures，MTBF）和故障修复时间较短。目前，各生产厂家生产的PLC平均无故障安全运行时间都远长于国际电工委员会规定的10万h的标准。

2）通用性强，控制程序可变，适应面广

目前，PLC品种齐全的硬件装置可以组成能满足各种要求的控制系统。在硬件确定之后，若生产工艺流程改变或生产设备更新，不必改变PLC的硬件设备，只需改编程序就可以满足要求。因此，PLC广泛地应用于工厂自动化控制中。

3）编程简单，使用方便

目前，大多数PLC控制系统采用类似于继电器-接触器控制系统的梯形图编程形式，清晰、直观，使用者不需要具备专门的计算机知识，很容易理解和掌握。PLC控制系统通过软件编程来实现控制功能，其外围只需将信号输入设备（按钮、开关等）、接收输出信号并执行控制任务的设备（接触器、电磁阀等）与PLC的输入、输出端子连接，安装简单，工作量小。

4）体积小，质量轻，功耗低，维修方便

PLC是将微电子技术应用于工业设备的产品，其结构紧凑、坚固，具有体积小、质量轻、功耗低、维修方便等特点。以松下电工FP0型PLC为例，其外形尺寸为60 mm×

105 mm×90 mm,质量为 1.5 kg,功耗低于 25 V·A,易于装入机电设备内部,具有很强的抗干扰能力。在维修方面,由于 PLC 故障率很低,并且有完善的诊断和显示功能,PLC 或外部的输入装置、执行机构发生故障时,可以根据 PLC 的发光二极管或编程器提供的信息迅速查明原因;如果 PLC 本身发生故障,可用更换模块的方法迅速排除故障。

5)设计、施工、调试周期短

由于 PLC 控制系统采用软件取代继电器-接触器控制系统中的大量元器件,控制柜的设计、安装工作量大为减小。另外, PLC 的用户程序大都可以在实验室模拟调试,模拟调试好后再在现场安装 PLC 控制系统并进行联机统调,调试方便、快速、安全,大大缩短了设计、施工、调试周期。

继电器-接触器控制系统与 PLC 控制系统的比较如表 2-3 所示。

表 2-3 继电器-接触器控制系统与 PLC 控制系统的比较

项目	继电器-接触器控制系统	PLC 控制系统
控制逻辑	硬接线逻辑,连线多而复杂,灵活性、扩展性差,体积大	存储逻辑,连线少,控制灵活,易于扩展,功耗低,体积小
工作方式	以并行方式工作,通电后几个继电器同时动作	以串行方式工作, PLC 循环扫描执行程序,按照语句书写顺序自上而下进行逻辑运算
控制速度	通过触点的机械动作实现控制,动作时间为几十毫秒,易发生触点抖动	由半导体电路实现控制,每条指令的执行时间在微秒级,不会发生触点抖动
限时控制	由时间继电器实现,精度低,易受环境湿度和温度变化的影响,调整时间困难	由半导体集成电路实现,精度高,时间设置方便,不受环境的影响
计数控制	一般不具备计数功能	能实现计数功能
设计、施工与调试	设计、施工、调试必须顺序进行,周期长,修改困难	在系统设计后,现场施工与程序设计可同时进行,周期短,调试、修改方便
寿命、可靠性与维修性	寿命短,可靠性与维修性差	寿命长,可靠性高,有自诊断功能,易于维修
价格	使用机械开关、继电器、接触器等,价格便宜	使用大规模集成电路,初期投资较大

4. PLC 的应用

随着 PLC 技术的不断进步和发展,目前 PLC 能实现很多控制功能,如逻辑控制、定时/计数控制、步进控制、数据处理、A/D 与 D/A 转换、运动控制、过程控制、远程 I/O 控制、通信与联网、定位控制等。经过多年的工业运行, PLC 已渗透到工业控制的各个领域, 诸如农业/渔业、交通、食品工业、制造业、娱乐业、健康和医疗、建筑/环境、环保、冶金、采矿、电力、轻工、汽车等,如图 2-3 所示。

PLC 的应用范围不断扩大,主要归纳为以下五方面。

1)开关量逻辑控制

开关量逻辑控制是 PLC 最基本、最广泛的应用。PLC 可实现逻辑控制、顺序控制,既可用于单台设备的控制,也可用于多级群控、自动化流水线的控制。

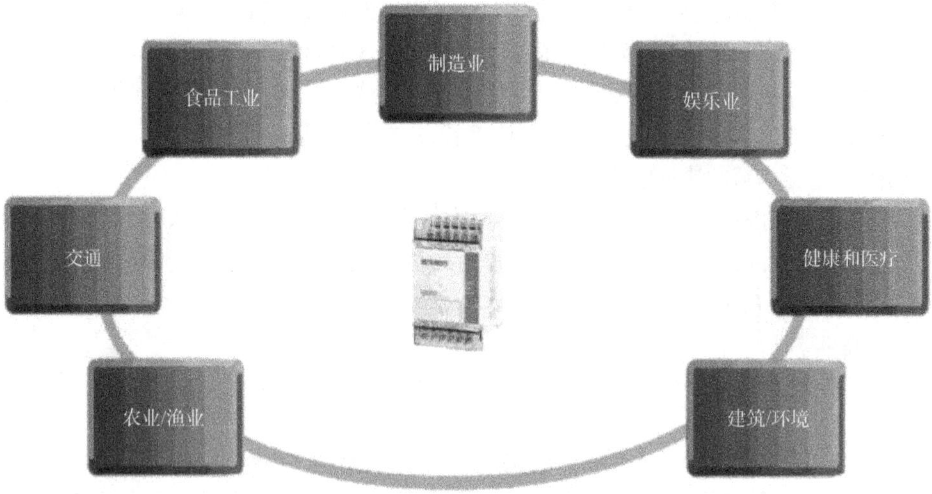

图 2-3　PLC 的应用领域

2)运动控制

PLC 可通过配置单轴或多轴位置控制模块、高速计数模块等控制步进电动机或伺服电动机,从而使运动部件以适当的速度或加速度实现平滑的直线运动或圆弧运动,广泛用于精密金属切削机床、装配机械、机械手、机器人、电梯等设备的控制。

3)工业过程控制

工业过程控制是 PLC 对工业生产过程中连续变化的模拟量(如温度、压力、流量、速度、液位等)配用 A/D、D/A 转换模块和智能 PID(proportional integral derivative,比例、积分、微分)模块实现单回路或多回路闭环控制,使这些物理参数保持在设定值。PID 调节是用得较多的一种控制方法。工业过程控制广泛地应用于加热炉、锅炉等的控制和化工、轻工、机械、冶金、电力、建材等许多领域的生产过程中。

4)数据处理

PLC 具有数学运算(包括函数运算、逻辑运算、矩阵运算等),数据传输、转换、排序、检索、移位,数制转换,位操作编码、译码等功能,可以完成数据的采集、分析和处理任务。这些数据可以实时监控,也可与存储在数据存储器中的参考值进行比较,还可以利用通信功能传送到其他智能装置或打印制表。数据处理可以用于无人控制的柔性制造系统(flexible manufacturing system,FMS),也可以用于造纸、冶金、食品工业中的一些大型控制系统。

5)通信与联网

PLC 有强大的联网、通信能力,不仅可与个人计算机连接通信,也可以利用网络通信功能模块和远程 I/O 控制模块实现多台 PLC 连接,以实现上位计算机与 PLC 之间、PLC 与 PLC 之间的指令下达、数据交换和数据共享,这种由 PLC 分散控制、计算机集中管理的方式能够实现较大规模的复杂控制,甚至实现整个工厂生产的自动化。

可以说工业控制离不开 PLC,但并不是所有的 PLC 都具有上述全部功能，PLC 的具体功能要看产品的型号、配置的模块等。

5. PLC 的生产厂家

德国西门子公司的 SS 系列 PLC 产品有 SS-95U、SS-100U、SS-115U、SS-135U、SS-155U，其中 SS-135U、SS-155U 为大型机，控制点数可达 6 000 多，模拟量可达 300 多路。此外，还推出了 S7 系列 PLC 产品，有 S7-200（小型）、S7-300（中型）、S7-400（大型）。

日本欧姆龙公司的 PLC 产品有 CPM1 A、P、H 型，CQM1、CVM、CV 型，Ha 型，F 型等，大、中、小、微型均有，特别是中、小、微型更具特色，在中国乃至世界市场上都占有相当大的份额。

美国通用电气公司的代表 PLC 产品：小型机有 GE-Ⅰ、GE-Ⅰ/J、GE-Ⅰ/P；中型机为 GE-Ⅲ；大型机为 GE-Ⅴ。

美国施耐德公司的 984 系列 PLC 产品很有名，其中 984-785 可安装 31 个远程站点，总控制规模可达 63 535 点；还有紧凑型的，如 984-120，控制点数为 256。在最大控制规模与最小控制规模的产品之间共有 20 多个型号。

美国 AB（Allen-Bradley，艾伦-布拉德利）公司创建于 1903 年，在世界各地有 20 多个附属机构、10 多个生产基地。可编程控制器是它的重要产品，其中 PLC-5 系列很有名，有 PLC-5/10 至 PLC-5/250 多个型号。另外，也有微型 PLC，SLC-500 即为其中的一种，它有 20、30、40 三种 I/O 配置可供选择，I/O 点数分别为 12/8、18/12、24/16。

日本三菱公司的 PLC 产品是较早推广到我国的，其中小型机 F1、F2、FX 系列用得很多，大中型机有 A 系列、QnA 系列、Q 系列等。

日本日立公司的 PLC 产品中：E 系列为箱体式的，基本箱体有 E-20、E-28、E-40、E-64，I/O 点数分别为 12/8、16/12、24/16、40/24，另外还有扩展箱体；EM 系列为模块式的，可在 16～160 之间组合。

日本东芝公司的 PLC 产品中：小型机 EX、EX・PLUS 用得很多，其编程语言是梯形图；EX100 系列是模块式的，点数较多，也用梯形图语言编程。

日本松下公司的 PLC 产品中：FP1 系列为小型机，其是箱体式的，结构紧凑；FP3 为模块式的中型机，其控制规模较大，工作速度很快，执行基本指令仅需 0.1 ms；FP5、FP10、FP10S（FP10 的改进型）、FP20 为大型机。

日本富士公司的 PLC 产品中：NB 系列为箱体式的小型机；NS 系列为模块式的。

我国有许多厂家、科研院所从事 PLC 的研制与开发，如中国科学院自动化研究所的 PLC-0088，联想集团有限公司的 GK-40，上海机床电器厂有限公司的 CKY-40，上海起重电器厂有限公司的 CF-40MR/ER，苏州电子计算机厂的 YZ-PC-001 A，原机械工业部北京机械工业自动化研究所的 MPC-10/20、KB-20/40，杭州机床电器厂的 DKK02，中环（天津）自动化仪表有限公司的 DJK-S-84/86/480，上海自力电子设备厂的 KK_1 系列，华光电子工业有限公司的 SR-10、SR-20/21 等。

（二）PLC 的基本组成

PLC 是以微处理器为核心，用于工业控制的专用计算机。不同类型的 PLC 结构和工作原理都大致相同，硬件结构与微机相似。PLC 的基本结构如图 2-4 所示。

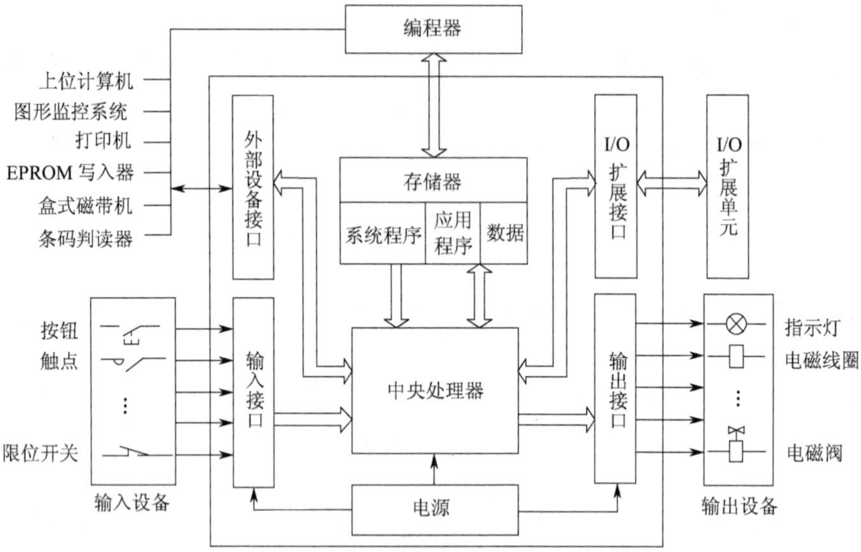

图 2-4 PLC 的基本结构

由图 2-4 可以看出，PLC 采用了典型的计算机结构，主要包括中央处理器（CPU）、存储器（RAM 和 ROM）、输入/输出接口、电源、I/O 扩展接口、外部设备接口等。其内部采用总线结构进行数据和指令的传输。PLC 系统由输入变量、输出变量组成。外部的各种开关信号、模拟信号和传感器检测的各种信号均作为 PLC 的输入变量，由外部的输入端子输入内部的寄存器中，经逻辑运算或其他运算处理后送到输出端子，作为 PLC 的输出变量对外围设备进行控制。PLC 主机的各部分之间均通过总线连接，总线分为电源总线、控制总线、地址总线和数据总线。PLC 各部分的作用如下。

1. CPU

CPU 是 PLC 的核心，主要由运算器、控制器、寄存器和实现它们之间的联系的数据、控制、状态总线构成，还包括外围芯片、总线接口和有关电路。CPU 起着总指挥的作用，是 PLC 的运算和控制中心。它主要具有以下功能。

（1）接收并存储由编程器输入的用户程序和数据。编程器是用来编写程序的，它和 PLC 连接，每次输入 CPU 都要干预。在 PLC 运行时不可以编写程序。

（2）诊断电源、PLC 内部电路的工作状态和编程语法错误。

（3）采集现场的状态或数据，并送入 PLC 的寄存器中。

（4）在 PLC 进入输入状态之后，根据存储顺序逐条读取用户程序，进行解释和运行，完成用户程序中规定的各种操作。

（5）将用户程序的执行结果送至输出端。

PLC 使用的 CPU 有以下几种。

（1）通用微处理器，如 8080、6800、Z80A、8086 等。通用微处理器价格便宜，通用性好。

（2）单片机，如 8051 等。单片机集成度高，体积小，价格低，扩展性好，很适合在小型 PLC 中使用，也广泛用于 PLC 的智能 I/O 模块（编程容易，易于扩展）中。

（3）位片式微处理器，如 AMD 2900 系列等。位片式微处理器是独立于微型机的另一分支，它主要追求运算速度，以 4 位为一片，几个位片级联可以组成任意字长的微处理器（用得不是很多，主要因为价格高）。

2. 存储器

存储器是具有记忆功能的半导体电路，用来存放系统程序、用户程序、逻辑变量和其他信息。

根据在系统中的作用，存储器可以分为以下三种。

1）系统程序存储器

系统程序存储器是一种可擦除的只读存储器，在断电情况下存储器内的所有内容保持不变，在紫外线连续照射下存储器内的内容可擦除。系统程序包括监视程序、管理程序、命令解释程序、功能子程序、系统诊断程序等，制造商将其固化在系统程序存储器中，用户不能直接存取。

系统程序在很大程度上决定了 PLC 的性能，其主要包括三部分：第一部分为系统管理程序，它主要控制 PLC 的性能，使整个 PLC 按部就班地工作；第二部分为用户指令解释程序，它将 PLC 的编程语言转换为机器语言，再由 CPU 执行这些指令；第三部分为标准程序与系统调用程序，它包含许多不同功能的子程序及其调用程序，PLC 的具体工作都是由这部分程序完成的，这部分程序的多少决定了 PLC 性能的强弱。

2）用户程序存储器

用户程序存储器是一种随机存取存储器，其存取速度最快，由锂电池支持。根据控制要求编写的应用程序称为用户程序。用户程序存储器用来存放用户针对具体控制任务，用规定的 PLC 编程语言编写的各种用户程序。小型 PLC 用户程序存储器的存储容量一般在 8 kB 以下。

3）工作数据存储器

工作数据存储器用来存储工作数据，即用户程序中的 ON/OFF 状态、数值数据等。工作数据是 PLC 运行过程中经常变化、经常存取的临时数据，其存放在 RAM 中，以满足随机存取的要求。

3. 输入/输出接口

输入/输出接口是 PLC 与被控对象之间传送输入/输出信号的接口，具有良好的电隔离和滤波功能。PLC 通过输入接口电路将各种主令电器、检测元件输入的开关量、模拟量通过滤波、光电隔离、电平转换等处理转换成 CPU 能接收和处理的信号。输出接口电路将 CPU 输出的弱电控制信号通过光电隔离、功率放大等处理转换成现场需要的强电控制信号，以驱动被控设备（如继电器、接触器、指示灯等）。

1）输入接口电路

输入接口用来接收和采集两种类型的输入信号：一类是按钮、选择开关、行程开关、继电器触头、接近开关、光电开关、数字拨码开关等的开关量输入信号；另一类是电位器、测速发电机和各种变送器等的模拟量输入信号。输入接口电路采用光电耦合电路，可以大大减小电磁干扰。

2）输出接口电路

输出接口电路采用光电耦合电路，将 CPU 输出的弱电信号转换成现场需要的强电信号，以驱动接触器、电磁阀等外部设备通断电。输出接口电路有晶体管型、晶闸管型、继电器型三种类型，分别如图 2-5、图 2-6、图 2-7 所示。晶体管型和晶闸管型输出接口电路适用于快速、频繁动作的场合；在相同的驱动能力下，继电器型输出接口电路价格较低。为提高 PLC 的抗干扰能力，其输入、输出接口电路均采取隔离措施。

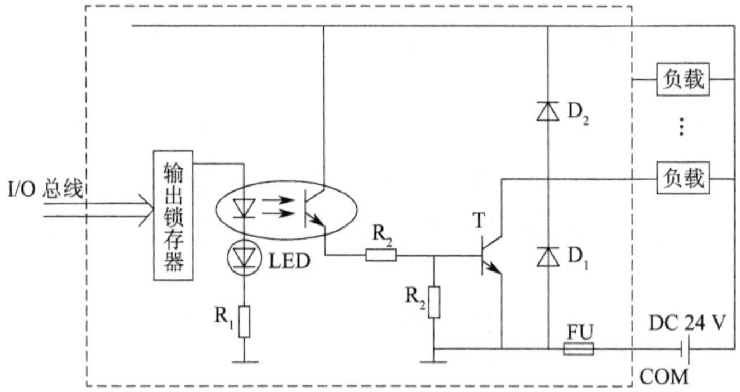

图 2-5 晶体管输出接口电路

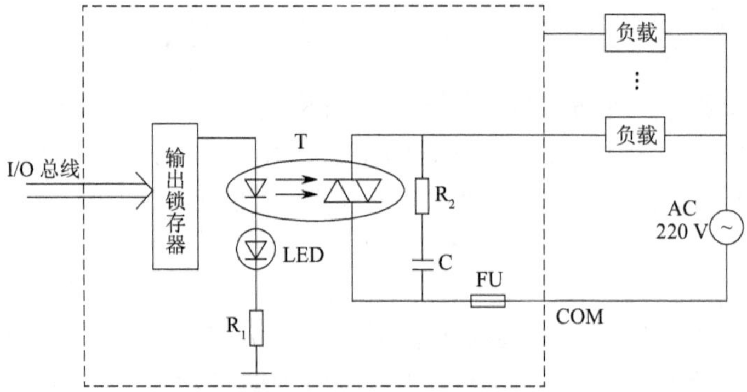

图 2-6 晶闸管输出接口电路

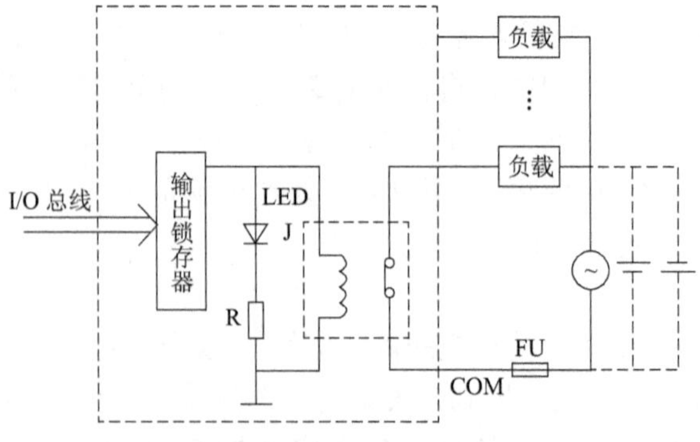

图 2-7 继电器输出接口电路

4. 编程器

编程器主要用来编写程序、调试程序和监控程序的执行，还可以在线测试 PLC 的内部状态和参数,与 PLC 进行人机对话。

1)专用编程器

(1)简易编程器。编程简单,要编写语句,价格便宜。

(2)图形编程器。可以把梯形图程序直接编写进去,价格昂贵,是简易编程器的 10~20 倍。

2)计算机辅助编程(图 2-8)

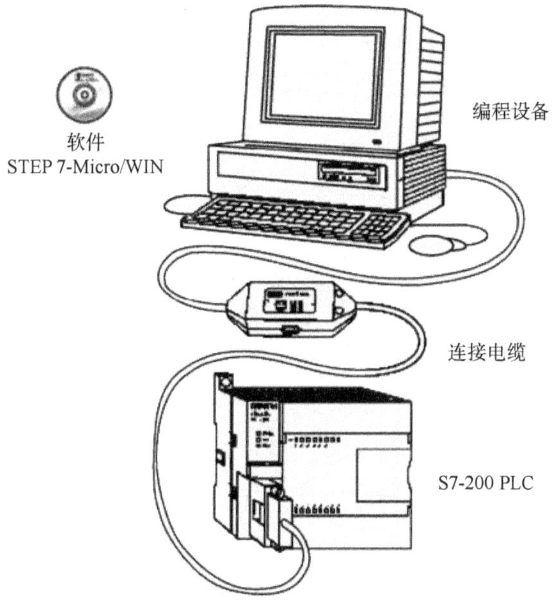

图 2-8 计算机辅助编程

5. 电源

PLC 的电源是将外部的交流电经过整流、滤波、稳压转换成满足 PLC 中 CPU、存储器、输入/输出接口等的内部电路工作所需要的直流电的电源或电源模块。许多 PLC 采用直流开关稳压电源,不仅可以提供多路独立的电压供内部电路使用,而且可为输入设备提供标准电源。为避免电源受干扰,输入、输出接口电路的电源回路相互独立。

6. 外部设备

PLC 可以有如下外部设备。

(1)人机接口,又称操作员接口,用来实现操作员和 PLC 之间的对话和交互作用。

(2)外存储器。

(3)打印机。

(4)EPROM 写入器。

7. 智能单元

智能单元本身就是一个独立的计算机系统,它有自己的 CPU、系统程序、存储器和与外界相连的接口。

目前常用的智能单元有 A/D 单元、D/A 单元、高速计数单元、位置控制单元、PID 控制单元、温度控制单元和各种通信单元。

(三)PLC的控制原理

前面介绍了PLC的基本组成和各部分的作用,CPU在整个控制过程中起着很重要的作用。众所周知,计算机开机之后先进行自检,再启动应用软件。那么PLC的CPU是怎么工作的呢?

1. 循环扫描工作过程

PLC的CPU采用循环扫描的工作方式,工作过程一般包括五个阶段(图2-9):内部处理与自诊断、与外设进行通信、输入采样、执行用户程序和输出刷新。当开关处于STOP(停止)模式时,只执行前两个阶段。

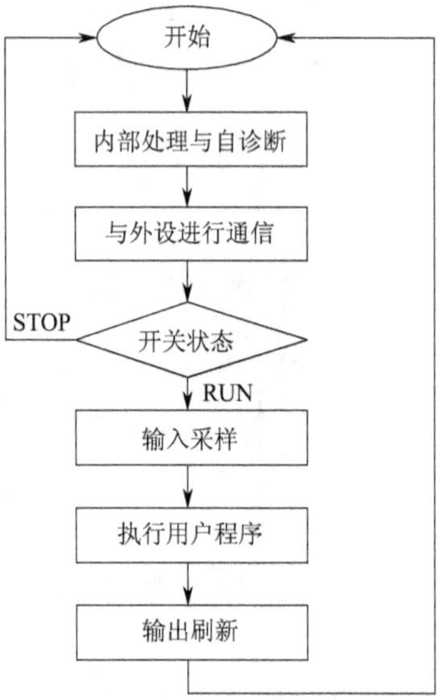

图2-9 循环扫描工作过程

PLC的工作过程重点是公共处理和程序执行。PC是对BIOS(basic input output system,基本输入输出系统)中的设置和主板上的CPU、内存、硬盘、磁盘、光驱进行扫描,如果发现问题就发出声音报警。而PLC是把系统管理程序调出来后检查硬件,如果发现某个硬件(如CPU)有问题就进行报警。异常报警的一个问题是延时,当程序的处理时间超过规定的时间时,PLC就会停下来。

2. 信号传递过程(从输入到输出)

信号传递过程(从输入到输出)如图2-10所示。

1)I/O刷新阶段

CPU从输入电路的输出端读出各路的状态,并将其写入输入映像寄存器。PLC的I/O刷新不是只进行输入刷新或者输出刷新,而是输入、输出一起刷新,刷新之后执行程序,程序执行完之后再进行I/O刷新,循环往复。

2)程序执行阶段

CPU从输入映像寄存器和输出映像寄存器中读出各继电器的状态,并根据其执行程序，执行结果写入输出映像寄存器。

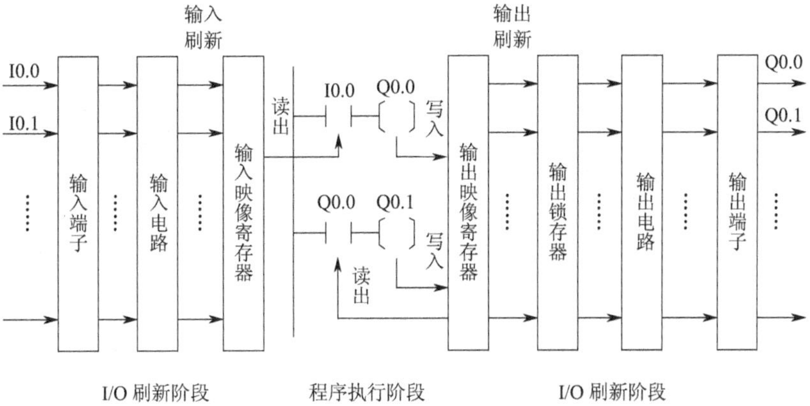

图 2-10　信号传递过程（从输入到输出）

3）下一个 I/O 刷新阶段

CPU 将输出映像寄存器的状态写入输出锁存器，再经过输出电路传递到输出端子，从而控制外接电路动作。

3. 输入和输出映像寄存器

在程序执行过程中，输入、输出的存取通常通过映像寄存器，而不是实际的 I/O 点，这主要有三个原因。

（1）在扫描周期的开始阶段对所有输入进行采样，这样在扫描周期的程序执行阶段就有了固定的输入值，程序执行完后更新输出映像寄存器，系统稳定。

（2）通过映像寄存器存取比通过 I/O 点存取快得多，因此允许快速执行程序。

（3）I/O 点必须按位存取，而映像寄存器可按位、字节、字、双字存取，因此具有灵活性。

4. 死循环诊断功能

PLC 内部设置了一个监视定时器 WDT，其定时时间可由用户设置为长于用户程序的扫描周期的时间，PLC 在每个扫描周期的公共处理阶段将监视定时器复位。

在正常情况下，监视定时器不会动作。如果由于 CPU 内部故障使程序执行进入死循环，扫描周期超过监视定时器的定时时间，监视定时器动作，PLC 停止运行。C 语言中的死循环是局部的死循环，而且不会有程序来使它停止。若 PLC 发生死循环，整个机器都会受到影响，因此必须要设置一个监视定时器。

5. S7-200 PLC CPU 的操作

S7-200 PLC 在程序的控制逻辑中不断循环读取和写入数据。当将程序下载至 PLC 并且 PLC 处于 RUN（运行）模式时，PLC 的中央处理器按下列顺序执行程序。

（1）S7-200 PLC 读取输入。

（2）存储在 S7-200 PLC 中的程序使用输入评估（或执行）控制逻辑。

（3）S7-200 PLC 将结果存储在输出映像寄存器的输出内存区中。

（4）程序执行完后，S7-200 PLC 将数据从输出映像寄存器中输出。

（5）重复上述过程。

注意:程序的执行取决于 S7-200 PLC 处于 STOP 模式还是 RUN 模式,若处于 RUN 模式,程序被执行,若处于 STOP 模式,程序不被执行。

(四)初识 S7-200 PLC

S7-200 PLC 是一种紧凑型可编程控制器,整个系统的硬件架构主要由 CPU 模块和丰富的扩展模块组成,常见的有 CPU221、CPU222、CPU224 和 CPU226 四种型号。S7-200 PLC 采用单元式结构形式, CPU224、CPU226 的外形分别如图 2-11、图 2-12 所示,主要由状态 LED(light-emitting diode,发光二极管)指示灯、可选卡插槽、RS-485 串行通信口、电源、输出端子、输入端子、传感器电源、扩展接口、模式选择开关、模拟电位器等组成。给 S7-200 PLC 供电有直流和交流两种方式。

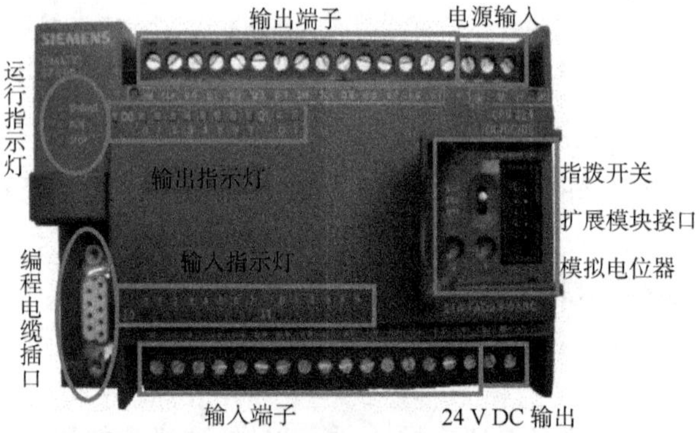

图 2-11　CPU224 的外形

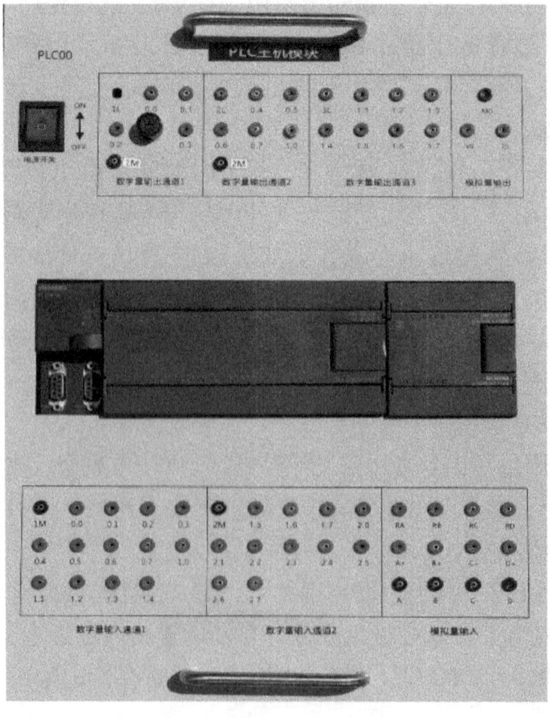

图 2-12　CPU226 的外形

1. 输入/输出接线

1）输入接线

CPU224 的主机共有 14 个输入点（I0.0~I0.7、I1.0~I1.5）和 10 个输出点（Q0.0~Q0.7、Q1.0~Q1.1）。CPU224 的输入电路接线图如图 2-13 所示，1M 为输入端子 I0.0~I0.7 的公共端，2M 为输入端子 I1.0~I1.5 的公共端。

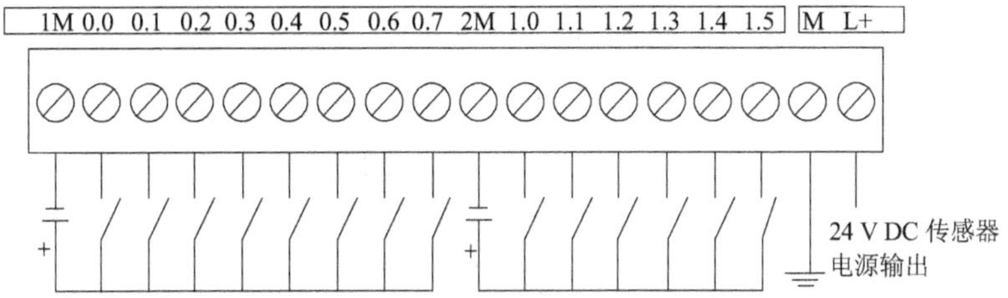

图 2-13　CPU224 的输入电路接线图

2）输出接线

CPU224 的输出电路有晶体管输出电路和继电器输出电路两种供用户选用。晶体管输出电路接线图如图 2-14 所示，PLC 由 24 V 直流电源供电，负载采用 MOSFET（metal oxide semiconductor field effect transistor，金属氧化物半导体场效应管）功率驱动器件，所以只能用直流电源供电。输出端将数字量输出分为两组，每组有一个公共端，共有 1 L、2 L 两个公共端，可接入不同电压等级的负载电源。需要注意的是，晶体管输出只支持源型输出。

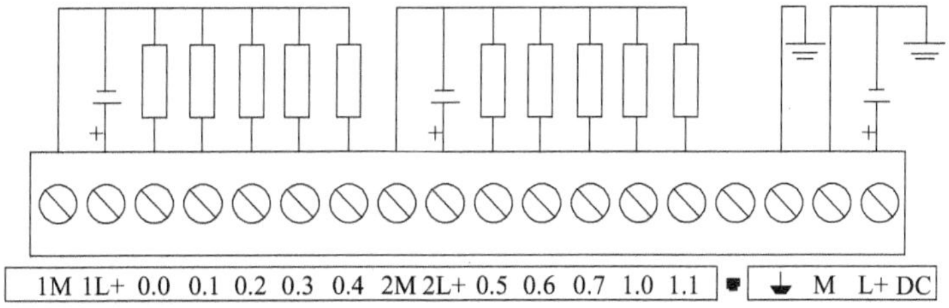

图 2-14　CPU224 的晶体管输出电路接线图

2. 扩展模块

1）数字量扩展模块

S7-200 PLC 的常用数字量扩展模块的型号、I/O 规格和功能如表 2-4 所示。

2）模拟量扩展模块、通信扩展模块、现场设备扩展模块

S7-200 PLC 的常用模拟量扩展模块、通信扩展模块、现场设备扩展模块的型号、I/O 规格和功能如表 2-5 所示。调制解调器 EM241 将 S7-200 PLC 与电话网络连接起来；PROFIBUS-DP 从站模块 EM277 将 S7-200 PLC 与 DP（decentralized periphery，分散型外围设备）网络连接起来；AS（actuator/sensor，传感器/执行器）接口模块 CP243-2 使 S7-200 PLC 成为 AS 接口上的主站；以太网模块 CP243-1 将 S7-200 PLC 连接到工业以太网；IT（information technology，信息技术）模块 CP243-1 IT 具有与以太网模块一样的网络功能。

3)特殊扩展模块

特殊扩展模块:定位模块 EM253,为步进电动机提供控制服务;温度测量模块,如 RTD (resistance temperature detector,电阻温度检测器)模块、TC(traffic control,流量控制)模块,温度以 0.1 ℃为分度值显示。

表 2-4 S7-200 PLC 的常用数字量扩展模块的型号、I/O 规格和功能

型号	I/O 规格	功能
EM221	DI8 × 24 V DC	8 路数字量 24 V 直流电源输入
EM222	DO8 × 24 V DC	8 路数字量 24 V 直流电源输出(固态 MOSFET)
	DO8 × 继电器	8 路数字量继电器输出
EM223	DI4/DO4 × 24 V DC	4 路数字量 24 V 直流电源输入/输出(固态 MOSFET)
	DI4/DO4 × 24 V DC/继电器	4 路数字量 24 V 直流电源输入 4 路数字量继电器输出
	DI8/DO8 × 24 V DC	8 路数字量 24 V 直流电源输入/输出(固态 MOSFET)
	DI8/DO8 × 24 V DC/继电器	8 路数字量 24 V 直流电源输入 8 路数字量继电器输出
	DI16/DO16 × 24 V DC	16 路数字量 24 V 直流电源输入/输出(固态 MOSFET)
	DI16/DO16 × 24 V DC/继电器	16 路数字量 24 V 直流电源输入 16 路数字量继电器输出

表 2-5 S7-200 PLC 的常用模拟量扩展模块、通信扩展模块、现场设备扩展模块的型号、I/O 规格和功能

类别	型号	I/O 规格	功能
模拟量扩展模块	EM231	AI4 × 12 位	4 路模拟量输入,12 位 A/D 转换
		AI4 × 热电偶	4 路模拟量热电偶输入
		AI4 × RTD	4 路模拟量热电阻输入
	EM232	AQ2 × 12 位	2 路模拟量输入,12 位 A/D 转换
	EM235	AI4/AQ1 × 12 位	4 路模拟量输入,1 路模拟量输出,12 位 A/D 转换
通信扩展模块	EM277	PROFIBUS-DP	将 S7-200 PLC CPU 作为从站连接到网络
现场设备扩展模块	CP243-2	CPU22X 的 AS-1 主站	最大扩展 124DI/124DO

3. 内存结构

PLC 的内存分为程序存储区和数据存储区两大部分。程序存储区用于存放用户程序,机器自动按顺序存储程序,用户不必为哪条程序存放在哪个存储器地址而费心。数据存储区用于存放输入、输出状态和中间运行结果。

1)输入继电器 I

输入继电器 I 是 PLC 的输入映像寄存器,用来接收外部的控制按钮、开关和各种传感器等的输入信号。S7-200 PLC 的输入映像寄存器是以字节为单位的寄存器,每一位对应一个数字量输入点，CPU 一般按位编址来读取输入继电器的状态，当然也可以按字节、字、双字编址，如 I0.1、IB2、IW2、ID10。S7-200 PLC 的输入映像寄存器有 I0~I15 共 16 个字节单元，因此能存储 16×8 共计 128 个输入点信息。

2）输出继电器 Q

输出继电器 Q 是 PLC 的输出映像寄存器，它将 PLC 的存储系统与外部的输出端子相连，用来将 PLC 的输出信号传递给负载。S7-200 PLC 的输出映像寄存器是以字节为单位的寄存器，每一位对应一个数字量输出点，CPU 一般按位编址来读取输出继电器的状态，当然也可以按字节、字、双字编址，如 Q0.1、QB2、QW2、QD10。S7-200 PLC 的输出映像寄存器有 Q0～Q15 共 16 个字节单元，因此能存储 16×8 共计 128 个输出点信息。

3）变量寄存器 V

S7-200 PLC 中有大量的变量寄存器，用来存储全局变量、数据运算的中间结果。它以位、字节、字、双字为单位使用。变量寄存器的数量与 CPU 型号有关，CPU222 的变量寄存器为 V0.0~V2047.7，CPU224/226 的变量寄存器为 V0.0~V5119.7。

4）辅助继电器 M

在 S7-200 PLC 中辅助继电器 M 也称为内部标志位寄存器，它相当于传统的继电器-接触器控制电路中的中间继电器。辅助继电器与外部的输入、输出端子没有任何对应关系，不能直接驱动外部负载，而是存储中间操作数或建立输入、输出之间复杂的逻辑关系。S7-200 PLC CPU22X 系列的辅助继电器数量为 256 个（32 B，256 位），可以位、字节、字、双字为单位使用，如 M21.2、MB11、MW12、MD22。

5）特殊继电器 SM

在 S7-200 PLC 中特殊继电器 SM 也称为特殊标志位寄存器，它用于 CPU 与用户程序之间进行信息交换，能实现一些特殊的控制功能。特殊继电器可以位、字节、字、双字为单位使用。常用的特殊继电器的功能如下。

SM0.0：运行监控，当 PLC 运行时，SM0.0 接通。

SM0.1：初始化脉冲，首次扫描为 1，以后为 0。

SM0.2：当 RAM 中保存的数据丢失时，SM0.2 接通一个扫描周期。

SM0.3：当 PLC 上电进入 RUN 状态时，SM0.3 接通一个扫描周期。

SM0.4：分脉冲，占空比为 50%，系周期为 1 min 的脉冲串。

SM0.5：秒脉冲，占空比为 50%，系周期为 1 s 的脉冲串。

SM0.6：扫描时钟脉冲，本次扫描为 1，下次扫描为 0，可以作为扫描计数器的输入。

SM0.7：工作模式开关位置指示，开关置于 RUN 时为 1，PLC 处于运行状态，开关置于 TERM 时为 0，PLC 可进行通信编程。

SM1.0：当执行某些指令，结果为 0 时，将该位置 1。

SM1.1：当执行某些指令，结果溢出或为非法数值时，将该位置 1。

SM1.2：当执行数学运算指令，结果为负数时，将该位置 1。

SM1.3：当试图除以 0 时，将该位置 1。

6）状态继电器 S

在 S7-200 PLC 中状态继电器 S 也称为顺序控制继电器，它是使用顺序控制指令编程时的重要元件,可以位、字节、字、双字为单位使用,有效编址范围是 S0.0~ S31.7。

7)定时器 T

PLC 中的定时器相当于时间继电器,用于延时控制,是对内部时钟累计时间的重要编程元件。通常定时器的设定值由程序设定,当定时器的当前值大于或等于设定值时,定时器位被置 1,定时器的常开触点闭合、常闭触点断开。PLC 中的每个定时器都有 1 个 16 位有符号的当前值寄存器,用于存储定时器累计值(1~32 767)。S7-200 PLC 定时器的时基有 3 种,1 ms、10 ms、100 ms,有效范围为 T0~T255。

8)计数器 C

计数器用来对输入脉冲的个数进行累计,以实现计数操作。使用计数器前要预设计数的设定值,当输入满足触发条件时,计数器开始对输入端的脉冲进行计数,若当前计数值达到设定值,计数器状态位置 1,计数器的常开触点闭合、常闭触点断开。PLC 中的每个计数器都有 1 个 16 位有符号的当前值寄存器,用于存储计数器累计的脉冲个数(1~32 767)。S7-200 PLC 计数器有 3 种类型,加计数器、减计数器、加减计数器,有效范围为 C0~C255。

9)高速计数器 HSC

高速计数器用来对比 CPU 扫描速度快的高速脉冲的个数进行累计,工作原理与普通计数器相同。

10)累加器 AC

累加器用来暂存数据、计算的中间结果、子程序的传递参数等,它可以像存储器一样读写存储区。S7-200 PLC 共有 4 个 32 位的累加器 AC0 ~ AC3,可以字节、字、双字为单位存取。以字节或字为单位存取时,累加器只使用低 8 位或低 16 位。

11)局部变量存储器 L

局部变量存储器用于存储局部变量。S7-200 PLC 共有 64 个局部变量存储器,其中 60 个可以用作暂时存储器或者给子程序传递参数。如果用梯形图或功能块图编程, STEP 7-Micro/WIN32 保留局部变量存储器的最后 4 个字节。如果用语句表编程,可以寻址到全 部 64 个字节,但不要使用最后 4 个字节。

12)模拟量输入继电器 AI、模拟量输出继电器 AQ

模拟量输入继电器、模拟量输出继电器也称为模拟量输入映像寄存器、模拟量输出映像寄存器。模拟量输入电路用以实现模拟量/数字量(A/D)之间的转换,而模拟量输出电路用以实现数字量/模拟量(D/A)之间的转换, PLC 处理的是数字量。在模拟量输入、输出映像寄存器中,数字量的长度为 1 个字长(16 位),且从偶数号字节编址来存取转换前后的模拟量值,如 0、2、4、6、8。编址内容包括元件名称、数据长度和起始字节地址。

PLC 对模拟量输入寄存器只能进行读取操作,而对模拟量输出寄存器只能进行写入操作。

4. 编址方式与寻址方式

1)编址方式

存储器的存储单位可以是位(bit)、字节(byte)、字(word)、双字(double word),所以需要对位、字节、字、双字进行编址。存储单元的地址由区域标识符、字节地址和位地址组成。

位编址:寄存器标识符+字节地址. 位地址,如 I0.0、M0.1、Q0.2 等。

字节编址：寄存器标识符+字节长度 B+字节号，如 IB1、VB20、QB2 等。

字编址：寄存器标识符+字长度 W+起始字节号，如 VW20 表示由 VB20 和 VB21 这 2 个字节组成的字。

双字编址：寄存器标识符+双字长度 D+起始字节号，如 VD20 表示由 VB20、VB21、VB22 和 VB23 这 4 个字节组成的双字。

2）寻址方式

在编写 PLC 程序时，会用到寄存器的某一位、某一个字节、某一个字、某一个双字。怎样让指令找到我们所需要的位、字节、字、双字的数据信息？这就要求我们了解位、字节、字、双字的寻址方式，以便在编写程序时使用正确的指令规则。

S7-200 PLC 指令系统的数据寻址方式有立即数寻址、直接寻址和间接寻址三大类。

任务二　STEP 7–Micro/WIN 编程软件的使用

一、任务目标

（1）了解 S7-200 PLC 与 PC 之间的通信连接。

（2）掌握 STEP 7-Micro/WIN 编程软件的安装，程序编写、下载与调试。

（3）学会使用 STEP 7-Micro/WIN 编程软件。

（4）掌握梯形图的画法。

二、任务描述

以基于 PLC 的电动机直接启动控制为例，完成 S7-200 PLC 与 PC 之间的硬件连接、调试；掌握 STEP 7-Micro/WIN 编程软件的安装，程序编写、下载与调试。

三、任务实施

1. 所需要的工具、设备、材料

所需要的工具、设备、材料如表 2-6 所示。

表 2-6　所需要的工具、设备、材料

序号	名称	型号与规格	数量	备注
1	可编程控制器实训装置	THPFSM-1/2	1 台	
2	实训挂箱	A10	1 个	
3	导线	3 号	若干根	
4	PC/PPI 通信电缆		1 根	西门子
5	计算机		1 台	自备

2. I/O 点的分配

根据被控对象对 PLC 系统的动能要求和需要输入、输出的点数选择适当类型的 PLC，并分配输入、输出点，如表 2-7 所示。

表 2-7 I/O 点分配表

输入(I)			输出(O)		
元件	功能	信号地址	元件	功能	信号地址
按钮 SB2	电动机启动	I0.0	KM1	电动机启动	Q0.0
按钮 SB1	电动机停止运行	I0.1			

3. I/O 接线图

本任务的 PLC 外部 I/O 接线图如图 2-15 所示，实验设备端子图如图 2-16 所示。

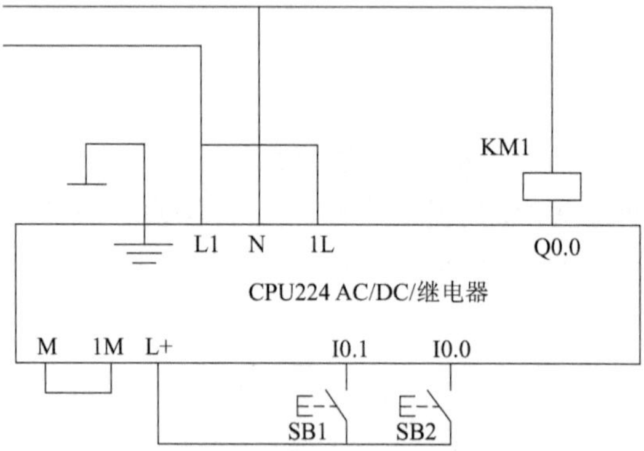

图 2-15 电动机直接启动控制的 PLC 外部 I/O 接线图

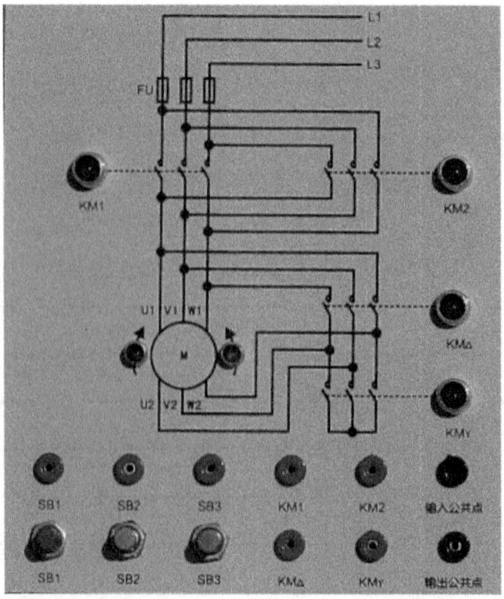

图 2-16 电动机直接启动控制的实验设备端子图

4. 程序设计

根据被控对象的工艺条件和控制要求设计梯形图，参考梯形图如图 2-17 所示。

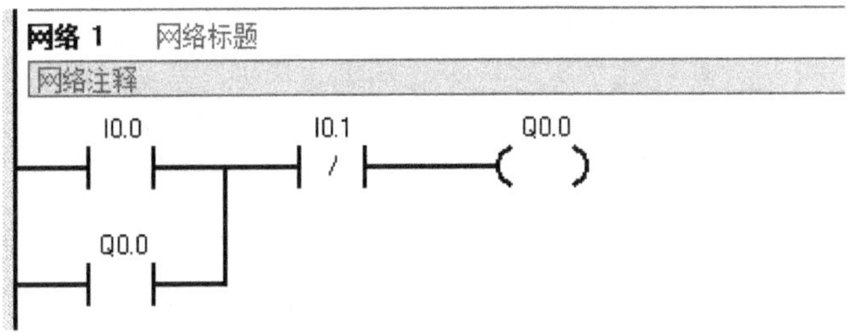

图 2-17　电动机直接启动控制的参考梯形图

5. 编写、下载、调试程序

编写梯形图程序，在 STEP 7-Micro/WIN 软件中进行程序的检查、调试与仿真，确认无误后写入 PLC。

6. 任务总结与考核

（1）思考：如何在程序编辑器中显示程序状态？如何理解、熟练运用自保持、自锁电路？有何收获和体会？有没有需要完善和改进的地方？对自己有何评价？

（2）行动：按照任务要求，与同学、教师共同完成本任务的考核工作；整理所编写的材料，完成实训报告。

四、知识链接

（一）通信连接

1. 硬件连接

为了实现 PLC 与计算机之间的通信，西门子公司为用户提供了两种硬件连接方式：一种是通过 PC/PPI 电缆直接连接；另一种是通过带有 MPI（multi point interface，多点接口）电缆的通信处理器（communication processor，CP）连接，或者用以太网通信卡连接。

使用 PPI 多主站电缆是将计算机连接至 S7-200 PLC 的最常用和最经济的方式。S7-200 PLC 可以通过两种类型的 PPI 多主站电缆进行通信，这两种电缆允许通过 RS-232 或 USB（universal serial bus，通用串行总线）接口进行通信。本任务中所有示例使用的 PC/PPI 电缆的 PC 端都是连在 RS-232 接口上的，因此可称为 RS-232/PPI 电缆。

图 2-18 所示为 S7-200 PLC 与编程设备的连接，具体连接如下。

（1）将 RS-232/PPI 多主站电缆的 RS-232 端（标志为“PC-RS232”）连接到编程设备的通信端口（如计算机的 RS-232 通信端口 COM1 或 COM2）上。

（2）将 RS-232/PPI 多主站电缆的 RS-485 端（标志为“PPI-RS485”）连接到 S7-200 PLC 的 CPU 的通信端口 0 或 1 上。

硬件连接好后，按下面的步骤设置软件的通信参数等。

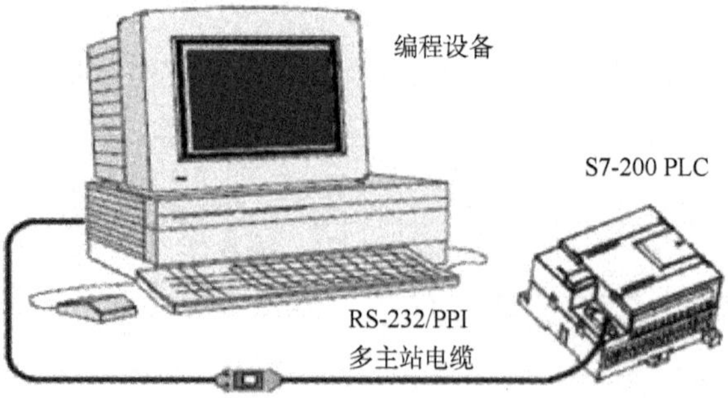

图 2-18 S7-200 PLC 与编程设备的连接

2. 软件安装

STEP 7-Micro/WIN4.0 是基于 Windows 的应用软件，其安装和运行需要 Windows 2000/SP3 或 Windows XP 操作系统。

STEP 7-Micro/WIN4.0 的安装方法很简单，将光盘放入光盘驱动器，系统就会自动进入安装向导，按照安装向导操作即可完成软件的安装。软件安装路径可使用默认目录，也可以点击“浏览”按钮在弹出的对话框中任意选择或新建一个目录。

3. 软件中文环境的设置

首次运行 STEP 7-Micro/WIN4.0 时，系统默认语言为英文，但可根据需要修改，如将英文改为中文，具体操作如下：在主界面点击“Tools”→“Options”→“General”，在弹出的对话框中选择“Chinese”，然后按照图 2-19、图 2-20 和图 2-21 所示的对话框进行操作。

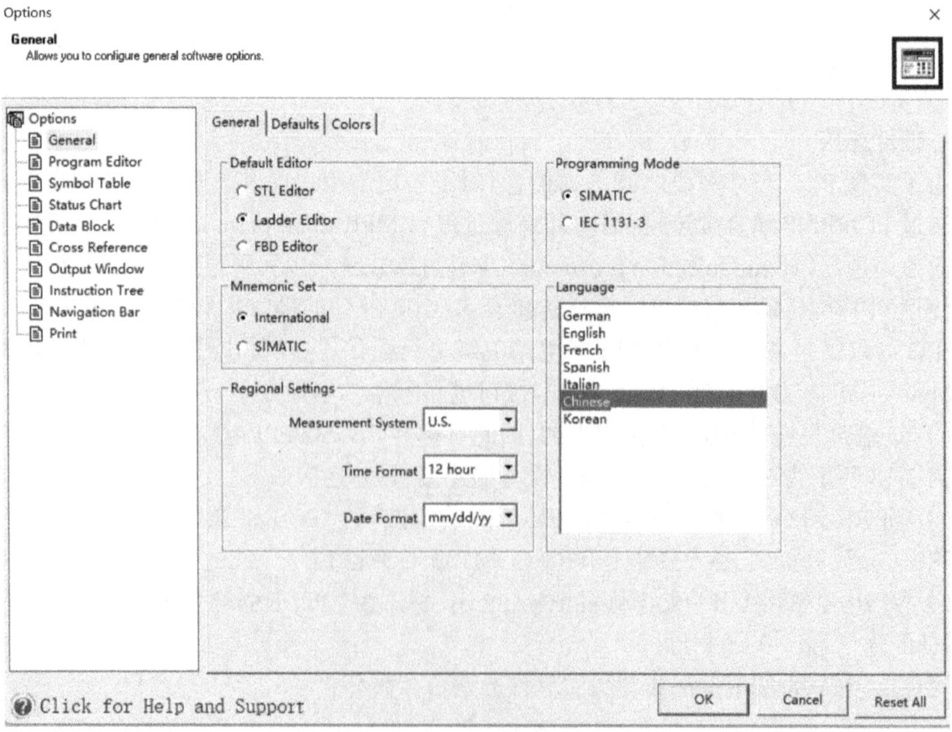

图 2-19 设置所需要的语言

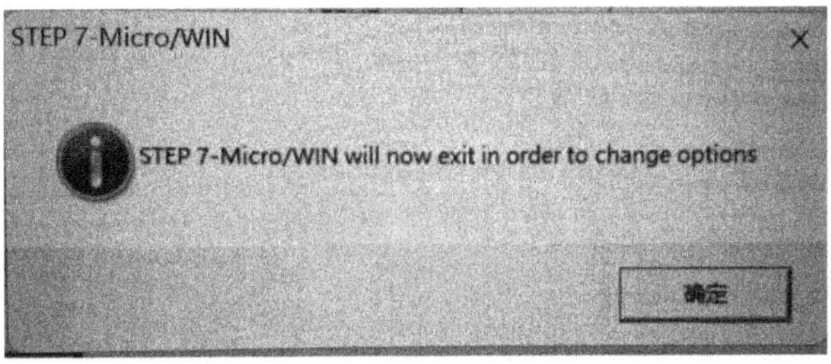

图 2-20 确认改变选项窗口

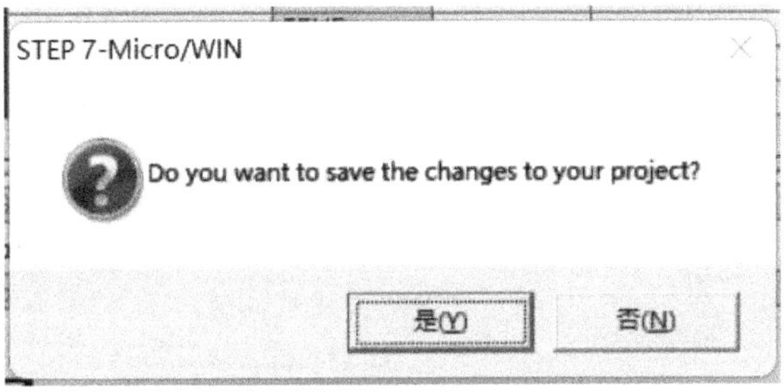

图 2-21 保存项目窗口

4. 通信参数设置

中文环境设置好后，按下面的步骤设置通信参数。

（1）在 STEP 7-Micro/WIN4.0 运行时点击“通信”图标，或在“视图”（View）菜单中选择“通信”（Communications），弹出“通信”对话框，如图 2-22 所示。

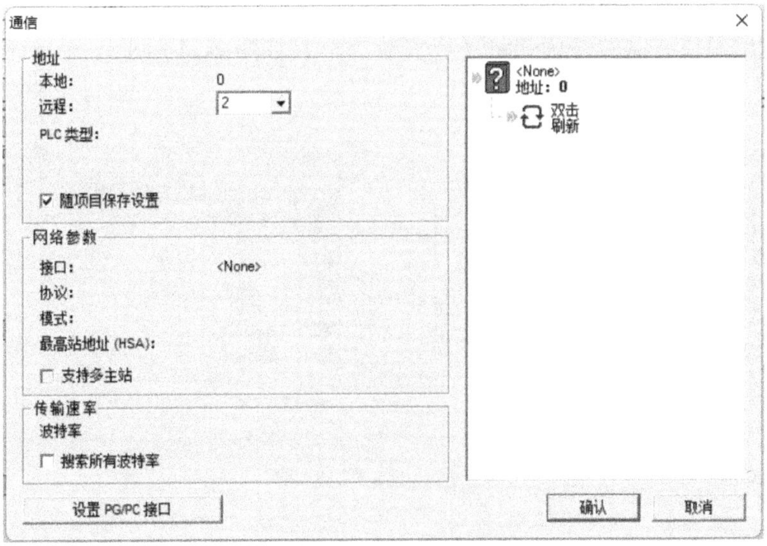

图 2-22 “通信”对话框

（2）在“通信”对话框中点击“设置 PG/PC 接口”按钮，弹出“Set PG/PC Interface”（设置 PG/PC 接口）对话框，如图 2-23 所示。

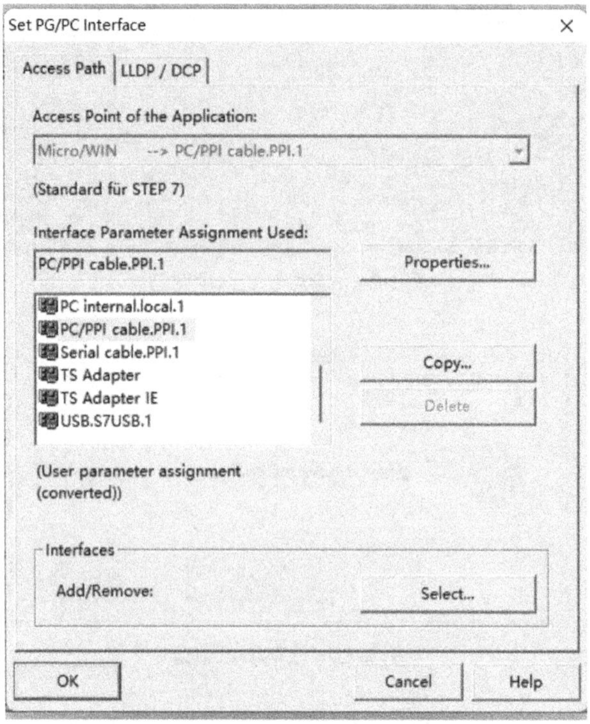

图 2-23 **"Set PG/PC Interface"对话框**

（3）点击"Select"（选择）按钮，弹出"Install/Remove Interfaces"（安装/删除接口）对话框。

（4）在"Selection"（选择）框中选中"PC/PPI cable"，点击"Install →"（安装）按钮，"PC/PPI cable"就出现在右侧的"Installed"（已安装）框内，如图 2-24 所示。

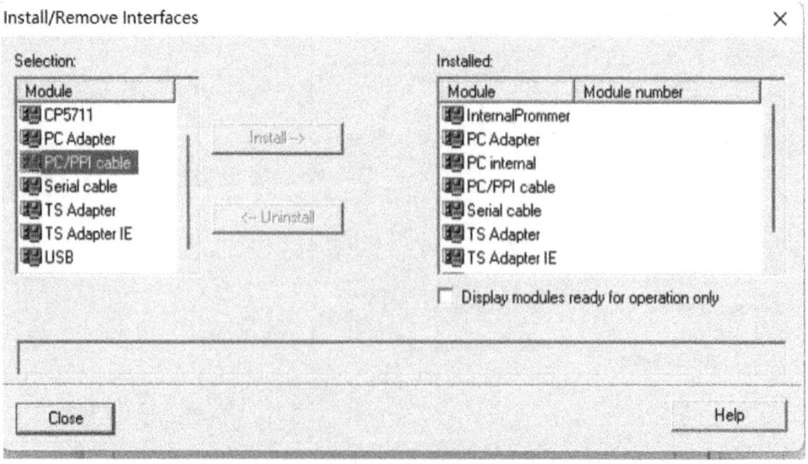

图 2-24 **输入完成后的"Install/Remove Interfaces"对话框**

（5）先点击"Close"按钮，再点击"OK"按钮，则通信地址设置完毕，如图 2-25 所示。

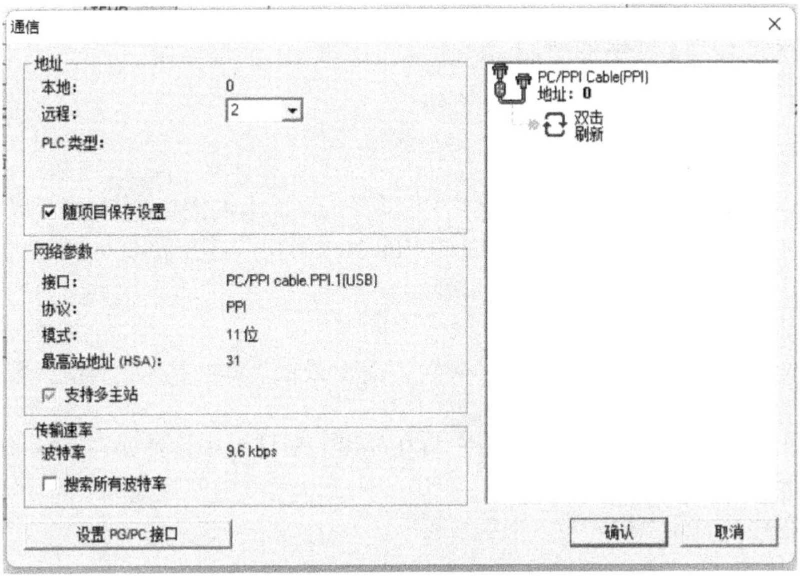

图 2-25 已设置好通信地址

(6)点击图 2-25 中的"设置 PG/PC 接口"按钮，弹出如图 2-26 所示的对话框，点击"Properties"(属性)按钮，检查各参数的属性是否正确。初学者可以使用默认的通信参数，默认站地址为 2，默认波特率(也称比特率)为 9.6 kbps。

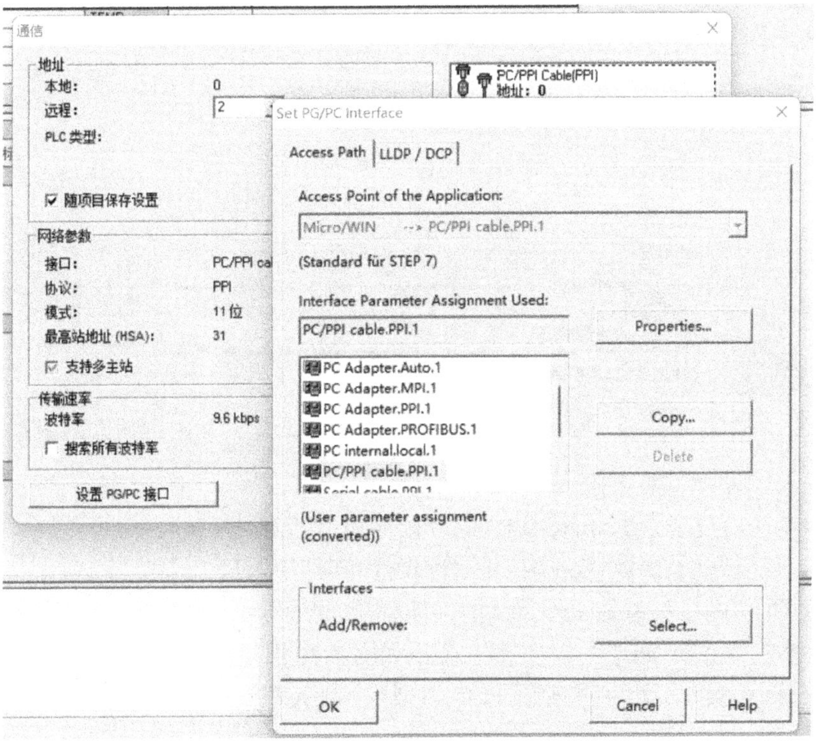

图 2-26 检查各参数的属性

（二）程序编写、下载与运行

1. STEP 7-Micro/WIN 编程软件的介绍

1）新建一个项目

要打开 STEP 7-Micro/WIN 编程软件，可以双击桌面上的图标，也可以在菜单中选择“开始”→“SIMATIC”→“STEP 7-Micro/WIN 32 V4.0”。打开后进入 STEP 7-Micro/WIN 的主界面，可以按下面的步骤建立一个新项目。

（1）选择“文件”（File）→“新建”（New）菜单命令或在菜单栏中点击“新建”图标 。

（2）在菜单栏中点击“保存”图标，在弹出的对话框中选择保存路径，编辑文件名，如图 2-27 所示。

（3）在程序编辑器里输入指令来编写程序。

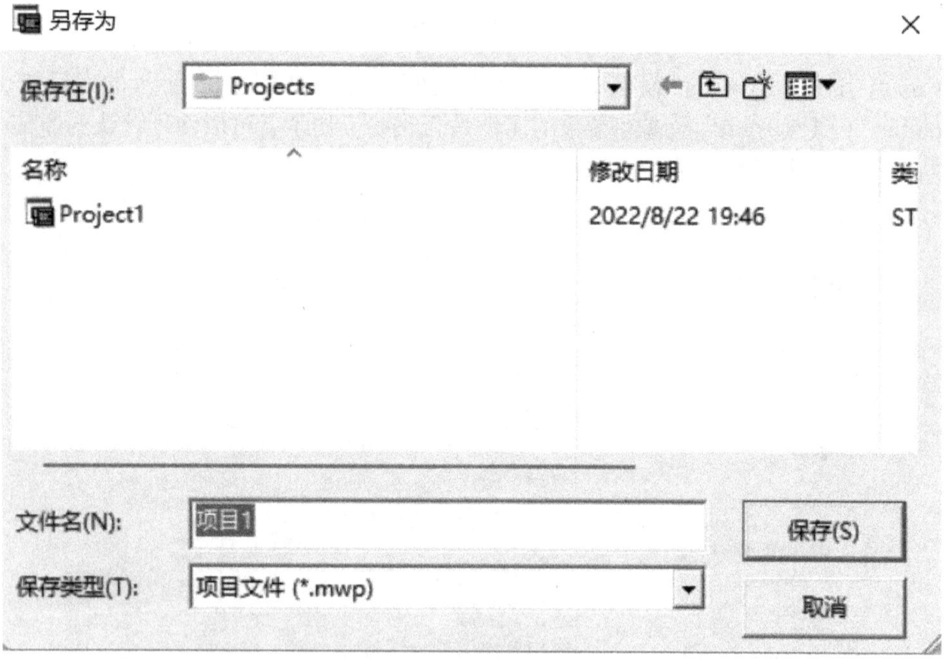

图 2-27　项目保存窗口

图 2-28 所示为 STEP 7-Micro/WIN 编程软件的主界面。

图 2-29 所示为 STEP 7-Micro/WIN 编程软件的项目界面。

新建的项目 PLC 类型是软件默认的，可以将其改为需要的 PLC 类型，操作步骤如下。

（1）在菜单中选择“PLC”→“类型”，弹出如图 2-30 所示的对话框。

（2）在“PLC 类型”处选择所用 PLC 的型号，在“CPU 版本”处选择目前使用的 CPU 版本。

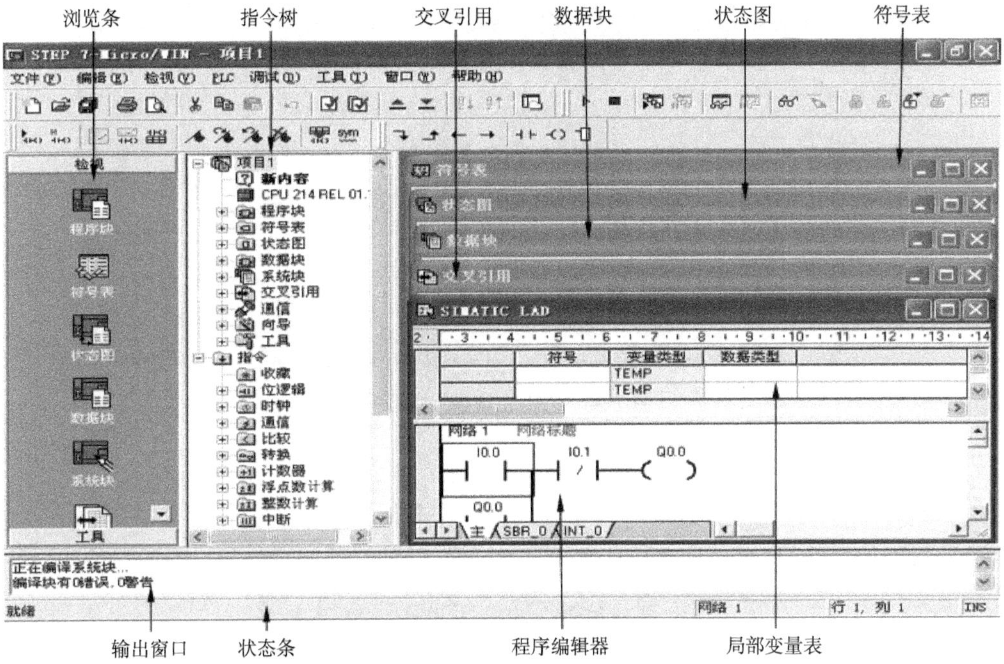

图 2-28　STEP 7-Micro/WIN 编程软件的主界面

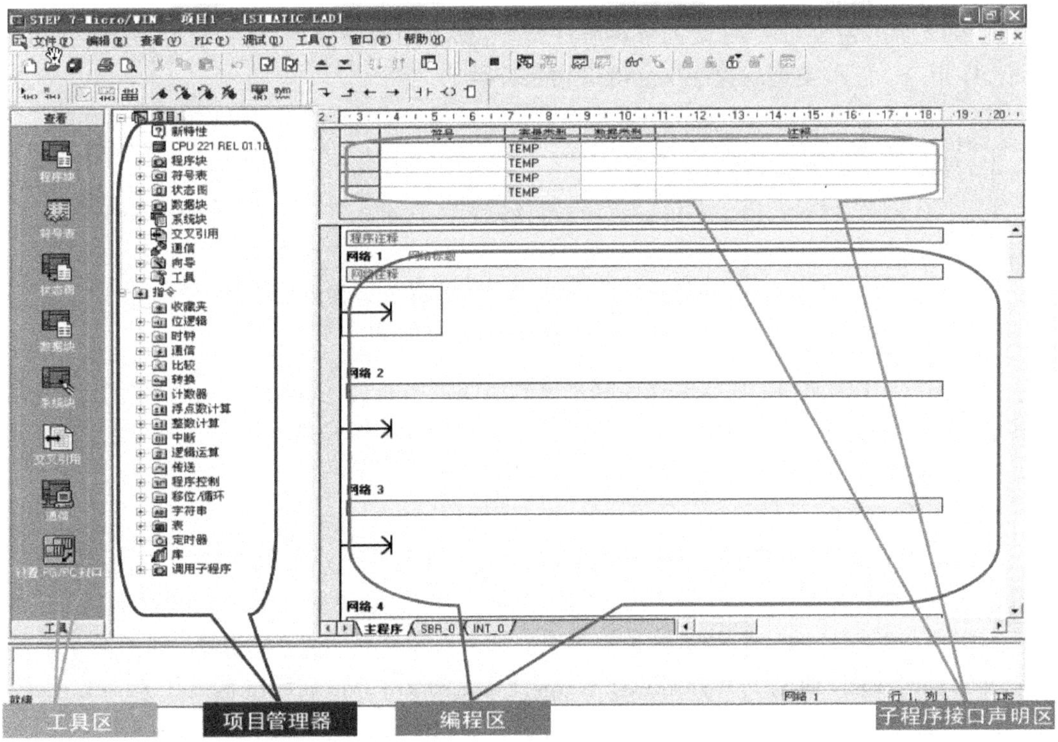

图 2-29　STEP 7-Micro/WIN 编程软件的项目界面

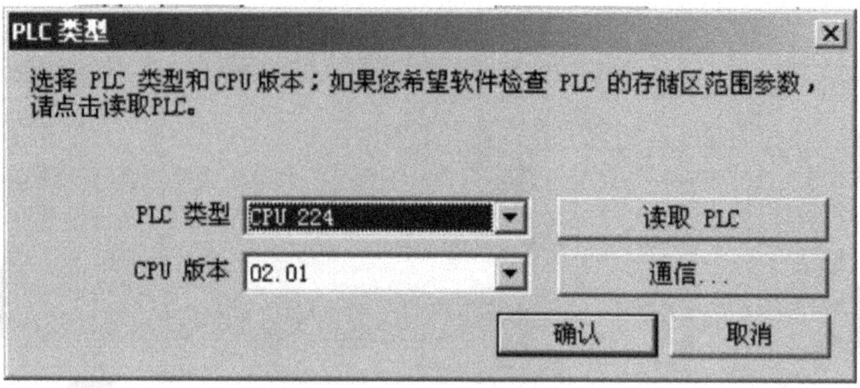

图 2-30　“PLC 类型”对话框

2)常用工具栏

常用工具栏如图 2-31 所示。

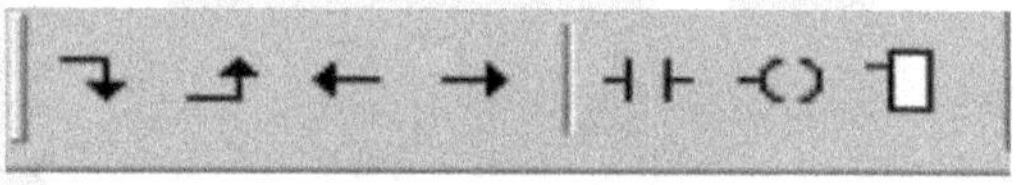

图 2-31　常用工具栏

2. 梯形图的绘制规则

图 2-32 所示为 S7-200 PLC 的三种程序指令:梯形图程序指令、语句表程序指令、功能块图程序指令。三种类型的程序指令可以相互转换。

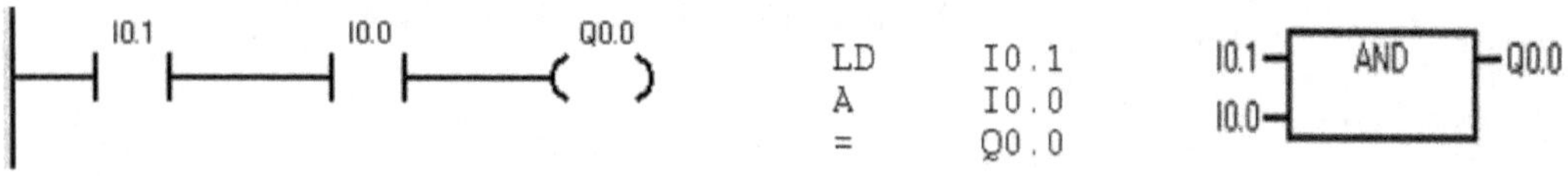

(a)　　(b)　　(c)

图 2-32　实现同一功能的梯形图、语句表、功能块图程序指令

(a)梯形图　(b)语句表　(c)功能块图

其中梯形图使用最多,它与电气控制系统的电路图很相似,具有直观、易懂的优点,很容易被电气工作人员掌握,特别适用于开关量逻辑控制。梯形图常被称为电路或程序,梯形图的设计称为编程。

1)梯形图编程的基本概念

软继电器 PLC 梯形图中的某些编程元件沿用了继电器这一名称,如输入继电器、输出继电器、辅助继电器等,但它们不是真实的物理继电器,而是一些存储单元(软继电器),每个软继电器与存储器的一个存储单元相对应。如果存储单元处于“1”状态,则梯形图中对应软继电器的线圈“通电”,常开触点闭合,常闭触点断开,称该软继电器处于“1”或“ON”状态;如果存储单元处于“0”状态,则梯形图中对应软继电器的线圈和触点的状态相反,称该软继电器处于“0”或“OFF”状态。在使用中常将这些软继电器称为编程元件。

梯形图两侧的垂直公共线称为母线。在分析梯形图的逻辑关系时,为了借用继电器电路图的分析方法,可以想象左、右两侧的母线(左母线和右母线)之间有一个左正右负的直流电源,母线之间有能流从左向右流动。右母线可以不画出。

根据梯形图中各触点的状态和逻辑关系求出与图中的各线圈对应的编程元件的状态,称为梯形图的逻辑解算。梯形图的逻辑解算是按从左至右、从上到下的顺序进行的,解算结果可以马上被后面的逻辑解算利用。逻辑解算是根据输入映像寄存器中的值,而不是根据解算瞬时外部输入触点的状态进行的。

2)梯形图的设计规则

(1)触点的安排。

PLC 内部元件触点的使用次数是无限制的。梯形图的触点应画在水平线上,不能画在垂直分支上。

(2)串、并联的处理。

在有几个串联回路并联时,应将触点最多的串联回路放在梯形图的最上边。在有几个并联回路串联时,应将触点最多的并联回路放在梯形图的最左边。

(3)线圈的安排。

不能将触点画在线圈右边,只能在触点的右边接线圈。

(4)不允许双线圈输出。

如果在同一程序中同一元件的线圈使用两次或多次,则称为双线圈输出。这时前面的输出无效,只有最后一次输出才有效,所以不允许双线圈输出。

(5)重新安排电路。

如果电路结构比较复杂,可重复使用一些触点画出等效电路,然后进行编程。

(6)编程顺序。

复杂的程序可先分成几个简单的程序段,每一段从最左边的触点开始,由上至下、向左到右进行编程,再把程序段逐段连接起来。

下面通过一个简单的例子介绍程序编写、下载、调试与运行。

【例 2-1】用开关 kl、k2 来控制红灯 L1、绿灯 L2 的亮灭。假定 kl、k2 分别接 PLC 的输入端子 I0.0、I0.1;红灯 L1、绿灯 L2 分别接 PLC 的输出端子 Q0.0、Q0.1。

(1)编辑指令。可以从指令树中拖曳或者在指令输入栏中找到需要的指令,如图 2-33 所示。

注意:为了使程序的可读性增强,可以在符号表中定义和编辑符号名,以通过符号地址访问变量。点击图 2-33 中的符号表(标注 1)即出现如图 2-34 所示的内容,在此可以编辑所用的变量。也可以在图 2-33 标注 2 的部分为程序和网络添加注释,使程序更具有可读性。

(2)编译程序。点击常用工具栏上方的"编译"图标  进行程序编译。如果程序在编译层面上没有语法错误,将在输出窗口显示"已编译的块有 0 个错误,0 个警告,总错误数目:0",接下来就可以进行程序的下载了。如果出现错误,输出窗口也会有出错提示,修改完错误后才能下载程序。

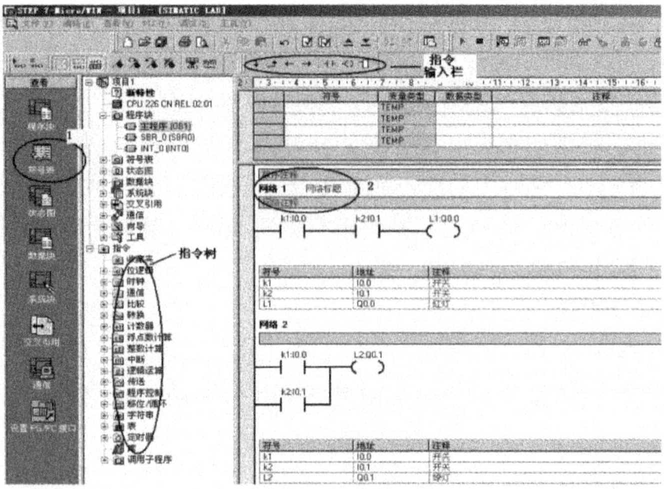

图 2-33　编辑指令

	符号	地址	注释
1	k1	I0.0	开关
2	k2	I0.1	开关
3	L1	Q0.0	红灯
4	L2	Q0.1	绿灯

图 2-34　符号表

（3）程序下载。点击常用工具栏上方的"下载"图标 进行程序下载。如果通信正常，弹出如图 2-35 所示的对话框，点击"下载"，弹出如图 2-36 所示的窗口，点击"确定"，将 PLC 设置为 STOP 模式。如果通信失败，则重新调整设置。

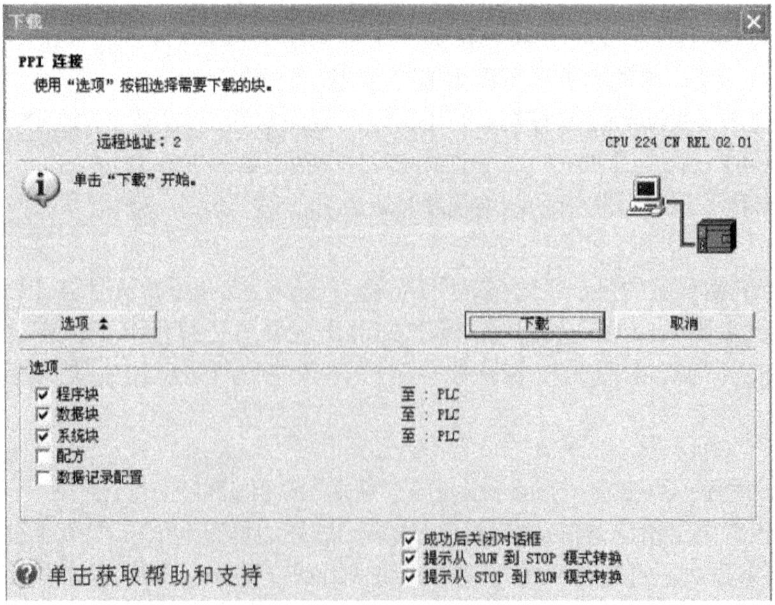

图 2-35　"下载"对话框

（4）运行程序。待程序下载完成后将 PLC 设置为 RUN 模式，如图 2-37 所示。至此程序的编译、下载完成，接下来就可以进行程序的调试等操作了。

（5）点击“程序状态监控”图标进入程序调试状态，可观察触点、线圈等的实时状态，非常便于程序的纠错和完善。

图 2-36　将 PLC 设置为 STOP 模式

图 2-37　将 PLC 设置为 RUN 模式

任务三　PLC 控制电动机正反转

一、任务目标

（1）掌握三相交流异步电动机正反转的工作原理。

（2）掌握常用位逻辑指令的使用。

（3）掌握具有互锁作用的电动机正反转梯形图程序的编写。

（4）能实现对电动机正反转的控制。

二、任务描述

三相交流异步电动机正反转的 PLC 控制：按下正转启动按钮，电动机正转运行；按下反转启动按钮，电动机反转运行；无论电动机正转还是反转，按下停止按钮电动机就停止运行。

三、任务实施

1. 所需要的工具、设备、材料

所需要的工具、设备、材料如表 2-8 所示。

表 2-8　所需要的工具、设备、材料

序号	名称	型号与规格	数量	备注
1	可编程控制器实训装置	THPFSM-1/2	1 台	
2	实训挂箱	A10	1 个	
3	导线	3 号	若干根	
4	PC/PPI 通信电缆		1 根	西门子
5	计算机		1 台	自备

2. I/O 点的分配

根据被控对象对 PLC 系统的动能要求和需要输入、输出的点数选择适当类型的 PLC，并分配输入、输出点，如表 2-9 所示。

表 2-9　I/O 点分配表

输入(I)			输出(O)		
元件	功能	信号地址	元件	功能	信号地址
按钮 SB2	电动机正转	I0.0	KM1	电动机正转	Q0.0
按钮 SB1	电动机停止运行	I0.1	KM2	电动机反转	Q0.1
按钮 SB3	电动机反转	I0.2			

3. I/O 接线图

本任务的 PLC 外部 I/O 接线图如图 2-38 所示，实验设备端子图如图 2-39 所示。

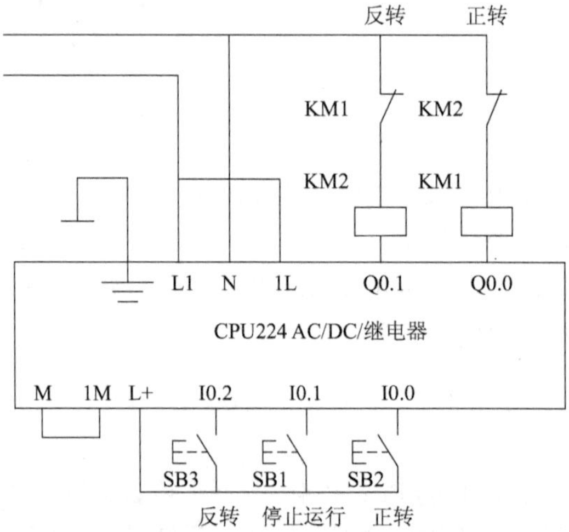

图 2-38　电动机正反转控制的 PLC 外部 I/O 接线图

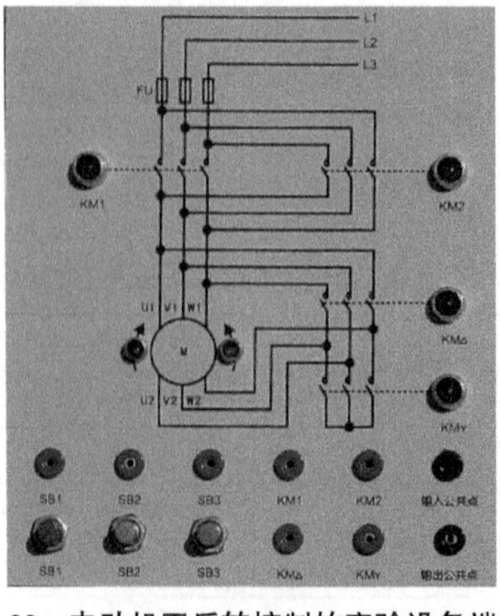

图 2-39　电动机正反转控制的实验设备端子图

4. 程序设计

根据被控对象的工艺条件和控制要求设计梯形图，参考梯形图如图 2-40 所示。

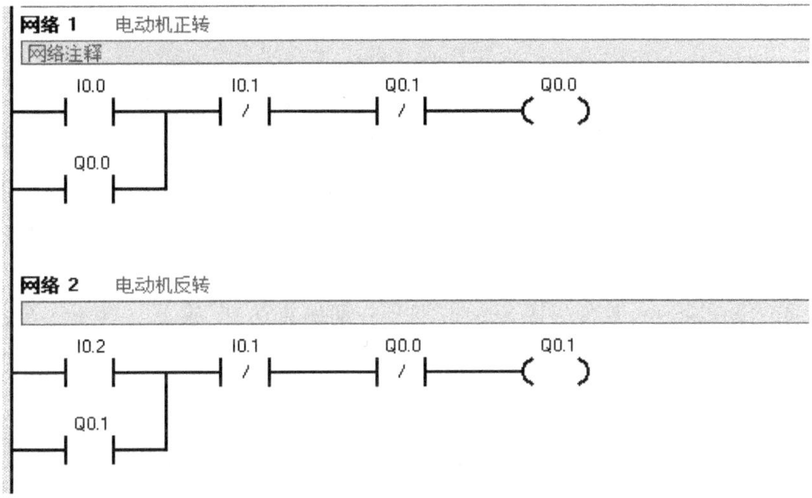

图 2-40　电动机正反转控制的参考梯形图

5. 编写、下载、调试程序

编写梯形图程序，在 STEP 7-Micro/WIN 软件中进行程序的检查、调试与仿真，确认无误后写入 PLC。

6. 任务总结与考核

（1）思考：任务完成得怎么样？有何收获和体会？有没有需要完善和改进的地方？对自己有何评价？如何设计一个既可以控制两台电动机同时启动和停止，又可以控制两台电动机分别启动和停止的电动机控制电路？

（2）行动：按照任务要求，与同学、教师共同完成本任务的考核工作；整理所编写的材料，完成实训报告。

四、知识链接

（一）基本概念

1. 左母线

在梯形图的左边有一条从上到下的竖线，称为左母线。所有的程序支路都起始于左母线。左母线上有一个始终存在，由上而下、从左到右的电流（能流），称为假象电流。

2. 触点

常开触点─┤ bit ├─：相当于继电器电路中的常开按钮，开关、线圈上的常开触点等。

常闭触点─┤ bit / ├─：相当于继电器电路中的常闭按钮，开关、线圈上的常闭触点等。

触点代表输入条件,如外部开关、按钮和内部条件等。位对应 PLC 内部的编程元件,位数据(状态)为“1”时,表示能流能通过,即该编程元件接通。由于计算机读操作的次数不受限制,在用户程序中常开触点、常闭触点可以使用无数次。

3. 线圈

线圈—(bit):相当于继电器电路中的接触器、定时器、计数器等里面的线圈。

线圈表示输出结果,通过输出接口电路来控制外部的指示灯、接触器等。线圈左侧接点的逻辑运算结果为“1”时,能流可以到达线圈,使线圈得电动作, PLC 将位地址指定的编程元件置为“1”;若逻辑运算结果为“0”,线圈不通电,编程元件的位置为“0”。PLC 采用循环扫描的工作方式,所以在用户程序中每个线圈只允许使用一次。

常用线圈与触点指令、其他线圈与触点指令分别如表 2-10、表 2-11 所示。

表 2-10 常用线圈与触点指令

类型	梯形图	语句表	功能
线圈	bit —( )	= bit	=:输出指令
常开触点	bit —| |—	LD bit A bit O bit	LD:装载常开触点 A:串联常开触点 O:并联常开触点
常闭触点	bit —| / |—	LDN bit AN bit ON bit	LDN:装载常闭触点 AN:串联常闭触点 ON:并联常闭触点

表 2-11 其他线圈与触点指令

类型	梯形图	语句表	功能
线圈	bit —(I)	=I bit	=I:立即输出指令
常闭触点	bit —| /I |—	LDNI bit ANI bit ONI bit	LDNI:装载常闭立即触点 ANI:串联常闭立即触点 ONI:并联常闭立即触点
常开触点	bit —| I |—	LDI bit AI bit OI bit	LDI:装载常开立即触点 AI:串联常开立即触点 OI:并联常开立即触点

(二)电路块的串并联指令

OLD(或块)指令:两个或两个以上串联电路块并联。

ALD(与块)指令:两个或两个以上并联电路块串联,如图 2-41 所示。

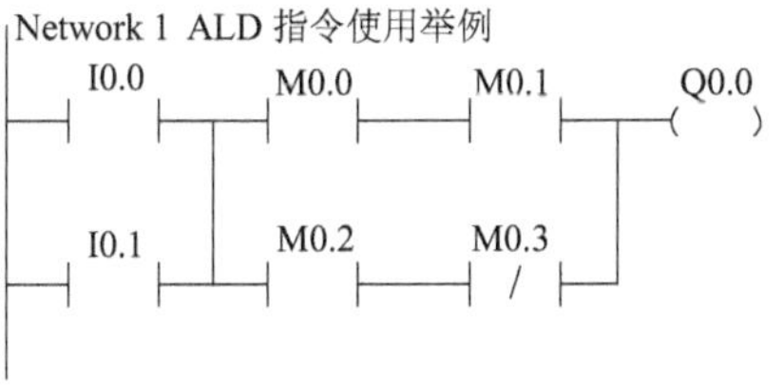


```
LD    I0.0
O     I0.1
LD    M0.0
A     M0.1
LD    M0.2
AN    M0.3
OLD
ALD
=     Q0.0
```

（a）　　　　（b）

图 2-41　ALD 指令使用举例

（a）梯形图　（b）助记符

使用说明：

（1）在块电路开始时要使用 LD 和 LDN 指令；

（2）在完成块电路的串联后要使用 ALD 指令；

（3）ALD 指令无操作数。

（三）逻辑堆栈指令

S7-200 PLC 使用一个 9 层堆栈来处理所有逻辑操作，这个堆栈和计算机中的堆栈结构相同。

堆栈是一组能够存入和取出数据的暂存单元，如图 2-42 所示，其特点是先进后出。每一次进行进栈操作，新值放至栈顶，栈底值丢失；每一次进行出栈操作，栈顶值弹出，栈底补进随机数。逻辑堆栈指令主要用来实现触点的复杂连接。

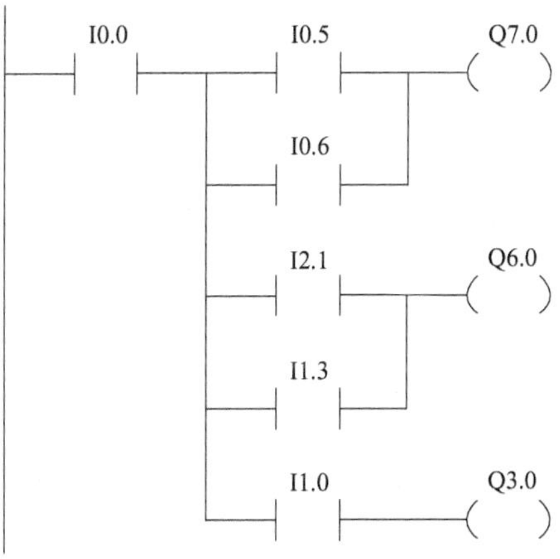


```
LD  I0.0
LPS
LD  I0.5
O   I0.6
ALD
=   Q7.0
LRD
LD  I2.1
O   I1.3
ALD
=   Q6.0
LPP
A   I1.0
=   Q3.0
```

图 2-42　逻辑堆栈指令应用程序

逻辑进栈（logic push，LPS）指令：复制栈顶值并使该数值进栈，栈底值被推出栈而丢失。

逻辑出栈（logic pop，LPP）指令：使栈顶值出栈，堆栈中的第 2 个数值成为新的栈顶值。

逻辑读取（logic read，LRD）指令：将堆栈中的第 2 个数值复制至堆栈顶部，不执行进栈或出栈操作，栈顶值被覆盖而丢失。

载入堆栈（load stack，LDS）指令：将堆栈中的第 n 个数值复制至堆栈顶部，栈底值被推出栈而丢失。

(四)梯形图编程的注意事项和技巧

1. 梯形图编程的注意事项

(1)程序应按自上而下、从左至右的顺序编写。

(2)同一操作数的输出线圈在一个程序中不能使用两次,不同操作数的输出线圈可以并行输出,如图 2-43 所示。

(3)线圈不能直接与左母线相连,如果需要,可以通过特殊标志位寄存器 SM0.0(该位始终为 1)连接,如图 2-44 所示。

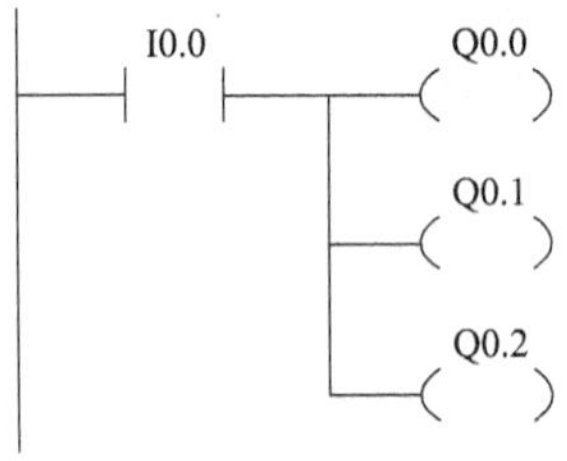

图 2-43 线圈并行输出

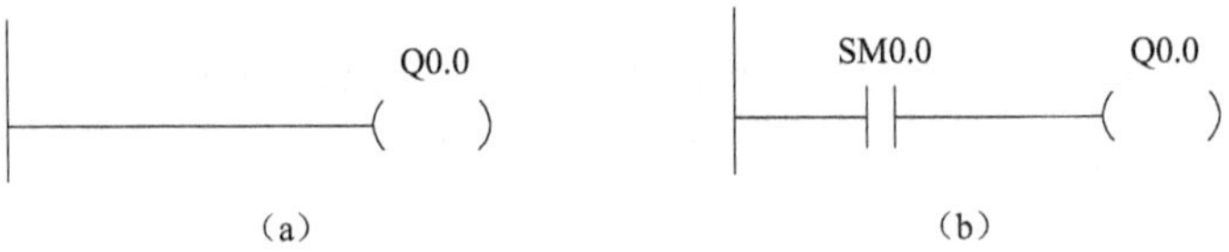

图 2-44 线圈输出

(a)不正确 (b)正确

2. 梯形图编程的技巧

(1)在有几个串联回路并联时,应将触点最多的串联回路放在梯形图的最上边,如图 2-45 所示。

(2)在有几个并联回路串联时,应将触点最多的并联回路放在梯形图的最左边,如图 2-46 所示。

(3)在有线圈的并联电路中,将单个线圈放在上边,如图 2-47 所示。

这样安排可使程序简洁、明了,指令语句也较少。

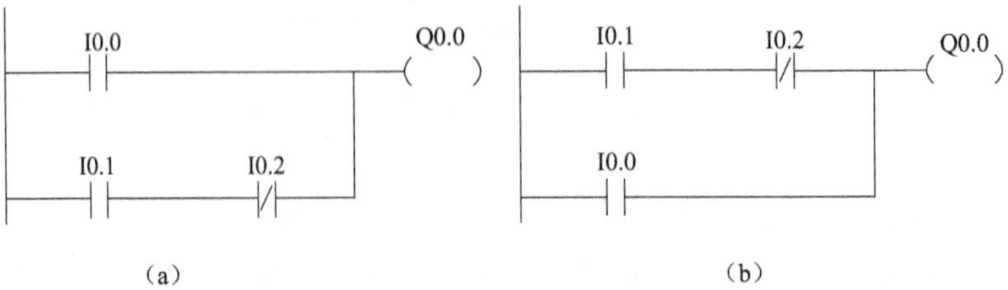

图 2-45 先串后并梯形图的优化

(a)电路安排不当 (b)电路安排正确

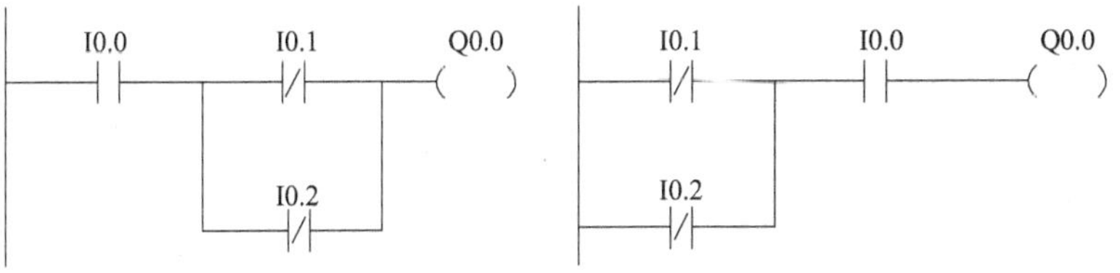

（a）　　（b）

图 2-46　先并后串梯形图的优化

（a）电路安排不当　（b）电路安排正确

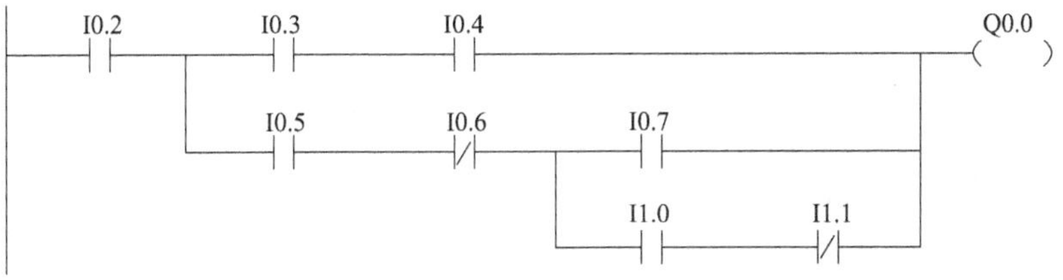

（a）

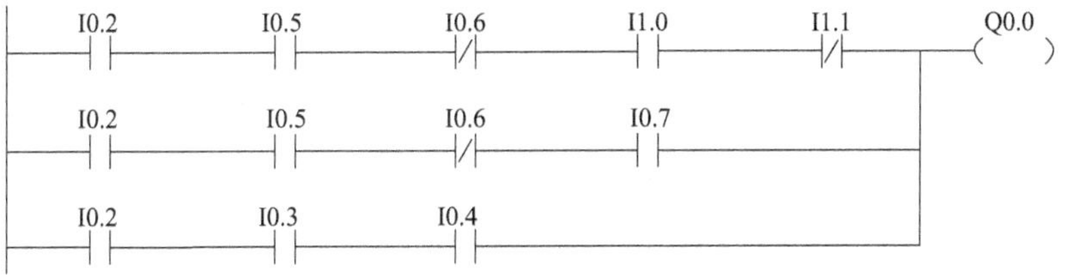

（b）

图 2-47　复杂电路的编程技巧

（a）复杂电路　（b）等效电路

任务四　PLC 控制电动机 Y/△降压启动

一、任务目标

（1）掌握三相交流异步电动机 Y/△降压启动的工作原理。

（2）了解各类定时器的工作原理。

（3）会利用所学的定时器指令编写通电延迟、断电延迟的梯形图程序。

（4）掌握电动机 Y/△降压启动梯形图程序的编写。

（5）会绘制电动机 Y/△降压启动 PLC 控制系统的 I/O 接线图。

（6）能熟练地运用编程软件进行控制系统联机调试。

二、任务描述

三相交流异步电动机 Y/△降压启动的 PLC 控制：电动机启动时内部绕组呈星形连接状态，5 s 后转换为三角形连接状态，电动机进入正常工作状态；按下停止按钮，电动机即停止运行。

三、任务实施

1. 所需要的工具、设备、材料

所需要的工具、设备、材料如表 2-12 所示。

表 2-12　所需要的工具、设备、材料

序号	名称	型号与规格	数量	备注
1	可编程控制器实训装置	THPFSM-1/2	1 台	
2	实训挂箱	A10	1 个	
3	导线	3 号	若干根	
4	PC/PPI 通信电缆		1 根	西门子
5	计算机		1 台	自备

2. I/O 点的分配

根据被控对象对 PLC 系统的动能要求和需要输入、输出的点数选择适当类型的 PLC，并分配输入、输出点，如表 2-13 所示。

表 2-13　I/O 点分配表

输入(I)			输出(O)		
元件	功能	信号地址	元件	功能	信号地址
按钮 SB1	电动机停止运行	I0.0	主接触器 KM1	电动机启动	Q0.1
按钮 SB2	电动机启动	I0.1	星形绕组接触器 KM2	电动机星形启动	Q0.2
			三角形绕组接触器 KM3	电动机三角形启动	Q0.3

3. I/O 接线图

本任务的 PLC 外部 I/O 接线图如图 2-48 所示，实验设备端子图如图 2-49 所示。

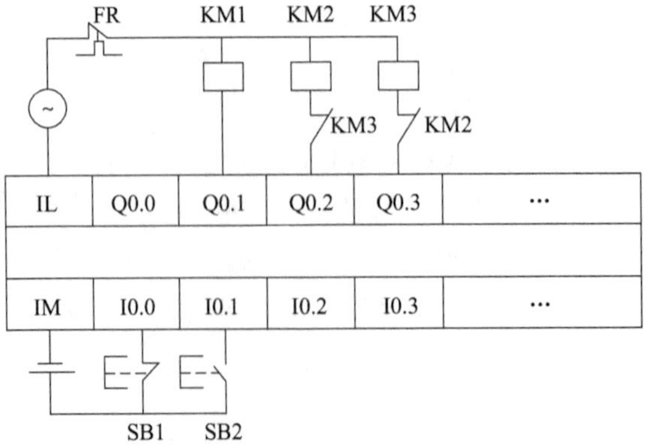

图 2-48　电动机 Y/△降压启动控制的 PLC 外部 I/O 接线图

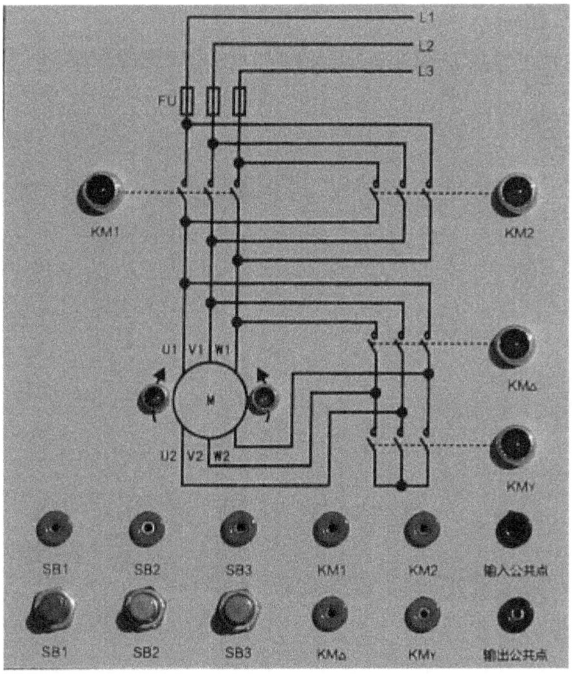

图 2-49 电动机 Y/△降压启动控制的实验设备端子图

4. 程序设计

根据被控对象的工艺条件和控制要求设计梯形图,参考梯形图如图 2-50 所示。

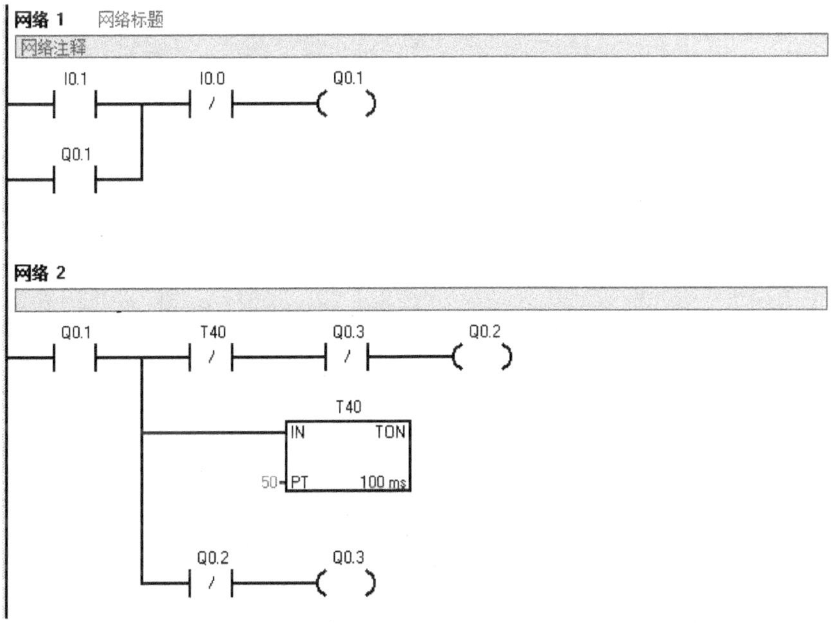

图 2-50 电动机 Y/△降压启动控制的参考梯形图

5. 编写、下载、调试程序

编写梯形图程序，在 STEP 7-Micro/WIN 软件中进行程序的检查、调试与仿真，确认无误后写入 PLC。

6. 任务总结与考核

（1）思考：任务完成得怎么样？有何收获和体会？有没有需要完善和改进的地方？对自己有何评价？

（2）行动：按照任务要求，与同学、教师共同完成本任务的考核工作；整理所编写的材料，完成实训报告。

四、知识链接

（一）定时器简介

1. 定时器的定义

定时器是根据预先设定的定时值，按一定的时间单位（1 ms、10 ms、100 ms）进行计时的 PLC 内部装置。

2. 定时器的结构

每个定时器均有一个 16 位的当前值寄存器，用以存放当前值（16 位符号整数）；一个 16 位的预置值寄存器，用以存放设定值；还有一个状态位，反映其触点的状态。

3. 定时器的类型

定时器可分为接通延时型定时器（TON）、断开延时型定时器（TOF）、保持型接通延时定时器（TONR）等，常用定时器的主要参数如表 2-14 所示。

表 2-14 常用定时器的主要参数

定时器类型	分辨率/ms	计时范围/s	定时器号
保持型接通延时定时器	1	0.001~32.767	T0、T64
	10	0.01~327.67	T1~T4、T65~T68
	100	0.1~3 276.7	T5~T31、T69~T95
接通延时型定时器 断开延时型定时器	1	0.001~32.767	T32、T96
	10	0.01~327.67	T33~T36、T97~T100
	100	0.1~3 276.7	T37~T63、T101~T255

定时器的使用说明如下。

（1）分辨率是定时器时间单位的增量，也称时基增量，S7-200 PLC 提供 1 ms、10 ms、100 ms 三种分辨率的定时器。

（2）定时器的设定时间等于设定值与分辨率的乘积，即设定时间=设定值 × 分辨率。

（3）定时器的当前值寄存器用于存储定时器累计的时基增量值。

（4）定时器位用来描述定时器的延时动作触点的状态：定时器位为 ON 时，梯形图中对应的定时器的常开触点闭合，常闭触点断开；定时器位为 OFF 时，梯形图中对应的定时器的常开触点断开，常闭触点闭合。

（5）T××× 表示定时器号，IN 表示输入端，PT 端的取值范围是 1~32 767。

（6）接通延时型定时器的输入电路断开时，定时器自动复位，即当前值清零，定时器位变为 OFF。

（7）TON 指令与 TOF 指令不能共享定时器号，即在同一程序中不能对一个定时器同时使用 TON 指令与 TOF 指令。

（8）断开延时型定时器可以使用复位指令进行复位。

（9）保持型接通定时器只能使用复位指令进行复位。

（10）保持型接通定时器具有累计输入端接通时间的功能。

4. 定时器指令

定时器指令如表 2-15 所示。

表 2-15　定时器指令

定时器类型	梯形图	语句表	功能
接通延时型定时器	T××× IN　TON PT	TON T×××,PT	输入端接通时开始计时，定时器的当前值达到设定值时定时器位变为 ON，梯形图中对应的定时器的常开触点闭合，常闭触点断开，当前值继续计数，直到达到最大值时停止
断开延时型定时器	T××× IN　TOF PT	TOF T×××,PT	输入端接通时，定时器的当前值清零，同时定时器位变为 ON；输入端断开时，当前值从 0 开始增加，达到设定值时定时器位变为 OFF，梯形图中对应的定时器的常开触点断开，常闭触点闭合，当前值保持不变
保持型接通延时定时器	T××× IN　TONR PT	TONR T×××,PT	输入端接通时开始计时，定时器的当前值从 0 开始增加，若未达到设定值而输入端断开，当前值保持不变，当输入端再次接通时，当前值继续增加，直到达到设定值时定时器位变为 ON

5. 接通延时型定时器的工作原理

如图 2-51 所示，当 I0.0 接通（即 IN 输入有效）时，T37 开始计时，当前值从 0 开始增加，达到设定值时，T37 的状态位置 1，常开触点闭合，驱动 Q0.0 输出，之后当前值仍增加，但不影响状态位。当前值的最大值为 32 767。当 I0.0 断开（即 IN 输入无效）时，T37 复位，当前值清零，状态位也清零，即恢复原始状态。若 I0.0 在接通时间未达到设定值时就断开，T37

立即复位，Q0.0 不会有输出。

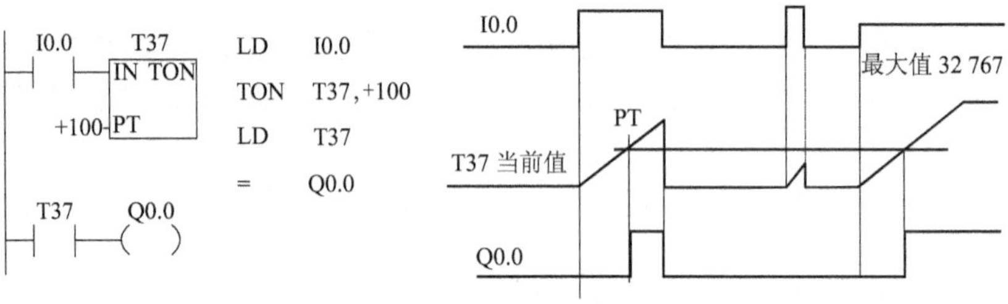

图 2-51 接通延时型定时器的工作原理

6. 保持型接通延时定时器的工作原理

如图 2-52 所示，当输入端接通（即 IN 输入有效）时，定时器开始计时，当前值开始增加，当前值达到设定值时，输出状态位置 1。当输入端断开（即 IN 输入无效）时，当前值保持不变（记忆），输入端再次接通时，在记忆值的基础上继续计时。

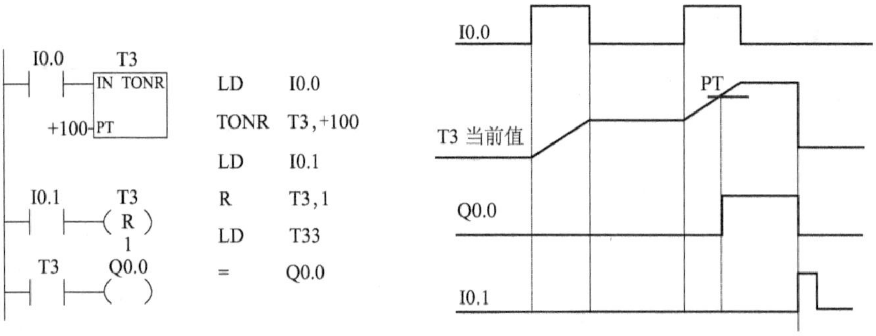

图 2-52 保持型接通延时定时器的工作原理

保持型接通延时定时器采用线圈复位指令 R 进行复位操作，当复位线圈有效时，定时器的当前值清零，输出状态位置 0。

7. 断开延时型定时器的工作原理

断开延时型定时器用来在输入端断开后延时一段时间才断开输出端。如图 2-53 所示，当输入端接通（即 IN 输入有效）时，定时器的输出状态位立即置 1，当前值复位为 0。当输入端断开（即 IN 输入无效）时，定时器开始计时，当前值从 0 开始增加，达到设定值时，状态位复位为 0，并停止计时，当前值保持不变。

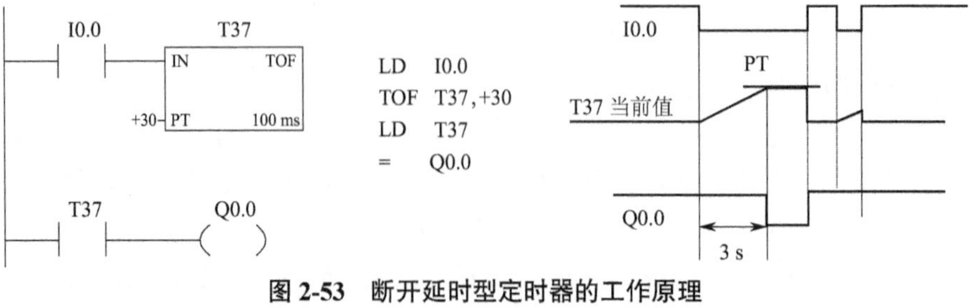

图 2-53 断开延时型定时器的工作原理

如果输入端断开的时间短于预定时间，定时器仍保持接通。输入端再次接通时，定时器的当前值仍为 0。

（二）定时器的基本应用

图 2-54 所示为定时器的基本应用。

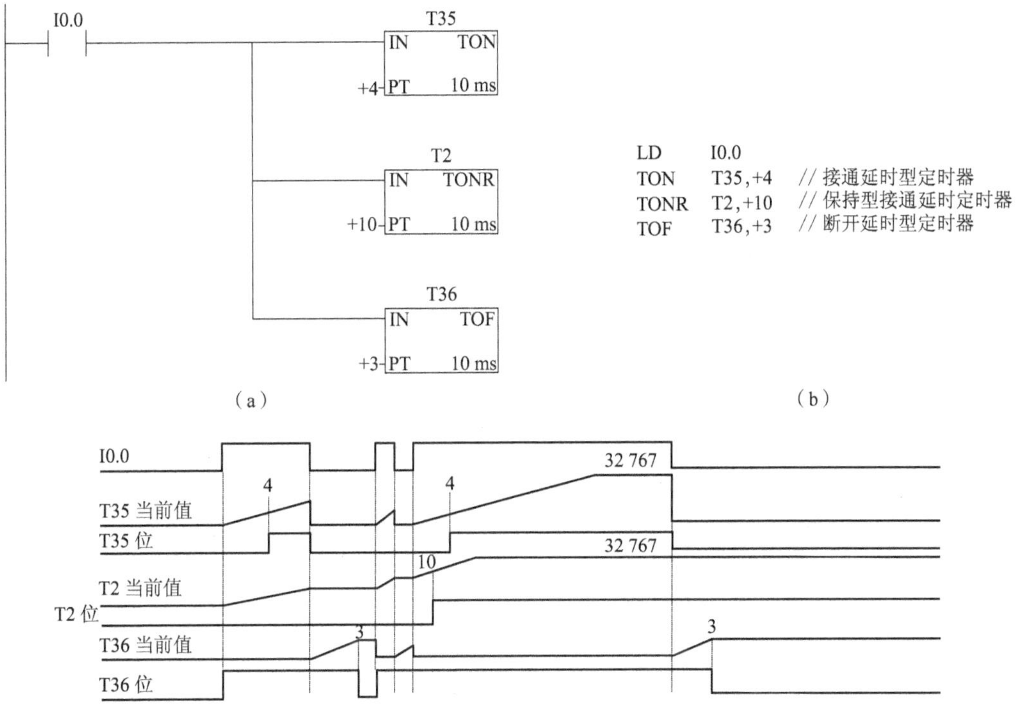

图 2-54　定时器的基本应用

（a）梯形图　（b）助记符　（c）时序图

注意：

（1）接通延时型定时器用于单一时间间隔的定时，保持型接通延时定时器用于累计时间间隔的定时，断开延时型定时器用于故障事件发生后的延时；

（2）TON 和 TOF 共享一组定时器，但不能重复使用，即一个定时器不能同时用作 TON 和 TOF，如不能既有 TON T32 又有 TOF T32。

（三）定时器的扩展应用

1. 一个机器扫描周期的时钟脉冲发生器（图 2-55）

注意：1 ms 时基定时器每隔 1 ms 刷新一次当前值；10 ms 时基定时器在每个扫描周期开始时刷新当前值；100 ms 时基定时器在当前指令执行时刷新当前值。

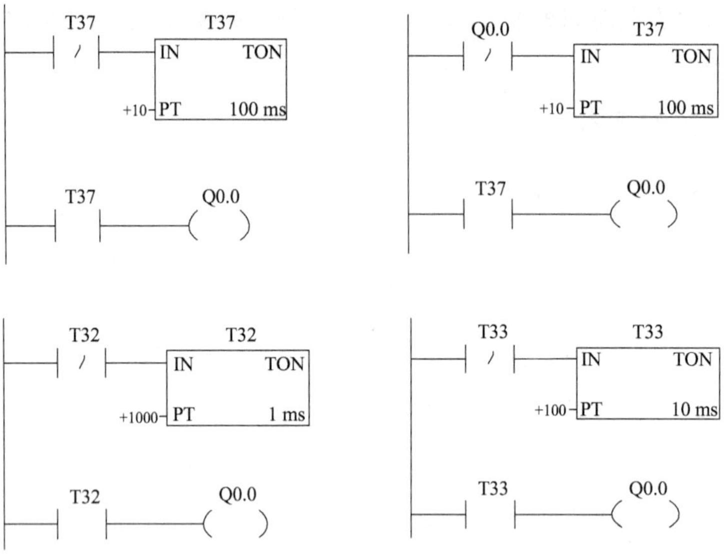

图 2-55　一个机器扫描周期的时钟脉冲发生器

2. 延时断开电路(图 2-56)

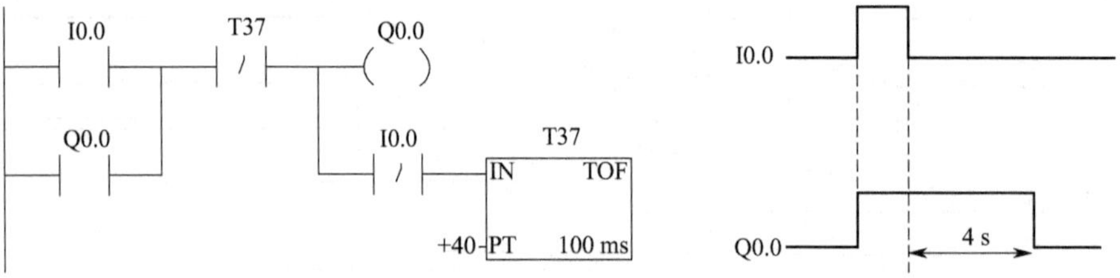

图 2-56　延时断开电路

3. 延时接通和断开电路(图 2-57)

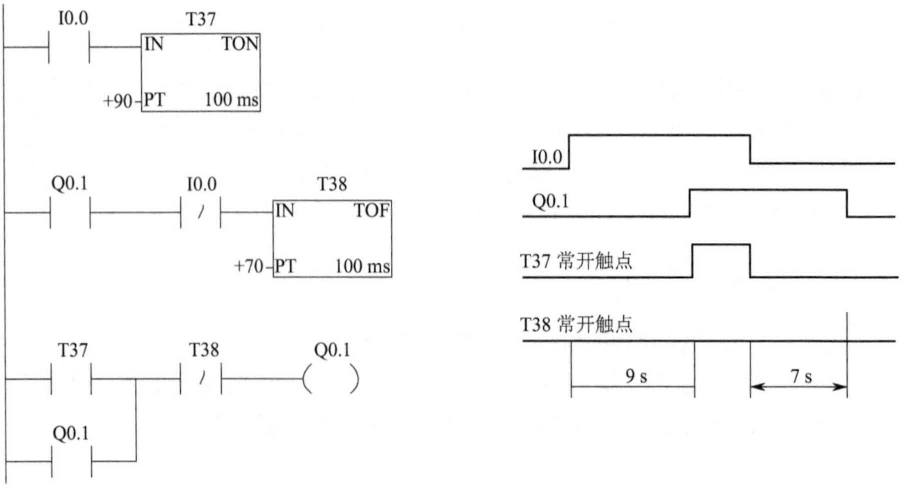

图 2-57　延时接通和断开电路

任务五 抢答器的控制

一、任务目标

(1)掌握置位、复位指令的使用和编程。

(2)掌握上升沿、下降沿指令的使用和编程。

(3)掌握抢答器控制系统的接线、调试、操作。

(4)能熟练地运用编程软件进行控制系统联机调试。

二、任务描述

系统初始上电后,主控人员在总控制台上点击开始按键,允许各队开始抢答,即各队的抢答按键有效;在抢答过程中,1~4 队中的任何一队抢先按下自己的抢答按键(S1、S2、S3、S4)后,该队的指示灯(L1、L2、L3、L4)亮,LED(light-emitting diode,发光二极管)数码显示系统显示其队号,并且其他队的抢答按键无效;主控人员确认抢答状态后点击复位按键,系统又允许各队开始抢答了。

三、任务实施

1. 所需要的工具、设备、材料

所需要的工具、设备、材料如表 2-16 所示。

表 2-16 所需要的工具、设备、材料

序号	名称	型号与规格	数量	备注
1	可编程控制器实训装置	THPFSM-1/2	1 台	
2	实训挂箱	A10	1 个	
3	导线	3 号	若干根	
4	PC/PPI 通信电缆		1 根	西门子
5	计算机		1 台	自备

2. I/O 点的分配

根据被控对象对 PLC 系统的动能要求和需要输入、输出的点数选择适当类型的 PLC,并分配输入、输出点,如表 2-17 所示。

表 2-17 I/O 点分配表

输入(I)			输出(O)		
电气符号（面板端子）	功能	信号地址	电气符号（面板端子）	功能	信号地址
SD	开始	I0.0	1	1 队抢答显示	Q0.0
SR	复位	I0.1	2	2 队抢答显示	Q0.1
S1	1 队抢答	I0.2	3	3 队抢答显示	Q0.2
S2	2 队抢答	I0.3	4	4 队抢答显示	Q0.3
S3	3 队抢答	I0.4	A	数码控制端子 A	Q0.4
S4	4 队抢答	I0.5	B	数码控制端子 B	Q0.5
			C	数码控制端子 C	Q0.6
			D	数码控制端子 D	Q0.7

3. I/O 接线图

本任务的 PLC 外部 I/O 接线图如图 2-58 所示,实验设备端子图如图 2-59 所示。

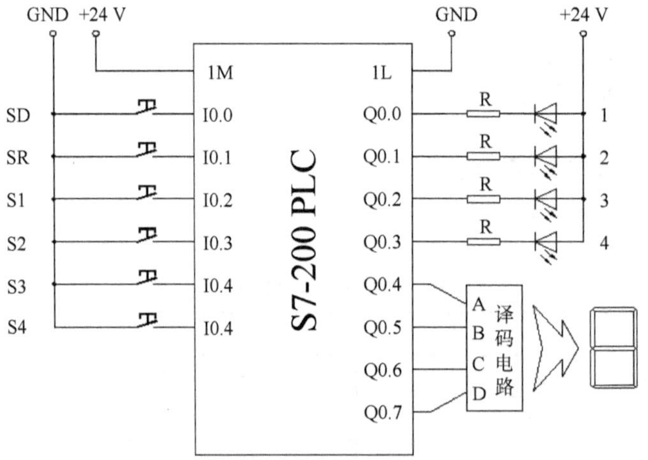

图 2-58 抢答器控制的 PLC 外部 I/O 接线图

图 2-59 抢答器控制的实验设备端子图

4. 程序设计

根据被控对象的工艺条件和控制要求设计梯形图,置位、复位控制的参考梯形图如图 2-60 所示。

5. 编写、下载、调试程序

编写梯形图程序,在 STEP 7-Micro/WIN 软件中进行程序的检查、调试与仿真,确认无误后写入 PLC。

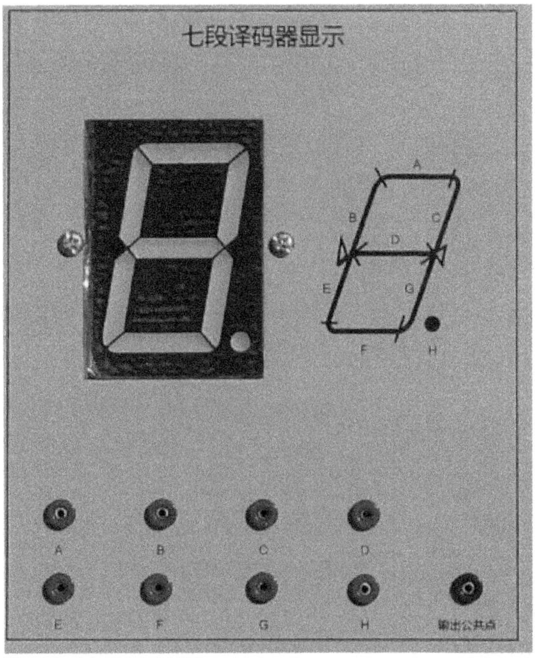

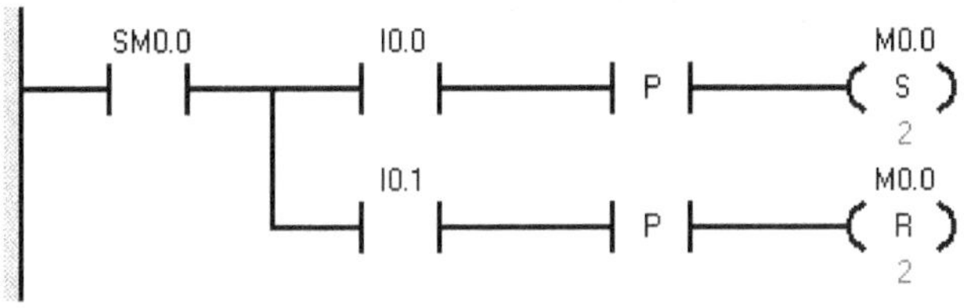

图 2-60　置位、复位控制的参考梯形图

6. 任务总结与考核

（1）思考：任务完成得怎么样？有何收获和体会？有没有需要完善和改进的地方？对自己有何评价？

（2）行动：按照任务要求，与同学、教师共同完成本任务的考核工作；整理所编写的材料，完成实训报告。

四、知识链接

（一）置位、复位指令（表 2-18）

表 2-18　置位、复位指令

指令名称	梯形图	指令表	逻辑功能	操作数
置位指令	bit （S） N	S bit,N	从 bit 开始的 *N* 个地址位置 1 并保持	I、Q、M、SM、T、C、V、S、L
复位指令	bit （R） N	R bit,N	从 bit 开始的 *N* 个地址位清 0 并保持	

1. 置位指令(S 指令)

置位指令用于将从指定的地址位开始的 *N* 个连续的地址位置位(变为 1)并保持。

2. 复位指令(R 指令)

复位指令用于将从指定的地址位开始的 *N* 个连续的地址位复位(变为 0)并保持。

置位指令与复位指令的使用说明如下。

(1)bit 表示地址位。

(2)被 S 指令置位的软元件只能用 R 指令复位。

(3)如果对计数器和定时器复位,则计数器和定时器的当前值清零。

(4)位元件一旦被置位,就保持在通电状态,除非被复位;一旦被复位就保持在断电状态,除非被置位。

(5)S、R 指令可以互换次序使用,但由于 PLC 采用扫描工作方式,所以写在后面的指令有优先权。

(6)N 可为 VB、IB、QB、MB、SMB、SB、LB、AC、*VD、*AC、*LD 和常数,一般情况下使用常数,范围为 1~255。

(7)S、R 指令的操作数有 I、Q、M、SM、T、C、V、S 和 L。

3. 置位、复位指令的应用

图 2-61 所示为置位、复位指令的应用。

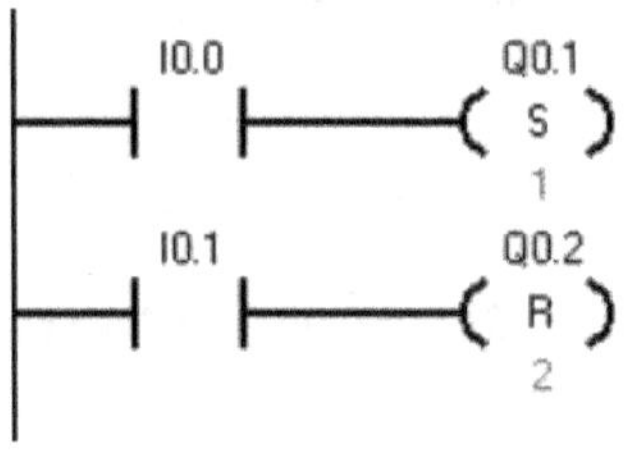

图 2-61 置位、复位指令的应用

(二)上升沿、下降沿指令

上升沿、下降沿指令也称为正跳变、负跳变指令。对正跳变指令,一旦检测到前端有正跳变(由“0”到“1”),让能流接通一个扫描周期,用于驱动后面的线圈等。对负跳变指令,一旦检测到前端有负跳变(由“1”到“0”),让能流接通一个扫描周期,用于驱动后面的线圈等。

上升沿指令┤ P ├:当 PLC 检测到上升沿信号时,保持一个扫描周期的高电平状态。上升沿指令的梯形图、时序图分别如图 2-62、图 2-63 所示。

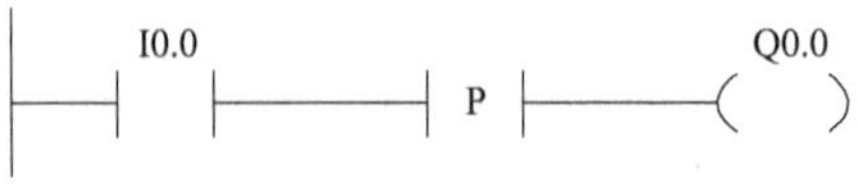

图 2-62 上升沿指令的梯形图

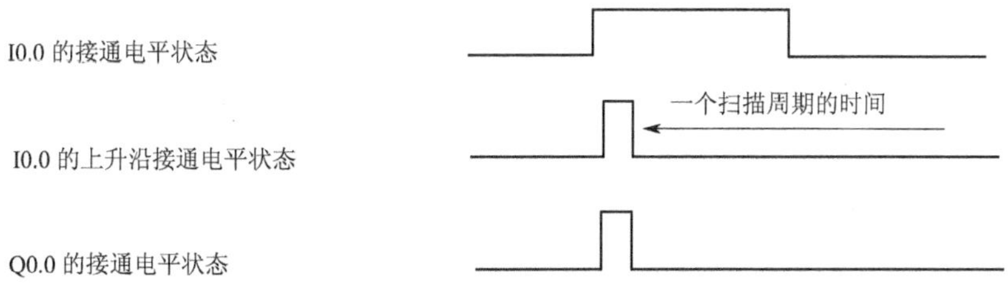

图 2-63　上升沿指令的时序图

下降沿指令 —| N |— :当 PLC 检测到下降沿信号时,保持一个扫描周期的高电平状态。下降沿指令的梯形图、时序图分别如图 2-64、图 2-65 所示。

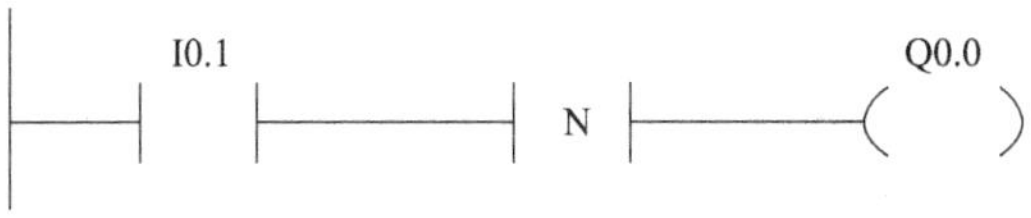

图 2-64　下降沿指令的梯形图

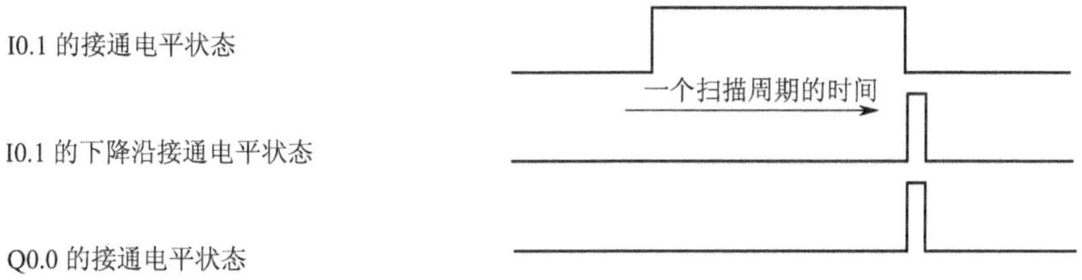

图 2-65　下降沿指令的时序图

由上面的例子可以看到,如果使用了上升(或下降)沿脉冲, Q0.0 只会在上升(或下降)沿的瞬间接通一个扫描周期(只接通一次,不管 I0.0 或者 I0.1 接通的时间有多长),到下一个扫描周期,上升(或下降)沿触点就会断开。上升(或下降)沿指令一般用于在外部信号接通(或断开)的瞬间只需要程序执行一次的场合。

注意:PLC 的扫描速度很快,按钮按下至松开的时间比一个扫描周期长很多,有的可达几百、几千个扫描周期,也就是说在按钮按下至松开的这段时间里, PLC 已经循环扫描执行程序几百、几千次了,所以在只需要程序执行一次的场合,必须使用上升(或下降)沿指令。

(三)置位优先、复位优先触发器

置位优先触发器 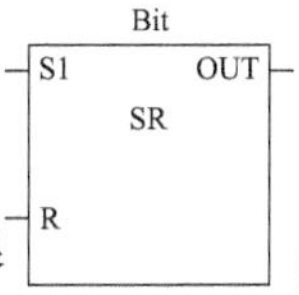

:置位优先的锁存器。当置位信号(S1)和复位信号(R)都为真时,输出为真。

复位优先触发器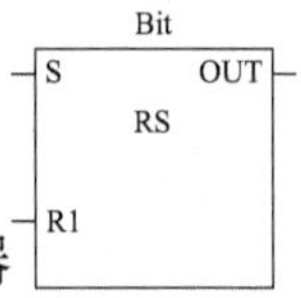

:复位优先的锁存器。当置位信号(S)和复位信号(R1)都为真时,输出为假。

Bit 参数用于指定被置位或者复位的布尔参数,可选的输出反映 Bit 参数的信号状态。

任务六　轧钢机的控制

一、任务目标

(1)掌握轧钢机的工作原理。

(2)掌握加法计数器指令的使用和编程。

(3)会利用所学的计数器指令完成相关控制系统的设计、调试。

(4)掌握轧钢机控制系统的接线、调试、操作。

二、任务描述

在某轧钢机中,S1 为检测传送带上有无钢板的传感器,S2 为检测传送带上的钢板是否到位的传感器;M1、M2、M3 为传送带电动机;M3F、M3R 为传送带电动机 M3 正转、反转指示灯;Y1 为锻压机。

按下启动按钮,电动机 M1、M2 运行,待加工钢板储存区中的钢板自动往传送带上运送。当 S1 检测到钢板时,电动机 M3 正转,则 M3F 亮;当 S2 检测到钢板到位时,电动机 M3 反转,则 M3R 亮,同时锻压机向钢板冲压一次;当 S1 再次检测到钢板时,电动机 M3 正转。以上过程重复三次后停机一段时间(3 s),取出成品,轧钢机继续运行,不需要按启动按钮。若按下停止按钮,则必须按启动按钮轧钢机方可运行。

注意:S1 不动作,则 S2 也不会动作。

三、任务实施

1. 所需要的工具、设备、材料

所需要的工具、设备、材料如表 2-19 所示。

表 2-19　所需要的工具、设备、材料

序号	名称	型号与规格	数量	备注
1	可编程控制器实训装置	THPFSM-1/2	1 台	
2	实训挂箱	A16	1 个	
3	导线	3 号	若干根	

续表

序号	名称	型号与规格	数量	备注
4	PC/PPI 通信电缆		1 根	西门子
5	计算机		1 台	自备

2. I/O 点的分配

根据被控对象对 PLC 系统的动能要求和需要输入、输出的点数选择适当类型的 PLC，并分配输入、输出点，如表 2-20 所示。

表 2-20 I/O 点分配表

输入(I)			输出(O)		
元件	功能	信号地址	元件	功能	信号地址
SB1	启动按钮	I0.0	M1	控制电动机 M1	Q0.0
SB2	停止按钮	I0.3	M2	控制电动机 M2	Q0.1
S1	S1 检测信号	I0.1	L1	Y1 下压量	Q0.2
S2	S2 检测信号	I0.2	M3F	M3 正转指示灯	Q0.3
			M3R	M3 反转指示灯	Q0.4

3. I/O 接线图

本任务的 PLC 外部 I/O 接线图如图 2-66 所示，实验设备端子图如图 2-67 所示。

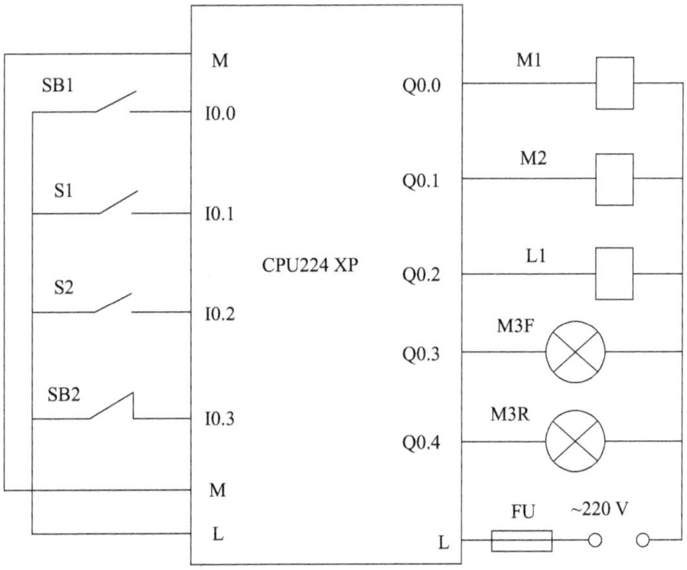

图 2-66 轧钢机控制的 PLC 外部 I/O 接线图

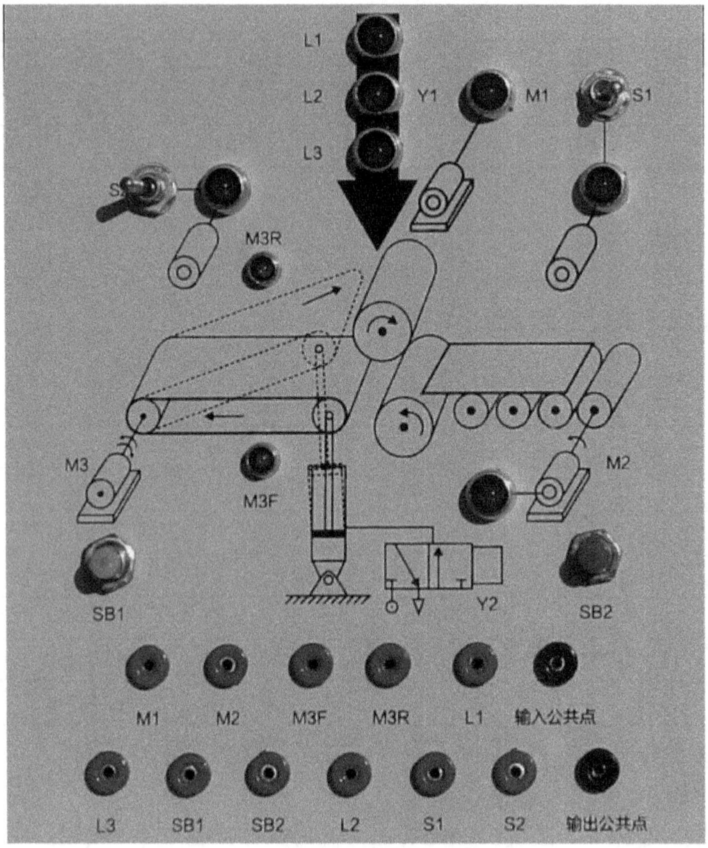

图 2-67 轧钢机控制的实验设备端子图

4. 程序设计

根据被控对象的工艺条件和控制要求设计梯形图,参考梯形图如图 2-68 所示。

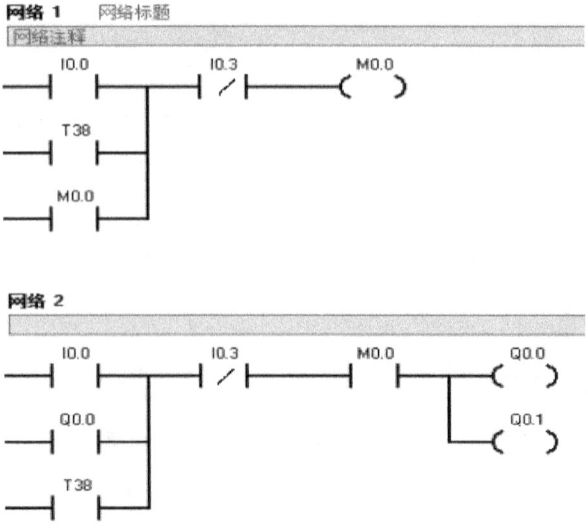

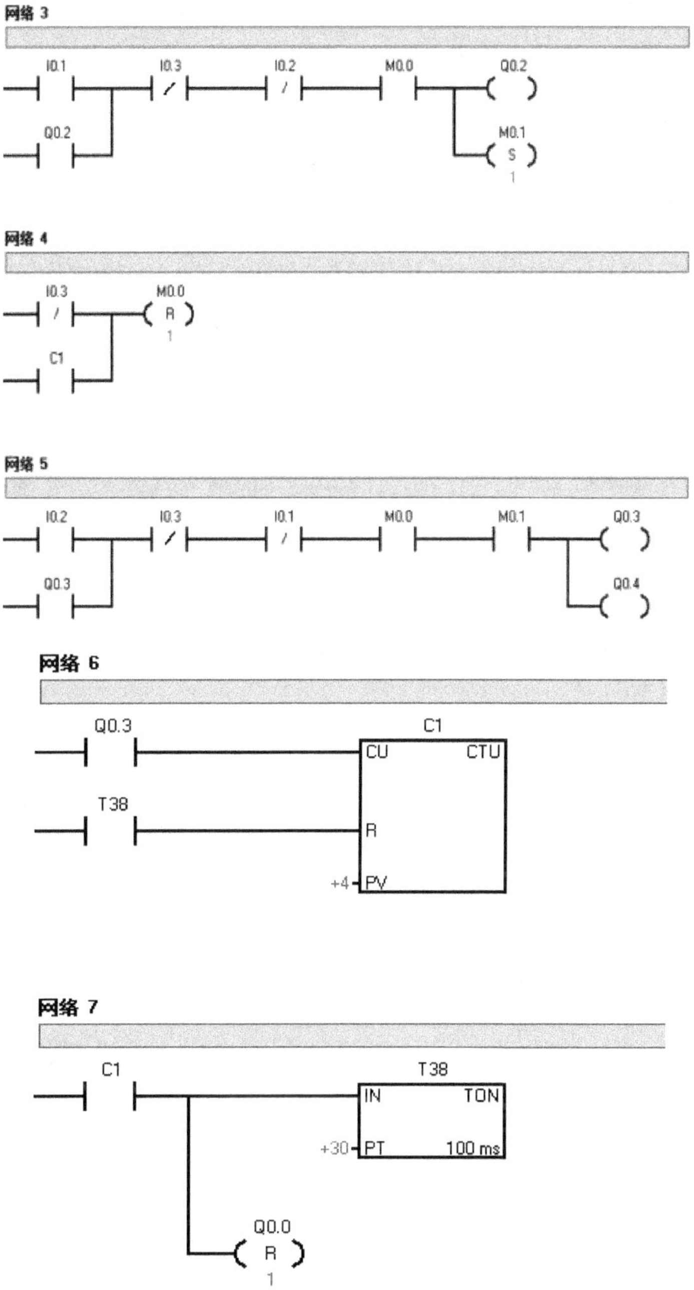

图 2-68　轧钢机控制的参考梯形图

5. 编写、下载、调试程序

编写梯形图程序，在 STEP 7-Micro/WIN 软件中进行程序的检查、调试与仿真，确认无误后写入 PLC。

6. 任务总结与考核

（1）思考：如何运用计时器编写程序？要注意什么地方？任务完成得怎么样？有何收获和体会？有没有需要完善和改进的地方？对自己有何评价？

（2）行动：按照任务要求，与同学、教师共同完成本任务的考核工作；整理所编写的材料，完成实训报告。

四、知识链接

（一）计数器简介

计数器用来累计输入脉冲的个数，其使用与定时器类似。编程时设定计数器的设定值，计数器累计脉冲输入端上升沿的个数，当计数器的当前值达到设定值时，状态位置 1，计数器完成控制任务。计数器的设定值数据类型为 INT，操作数为 VW、IW、QW、MW、SW、SMW、LW、AIW、T、C、AC、* VD、* AC、* LD 和常数，一般情况下使用常数。

1. 计数器的定义

计数器是对指定的输入端子上的输入脉冲或其他继电器逻辑组合的脉冲进行计数的 PLC 内部装置。

2. 计数器的结构

计数器由一个 16 位的预置值寄存器、一个 16 位的当前值寄存器和一个状态位组成。当前值寄存器用以累计脉冲个数，计数器的当前值达到设定值时，状态位置 1。

3. 计数器的类型

计数器可分为 CTU（加计数器）、CTD（减计数器）和 CTUD（加/减计数器）。

4. 计数器指令

计数器指令如表 2-21 所示。

表 2-21　计数器指令

语句表	梯形图	指令使用说明
CTU C×××,PV	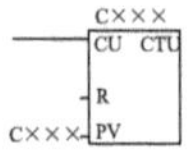	（1）CU 为加计数脉冲输入，CD 为减计数脉冲输入，R 为加计数复位，LD 为减计数复位，PV 为设定值； （2）C××× 为计数器的编号，范围为 C0~C255； （3）设定值最大为 32 767，设定值的数据类型为 INT，设定值的操作数为 VW、IW、QW、MW、SW、SMW、LW、AIW、T、C、AC、* VD、* AC、* LD 和常数； （4）CU、CD、R、LD 的顺序不能错，它们之间可为复杂的逻辑关系
CTD C×××,PV	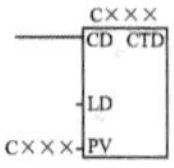	
CTUD C×××,PV	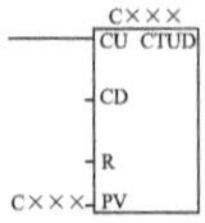	

S7-200 PLC 的计数器分为内部计数器和高速计数器两大类。内部计数器用来累计输入脉冲的个数，其计数速度较慢，输入脉冲频率必须低于 PLC 程序扫描频率，一般最高为几百赫兹，所以在实际应用中主要用来对产品进行计数等。高速计数器主要用于对外部高速输入脉冲进行计数，如在定位控制系统中，编码器的位置反馈脉冲信号频率一般高达几千赫兹，有时甚至达几十千赫兹，远远高于 PLC 程序扫描频率，这时内部计数器已经无能为力了。本任务只介绍内部计数器，高速计数器将在后面的任务中介绍。

S7-200 PLC 有 256 个内部计数器(C0 ~ C255),最大计数值为 32 767。

5. 计数器指令的工作原理

1)加计数器指令

当 R=0 时,计数脉冲有效; CU 端每有一个输入脉冲上升沿,计数器的当前值即加 1。当计数器的当前值达到设定值时,状态位置 1,即该计数器的常开触点闭合。之后计数器仍计数,但不影响状态位,计数直至达到最大值(32 767)。当 R=1 时,计数器复位,即当前值清零,状态位也清零。加计数器的计数范围:0~32 767。

2)减计数器指令

当 LD=1 时,计数器把设定值写入当前值寄存器,计数器的状态位复位(置 0)。当 LD=0,即计数脉冲有效时,开始计数,CD 端每有一个输入脉冲上升沿,计数器的当前值即减 1。当计数器的当前值等于 0 时,计数器的状态位置位(置 1),停止计数。

3)加/减计数器指令

当 R=0 时,计数脉冲有效; CU 端(CD 端)每有一个输入脉冲上升沿,计数器的当前值即加 1(减 1)。当计数器的当前值达到设定值时,状态位置 1,即该计数器的常开触点闭合。当 R=1 时,计数器复位,即当前值清零,状态位也清零。当计数达到最大值(32 767)时, CU 端的下一个上升沿导致当前值变为最小值(−32 768);当计数达到最小值(−32 768)时, CD 端的下一个上升沿导致当前值变为最大值(32 767)。加/减计数器的计数范围:−32 768~32 767。

减计数器指令的梯形图如图 2-69 所示。

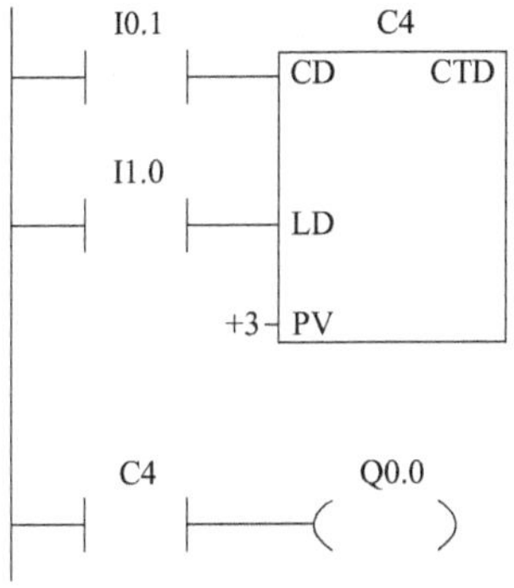

图 2-69 减计数器指令的梯形图

加/减计数器指令的梯形图、时序图分别如图 2-70、图 2-71 所示。

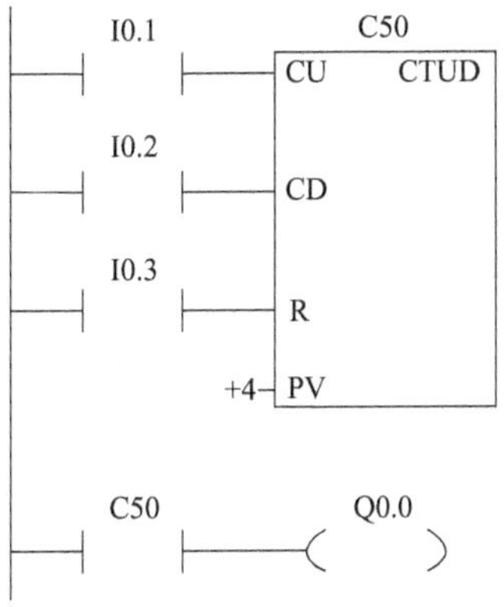

图 2-70 加/减计数器指令的梯形图

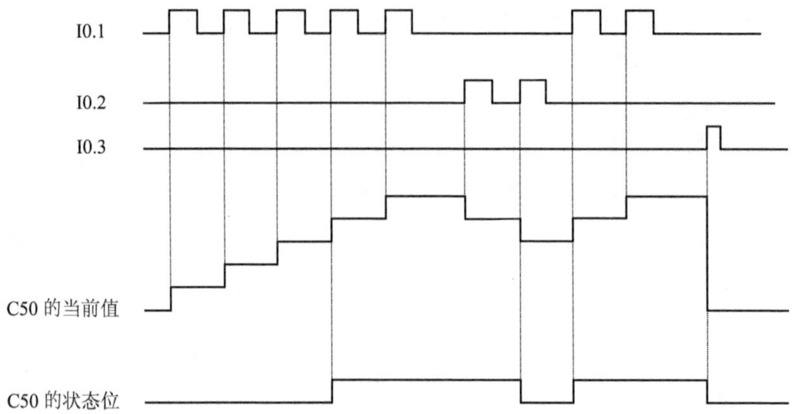

图 2-71 加/减计数器指令的时序图

(二)长时定时器与长计数器

1. 长时定时器

每个定时器都有一个 16 位的有符号的当前值寄存器,所以其最长的定时时间是 3 276.7 s,不到 1 h。如果需要定时 1 h 以上的时间,该如何实现呢?当然可以考虑将多个定时器串联起来使用,但若要求的定时时间很长(如 10 h),这样做就会使程序很冗长。为了解决这个问题,可以将多个定时器、计数器联合起来使用。如需要定时 2 h,可采用如图 2-72 所示的方法。

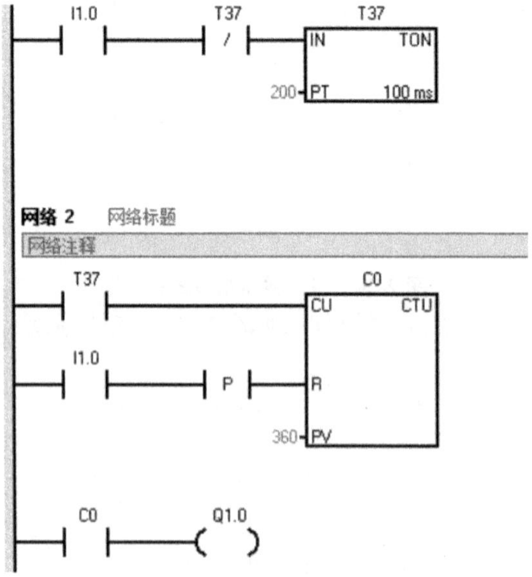

图 2-72 长时定时器的应用

结合 PLC 的工作原理,具体分析如下。

第 1 周期:T37 的常开触点闭合,T37 开始计时;C0 的 R 端有效,C0 复位,当前值为 0;Q1.0 无输出。

第 2 周期：T37 继续计时；C0 的 R 端无效，但当前值仍为 0；Q1.0 无输出。

第 N 周期：T37 的常开触点闭合，发生正跳变；C0 的当前值加 1，变为 1；T37 的常闭触点断开，T37 复位，当前值清零；Q1.0 无输出。

第 N+1 周期：T37 的常开触点闭合，T37 又从 0 开始计时；C0 的当前值为 1。

当 C0 的当前值达到设定值，即定时时间=T37 的定时时间 $\times$C0 的当前值= 200$\times$100$\times$360 =7 200 000 ms=2 h 时，C0 的常开触点闭合，Q1.0 有输出。

2. 长计数器

计数器的最大计数值为 32 767。为了获得更大的计数值，可以将多个计数器连接形成长计数器。图 2-73 所示为长计数器的应用。

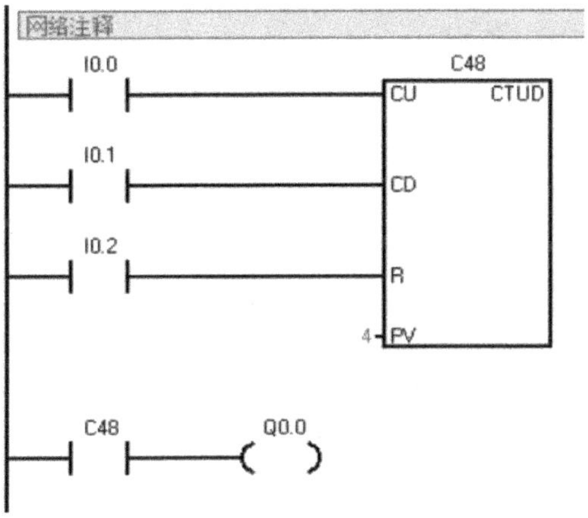

图 2-73　长计数器的应用

☑ 项目小结

本项目主要介绍了 PLC 的定义、产生和发展，PLC 控制系统的接线和基本控制原理，STEP 7-Micro/WIN 编程软件的使用，基本逻辑指令的应用，电动机正反转、电动机 Y/△降压启动、抢答器和轧钢机的控制原理和梯形图程序的编写。

PLC 是在继电器控制技术和计算机控制技术的基础上开发出来的。PLC 采用了典型的计算机结构，主要包括中央处理器（CPU）、存储器（RAM 和 ROM）、输入/输出接口、编程器、电源、I/O 扩展接口、外部设备接口等。其内部采用总线结构进行数据和指令的传输。

S7-200 PLC 的编程软件是 STEP 7-Micro/WIN，该软件在 Windows 平台上运行，支持梯形图、语句表、功能块图这 3 种编程语言，具有指令向导功能和密码保护功能等。

梯形图的设计规则：

（1）触点电路块画在梯形图的左边，线圈画在梯形图的右边；

（2）梯形图中的触点可以任意串联、并联，而输出线圈只能并联不能串联；

（3）梯形图的触点应画在水平线上，不能画在垂直分支上；

（4）在有几个串联回路并联时，应将触点最多的串联回路放在梯形图的最上边；

（5）在有几个并联回路串联时，应将触点最多的并联回路放在梯形图的最左边。

项目三　常用功能指令应用

☑ 项目目标

1. 熟练使用各种基本指令，掌握 PLC 的编程方法和程序调试方法，了解用 PLC 解决实际问题的全过程。

2. 掌握移位寄存器的应用与控制方法。

3. 掌握移位指令的使用和编程。

4. 掌握数据处理的技巧，理解数据传送、运算、比较指令。

5. 掌握子程序指令的应用和子程序指令控制梯形图的设计方法。

6. 理解中断与中断程序。

7. 理解模拟量的概念，掌握 PID 控制。

8. 掌握高速计时器的应用。

★ OBE 考点：掌握常用功能指令的应用；掌握天塔之光控制、红绿灯自动控制、机械手控制、直流电机控制、外部模拟量（电压、电流）方式的变频调速控制的工作原理和 PLC 梯形图程序的编写；熟练编写常用功能指令的梯形图程序；掌握编写梯形图程序的逻辑思想。

任务一　天塔之光控制

一、任务目标

（1）掌握天塔之光控制系统的工作原理。

（2）掌握移位指令的使用和编程。

（3）掌握天塔之光控制系统的接线、梯形图编译、调试、操作。

二、任务描述

依据对天塔之光的控制要求，利用可编程控制器强大的功能实现模拟控制。具体控制要求如下。

（1）闭合启动开关，指示灯按以下规律循环亮起：L1 → L2 → L3 → L4 → L5 → L6 → L7 → L8 → L1 → L2、L3、L4 → L5、L6、L7、L8 → L1 → L2、L3、L4 → L5、L6、L7、L8 → L1 → L1、L2 → L1、L3 → L1、L4 → L1、L8 → L1、L7 → L1、L6 → L1、L5 → L1、L2、L3、L4 → L1、L5、L6、L7、L8、→ L1、L2、L3、L4、L5、L6、L7、L8 → L1。

（2）断开启动开关，天塔之光控制系统停止运行。

三、任务实施

1. 所需要的工具、设备、材料

所需要的工具、设备、材料如表 3-1 所示。

表 3-1　所需要的工具、设备、材料

序号	名称	型号与规格	数量	备注
1	可编程控制器实训装置	THPFSM-1/2	1 台	
2	实训挂箱	A16	1 个	
3	导线	3 号	若干根	
4	PC/PPI 通信电缆		1 根	西门子
5	计算机		1 台	自备

2. I/O 点的分配接线图

根据被控对象对 PCL 系统的动能要求和需要输入、输出的点数选择适当类型的 PLC，并分配输入、输出点，如表 3-2 所示。

表 3-2　I/O 点分配表

序号	PLC 地址（PLC 端子）	电气符号（面板端子）	功能
1	I0.0	SD	启动开关
2	Q0.0	L1	指示灯 L1
3	Q0.1	L2	指示灯 L2
4	Q0.2	L3	指示灯 L3
5	Q0.3	L4	指示灯 L4
6	Q0.4	L5	指示灯 L5
7	Q0.5	L6	指示灯 L6
8	Q0.6	L7	指示灯 L7
9	Q0.7	L8	指示灯 L8
10	主机 1M、面板 V+接电源+24 V		电源正端
11	主机 1L、2L、3L，面板 COM 接电源 GND		电源地端

3. I/O 接线图

本任务的 PLC 外部 I/O 接线图如图 3-1 所示，实验设备端子图如图 3-2 所示。

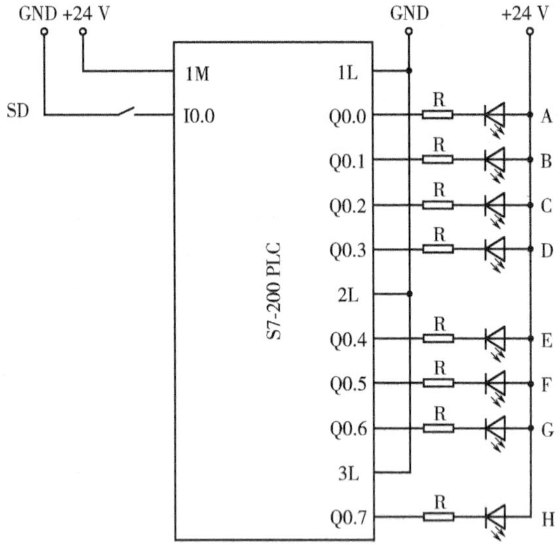

图 3-1　天塔之光控制的 PLC 外部 I/O 接线图

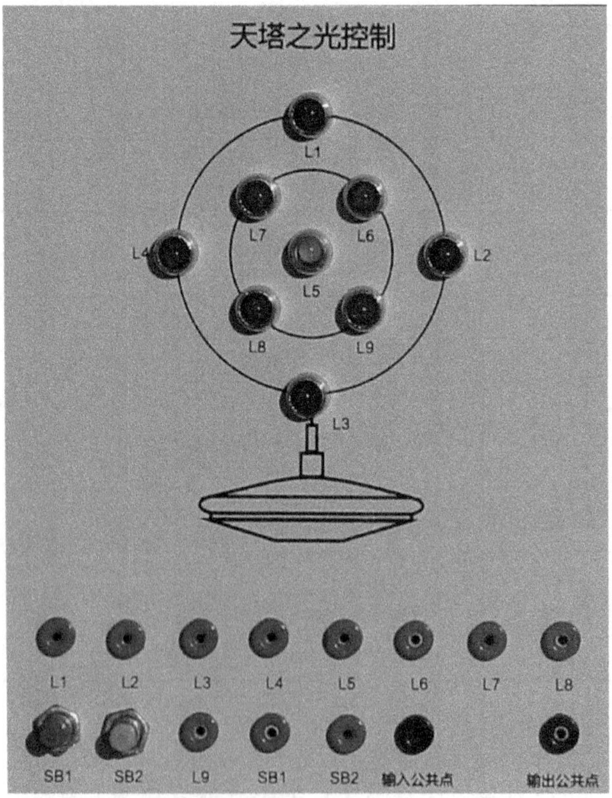

图 3-2　天塔之光控制的实验设备端子图

4. 程序设计

根据被控对象的工艺条件和控制要求设计梯形图，参考梯形图如图 3-3 所示。

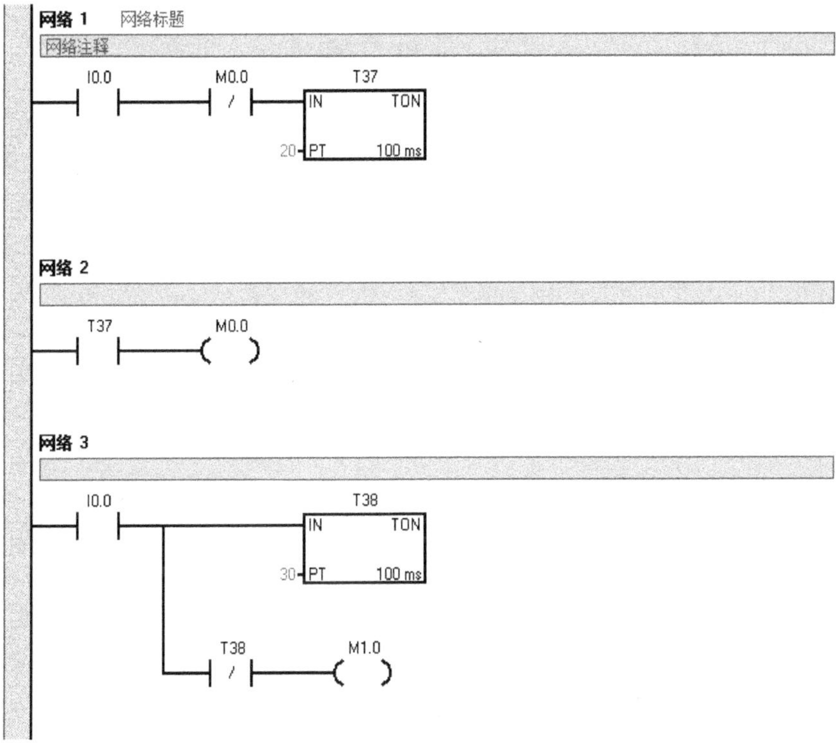
网络 1　网络标题
网络注释
I0.0
M0.0
T37
IN
TON
20
PT
100 ms
网络 2
T37
M0.0
网络 3
I0.0
T38
IN
TON
30
PT
100 ms
T38
M1.0

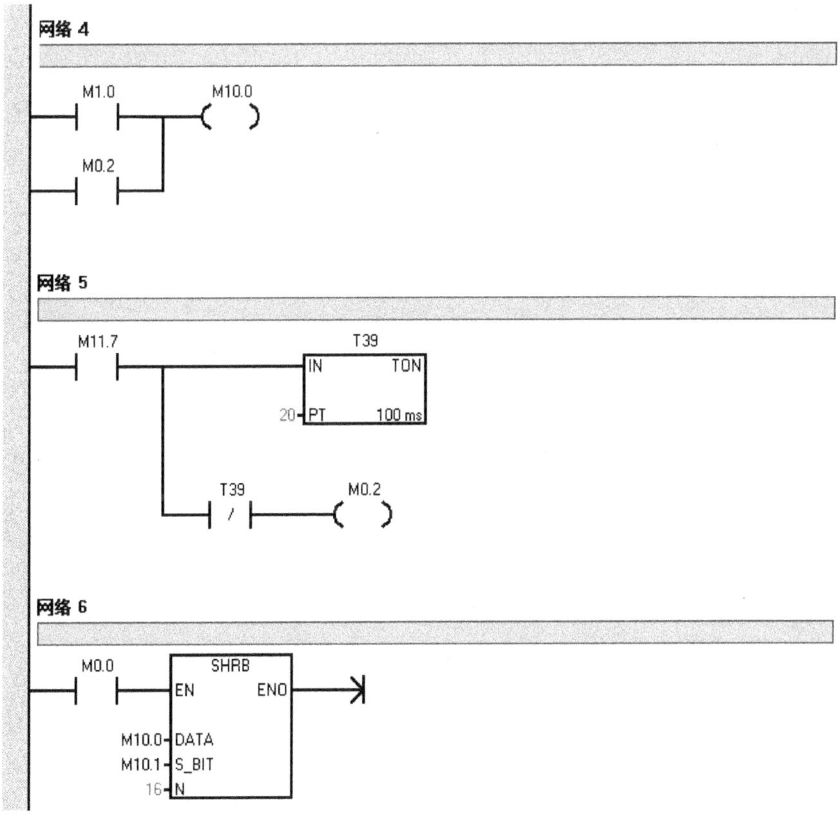
网络 4
M1.0
M10.0
M0.2
网络 5
M11.7
T39
IN
TON
20
PT
100 ms
T39
M0.2
网络 6
M0.0
SHRB
EN
ENO
M10.0
DATA
M10.1
S_BIT
16
N

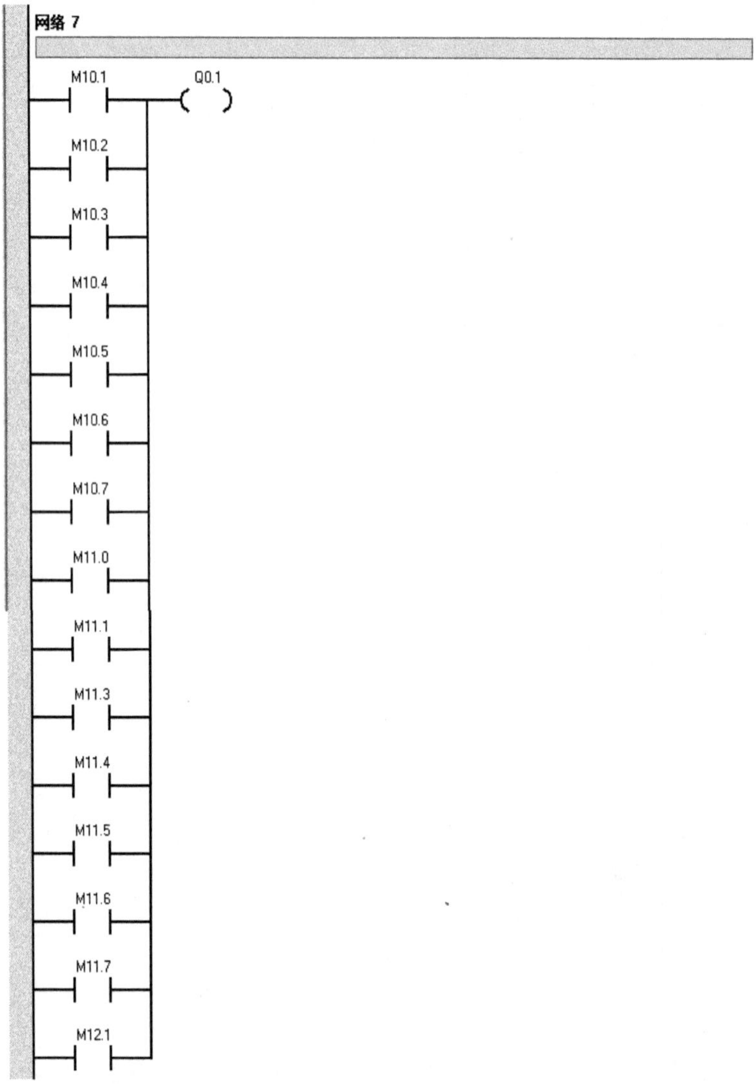
网络 7
M10.1
Q0.1
M10.2
M10.3
M10.4
M10.5
M10.6
M10.7
M11.0
M11.1
M11.3
M11.4
M11.5
M11.6
M11.7
M12.1

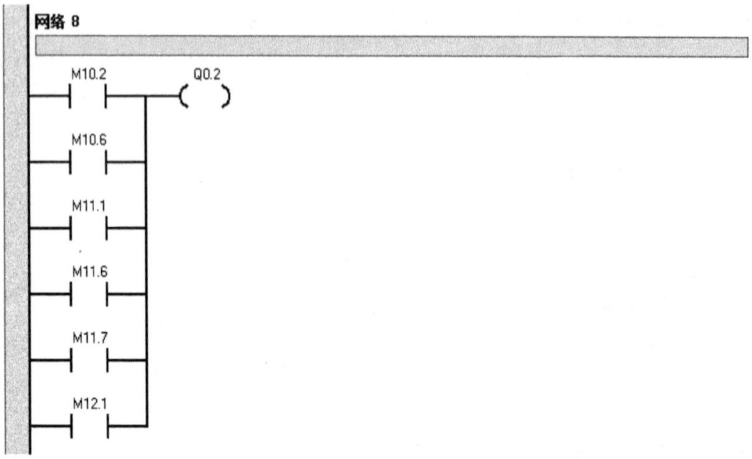
网络 8
M10.2
Q0.2
M10.6
M11.1
M11.6
M11.7
M12.1

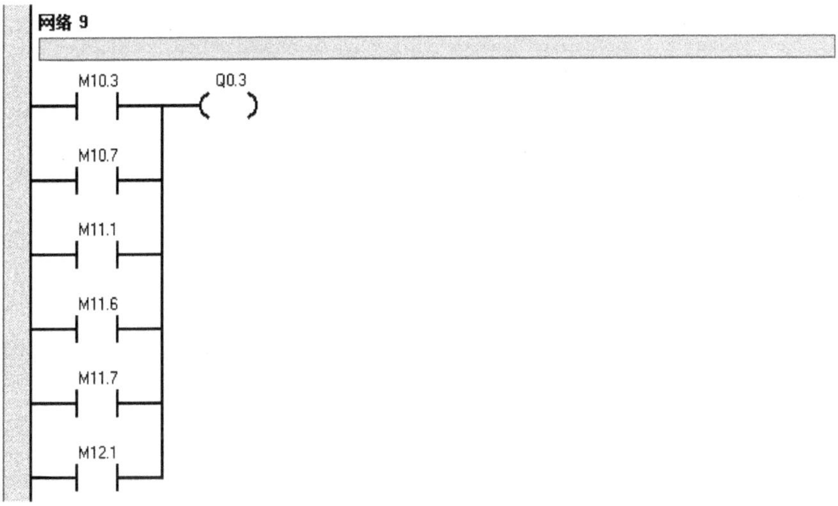
网络 9
M10.3
Q0.3
M10.7
M11.1
M11.6
M11.7
M12.1

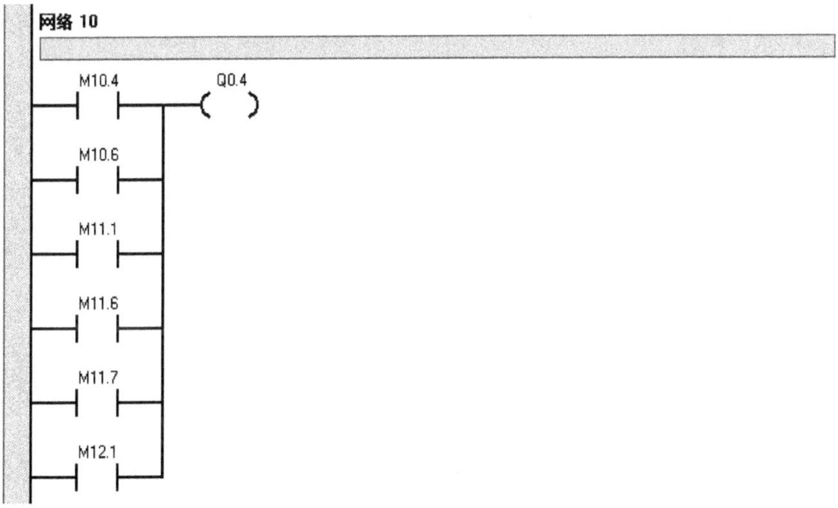
网络 10
M10.4
Q0.4
M10.6
M11.1
M11.6
M11.7
M12.1

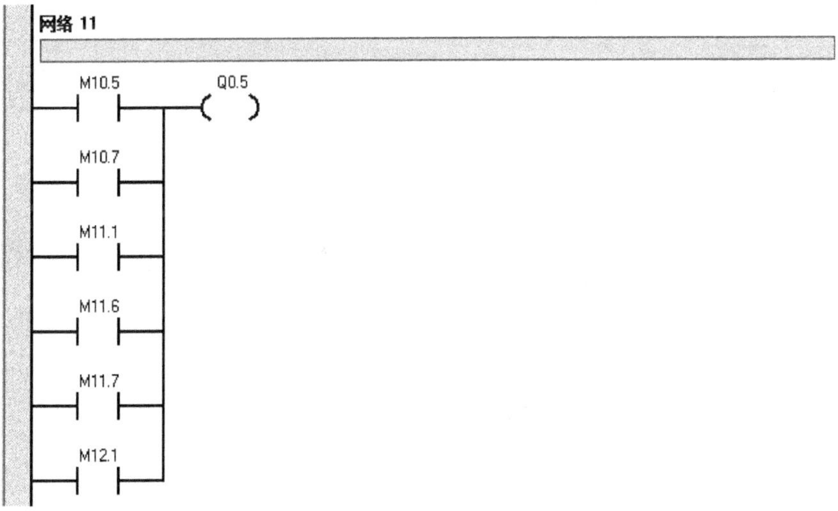
网络 11
M10.5
Q0.5
M10.7
M11.1
M11.6
M11.7
M12.1

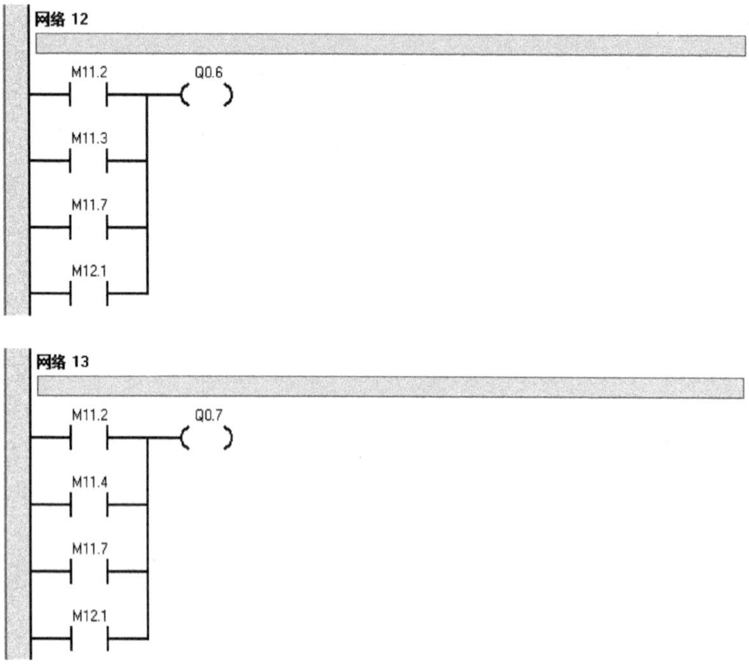

图 3-3 天塔之光控制的参考梯形图

5. 编写、下载、调试程序

编写梯形图程序，在STEP 7-Micro/WIN软件中进行程序的检查、调试与仿真，确认无误后写入PLC。

6. 任务总结与考核

（1）思考：如何运用移位指令编写程序？要注意什么地方？任务完成得怎么样？有何收获和体会？有没有需要完善和改进的地方？对自己有何评价？

（2）行动：按照任务要求，与同学、教师共同完成本任务的考核工作；整理所编写的材料，完成实训报告。

四、知识链接

（一）移位寄存器

移位寄存器是一种在若干相同的时间脉冲下工作的以触发器为基础的器件，数据以并行或串行的方式输入该器件，每个时间脉冲向左或向右移动一个比特，从输出端输出。移位寄存器的符号如下：

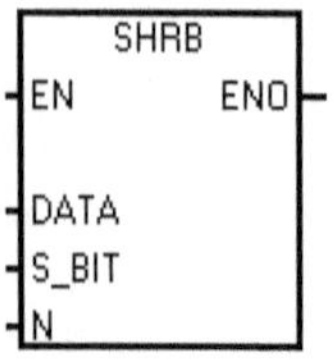

SHRB 指令是将数值 DATA 移入移位寄存器。S_BIT 指定移位寄存器的最低位。N 指定移位寄存器的长度和移位方向，移位寄存器的最大长度是 64 位，N 可以为正也可以为负。通过 SHRB 指令移出的位放置在溢出内存位（SM1.1）中。

如下所示的移位寄存器是把从 Q0.0 开始的 8 个状态位连成一串，PLC 每执行一次 SHRB 指令，这 8 个状态位即往左移动 1 位，最高位溢出，最低位以 I0.1 的状态补上。

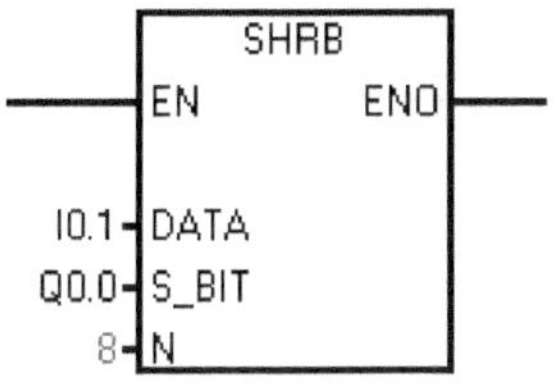

PLC 执行 SHRB 指令前的状态位如下：

	Q0.7	Q0.6	Q0.5	Q0.4	Q0.3	Q0.2	Q0.1	Q0.0
	1	0	0	0	0	1	1	0

假设 I0.1 的状态为 0，则 PLC 执行一次 SHRB 指令后的状态位如下：

	Q0.7	Q0.6	Q0.5	Q0.4	Q0.3	Q0.2	Q0.1	Q0.0
1	0	0	0	0	1	1	0	0

溢出位　　以 I0.1 的状态 0 补上

假如 I0.1 的状态为 1，则 PLC 执行一次 SHRB 指令后的状态位如下：

	Q0.7	Q0.6	Q0.5	Q0.4	Q0.3	Q0.2	Q0.1	Q0.0
1	0	0	0	0	1	1	0	1

溢出位　　以 I0.1 的状态 1 补上

注意：对移位寄存器，当 PLC 扫描到时，如果指令前面的线路处于接通状态，就执行一次指令，所以指令前面的触点接通以脉冲的形式执行比较好，即

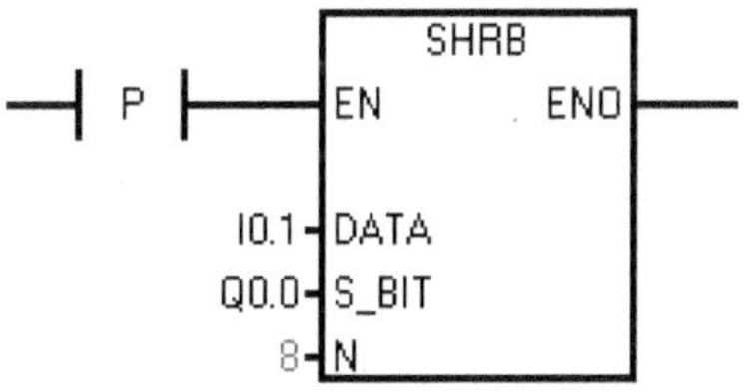

以上所述是从 Q0.0 向 Q0.7 移位的情况，如果要实现从 Q0.7 向 Q0.0 移位，则需在 N 处输入-8。

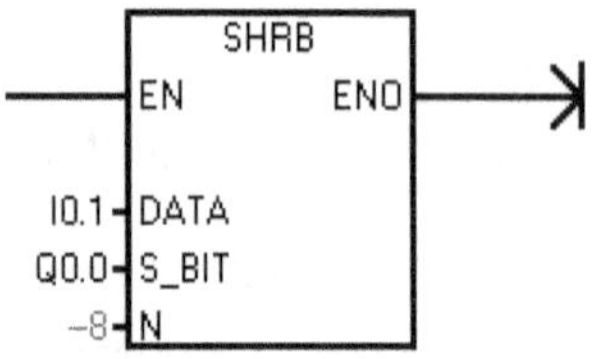

PLC 执行 SHRB 指令前的状态位如下：

Q0.7	Q0.6	Q0.5	Q0.4	Q0.3	Q0.2	Q0.1	Q0.0	
1	0	0	0	0	1	1	0	

PLC 每执行一次 SHRB 指令，状态位即往右移动 1 位，最低位溢出，最高位以 I0.1 的状态（假设为 1）补上。

Q0.7	Q0.6	Q0.5	Q0.4	Q0.3	Q0.2	Q0.1	Q0.0	
1	1	0	0	0	0	1	1	0

以 I0.1 的状态 1 补上　　　　溢出位

（二）移位指令

1. 左移指令

左移指令有字节左移、字左移、双字左移三种，如下所示。它们原理相同，只是数据类型不一样，在此以字节左移指令为例进行讲解。字节左移指令将输入数值（IN）根据移位数目（N）向左移动，并将结果载入输出数值（OUT），对移出位补 0。如果移位数目大于或等于 8，数值最多被移位 8 次。如果移位数目大于 0，溢出内存位（SM1.1）采用最后一次溢出的数值。如果移位操作结果为 0，设置零内存位（SM1.0）。字节左移不带符号。

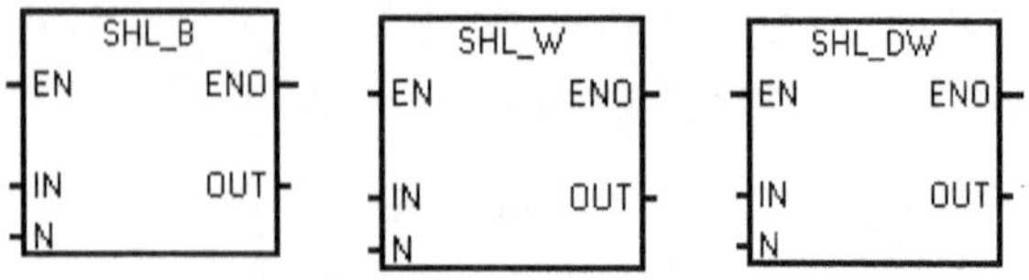

图 3-4 所示为某字节左移指令的梯形图，其中 VB2 初值为 1，每次移动 1 位，即 N=1，结果也放入 VB2。

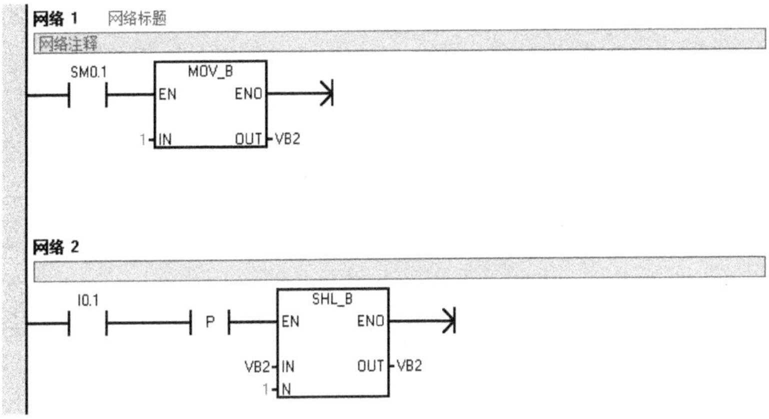

图 3-4　某字节左移指令的梯形图

具体移位过程如下。

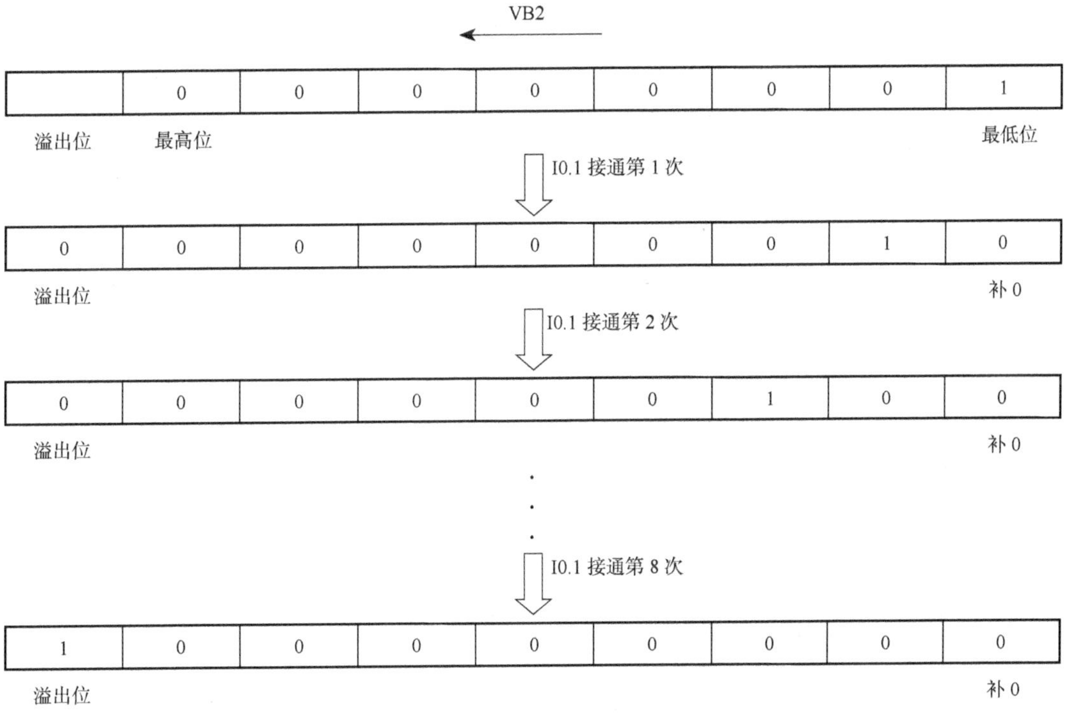

当 I0.1 接通 8 次后，VB2=0。如果 N=2,则每次移动 2 位,依此类推。当 N≥8 时,每次移动 8 位。每次移位后空位补 0。

字左移指令和双字左移指令同理,只不过字左移指令的 N 最大值是 16,双字左移指令的 N 最大值是 32。

2. 右移指令

右移指令有字节右移、字右移、双字右移三种,如下所示。它们原理相同,只是数据类型不一样,在此以字节右移指令为例进行讲解。字节右移指令将输入数值(IN)根据移位数目(N)向右移动,并将结果载入输出数值(OUT),对移出位补 0。如果移位数目大于或等于

8,数值最多被移位 8 次。如果移位数目大于 0,溢出内存位(SM1.1)采用最后一次溢出的数值。如果移位操作结果为 0,设置零内存位(SM1.0)。字节右移不带符号。

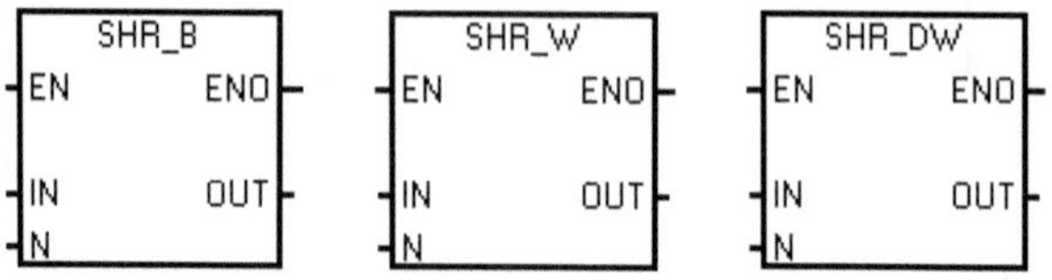

图 3-5 所示为某字节右移指令的梯形图,其中 VB0 初值为 1,每次移动 1 位,即 N=1,结果也放入 VB0。

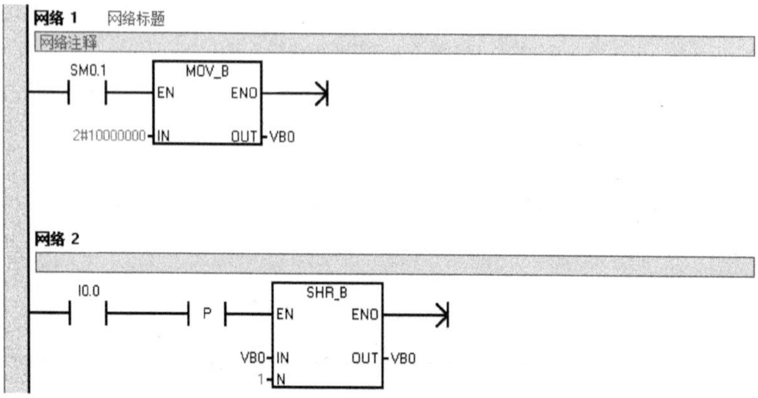

图 3-5 某字节右移指令的梯形图

具体移位过程如下。

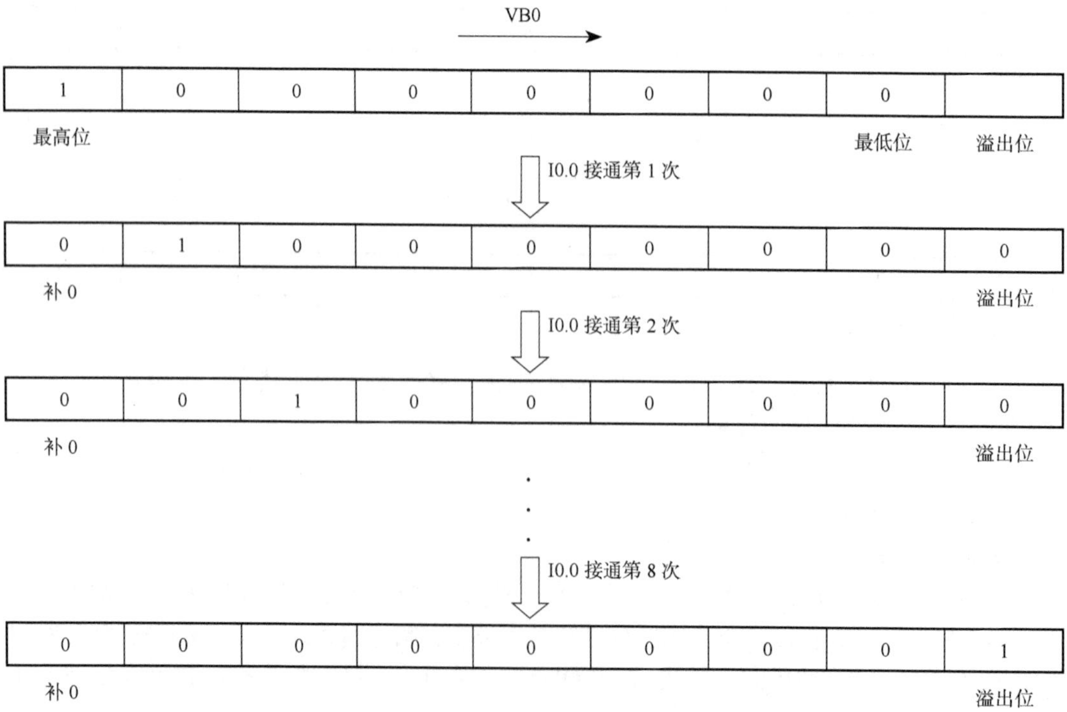

当 I0.0 接通 8 次后，VB0=0。如果 N=2，则每次移动 2 位，依此类推。当 N≥8 时，每次移动 8 位。每次移位后空位补 0。

字右移指令和双字右移指令同理，只不过字右移指令的 N 最大值是 16，双字右移指令的 N 最大值是 32。

3. 循环左移指令

循环左移指令有字节循环左移、字循环左移、双字循环左移三种，如下所示。它们原理相同，只是数据类型不一样，在此以字节循环左移指令为例进行讲解。字节循环左移指令将输入数值（IN）向左移动 N 位，并将结果载入输出数值（OUT），移位具有循环性。如果移位数目大于或等于 8，在移位之前对其进行模数 8 操作，使其在 0 到 7 之间。如果移位数目为 0，则不进行移位操作。执行移位操作，旋转出的最后一位数值被复制至溢出内存位（SM1.1）。如果旋转出的数值为 0，设置零内存位（SM1.0）。字节循环左移不带符号。

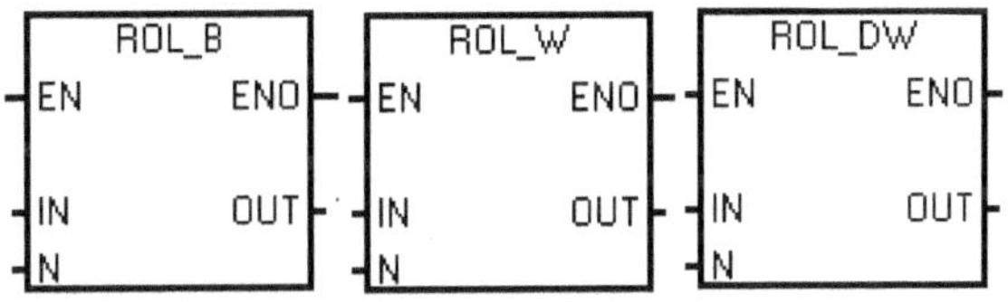

图 3-6 所示为某字节循环左移指令的梯形图。

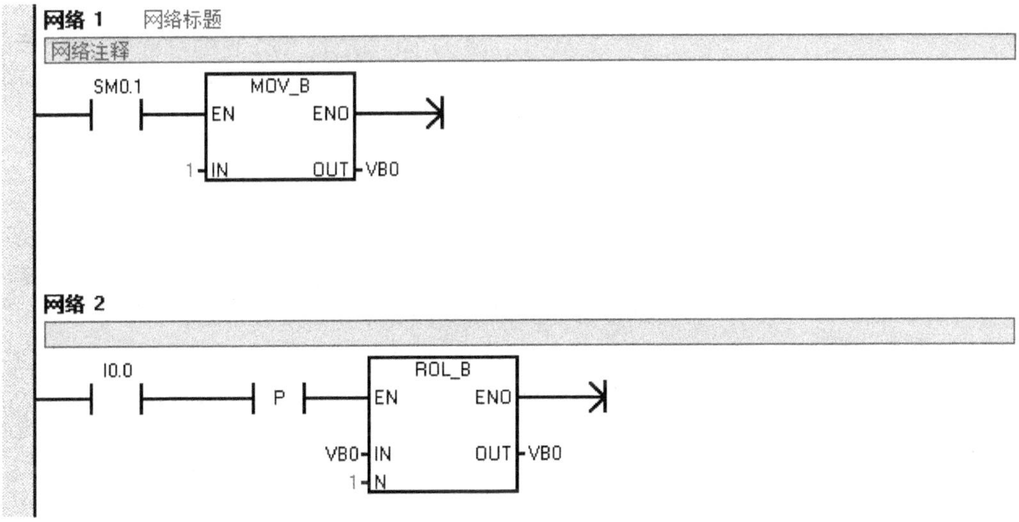

图 3-6　某字节循环左移指令的梯形图

具体移位过程如下。

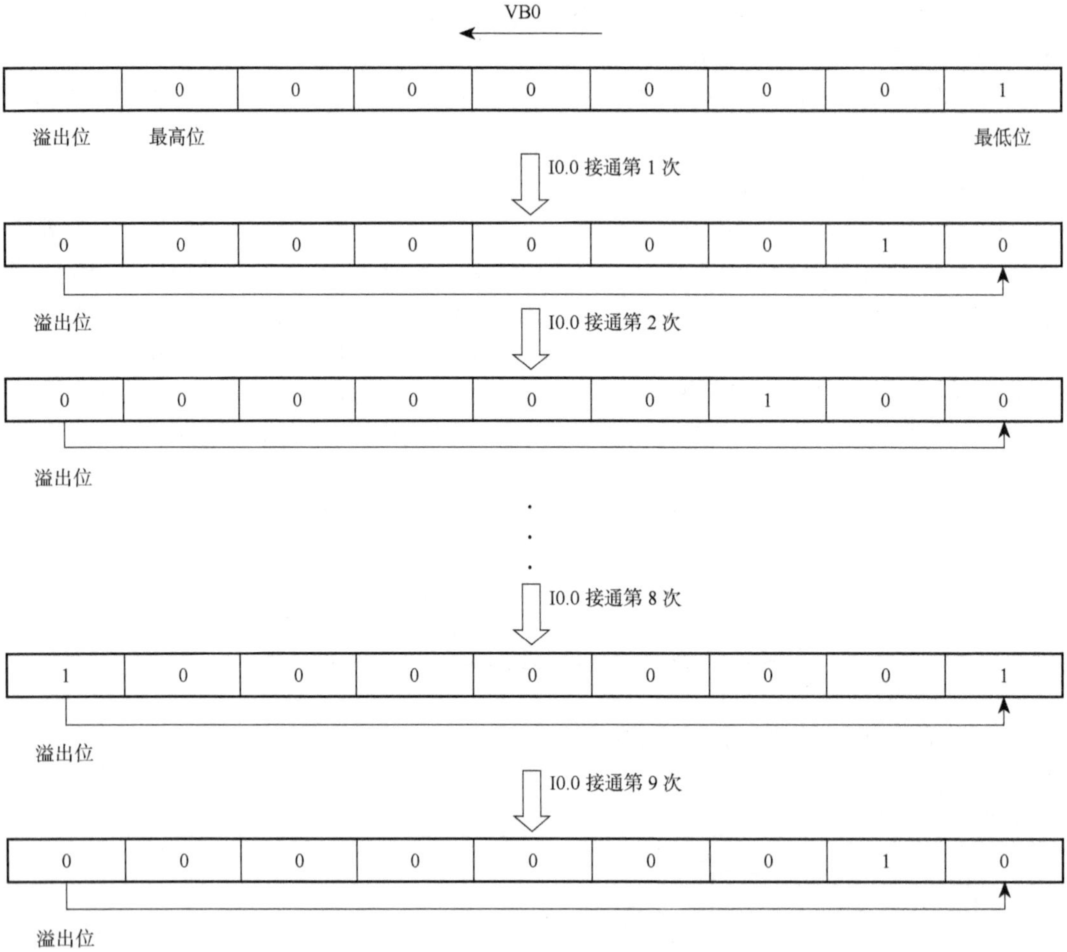

4. 循环右移指令

循环右移指令有字节循环右移、字循环右移、双字循环右移三种，如下所示。它们原理相同，只是数据类型不一样，在此以字节循环右移指令为例进行讲解。字节循环右移指令将输入数值（IN）向右移动 N 位，并将结果载入输出数值（OUT），移位具有循环性。如果移位数目大于或等于 8，在移位之前对其进行模数 8 操作，使其在 0 到 7 之间。如果移位数目为 0，则不进行移位操作。执行移位操作，旋转出的最后一位数值被复制至溢出内存位（SM1.1）。如果旋转出的数值为 0，设置零内存位（SM1.0）。字节循环右移不带符号。

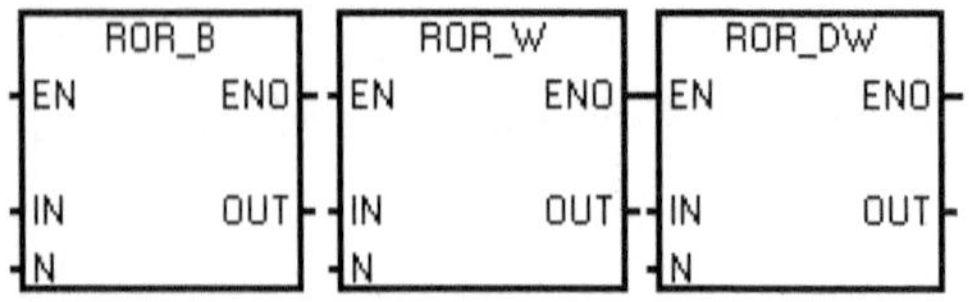

图 3-7 所示为某字节循环右移指令的梯形图。

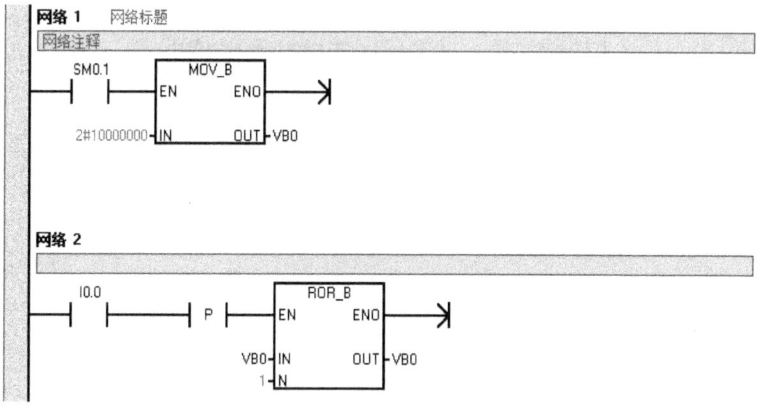

图 3-7　某字节循环右移指令的梯形图

具体移位过程如下。

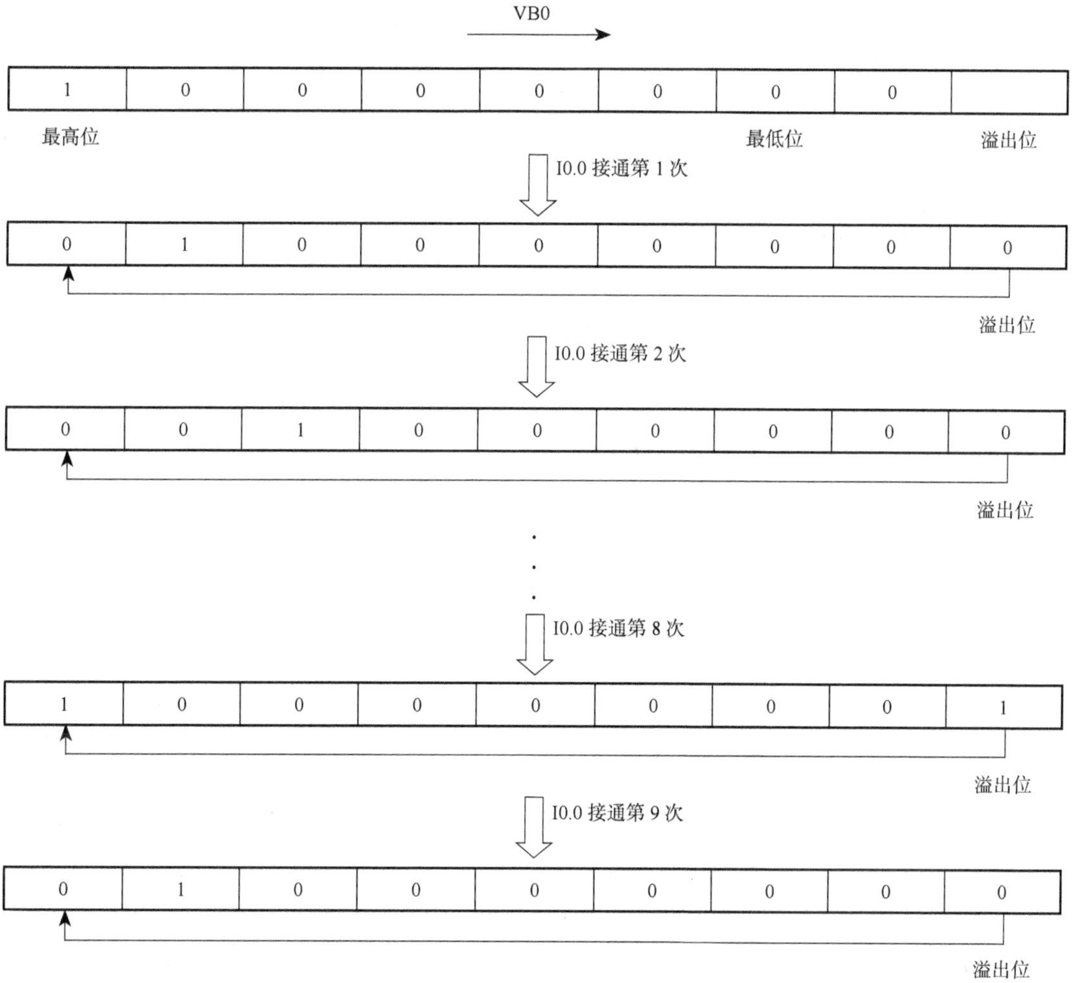

任务二 红绿灯自动控制

一、任务目标

（1）掌握红绿灯自动控制系统的工作原理。

（2）掌握比较指令的使用和编程。

（3）掌握红绿灯自动控制系统的接线、梯形图编译、调试、操作。

二、任务描述

信号灯系统受启动开关控制。当启动开关闭合时，信号灯系统开始工作，先南北红灯亮，东西绿灯亮。当启动开关断开时，所有信号灯都灭。具体过程如下。

南北红灯亮，并维持25 s，同时东西绿灯亮，并维持20 s。到第20 s时，东西绿灯闪烁3 s后灭。在东西绿灯灭时，东西黄灯亮，并维持2 s。到第2 s时，东西黄灯灭，东西红灯亮，同时南北红灯灭，南北绿灯亮。

东西红灯亮，并维持25 s，同时南北绿灯亮，并维持20 s。到第20 s时，南北绿灯闪烁3 s后灭。在南北绿灯灭时，南北黄灯亮，并维持2 s。到第2 s时，南北黄灯灭，南北红灯亮，同时东西红灯灭，东西绿灯亮。

如此周而复始。

三、任务实施

1. 所需要的工具、设备、材料

所需要的工具、设备、材料如表3-3所示。

表3-3 所需要的工具、设备、材料

序号	名称	型号与规格	数量	备注
1	可编程控制器实训装置	THPFSM-1/2	1台	
2	实训挂箱	A16	1个	
3	导线	3号	若干根	
4	PC/PPI通信电缆		1根	西门子
5	计算机		1台	自备

2. I/O点的分配

根据被控对象对PLC系统的动能要求和需要输入、输出的点数选择适当类型的PLC，并分配输入、输出点，如表 3-4 所示。

表 3-4　I/O 点分配表

序号	PLC 地址（PLC 端子）	电气符号（面板端子）	功能
1	I0.0	SD	启动开关
2	Q0.0	东西灯 G	东西绿灯
3	Q0.1	东西灯 Y	东西黄灯
4	Q0.2	东西灯 R	东西红灯
5	Q0.3	南北灯 G	南北绿灯
6	Q0.4	南北灯 Y	南北黄灯
7	Q0.5	南北灯 R	南北红灯
8	主机 1M 接电源+24 V		电源正端
9	主机 1L、面板 COM 接电源 GND		电源地端

3. I/O 接线图

本任务的 PLC 外部 I/O 接线图如图 3-8 所示，实验设备端子图如图 3-9 所示。

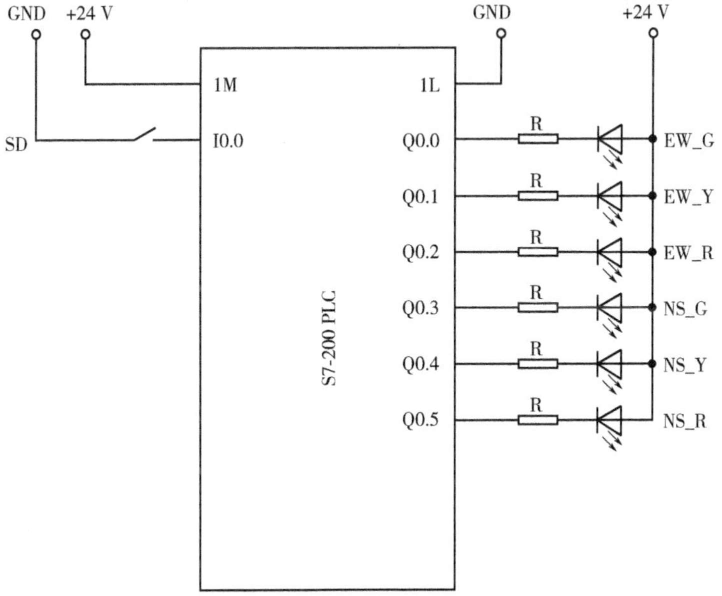

图 3-8　红绿灯自动控制的 PLC 外部 I/O 接线图

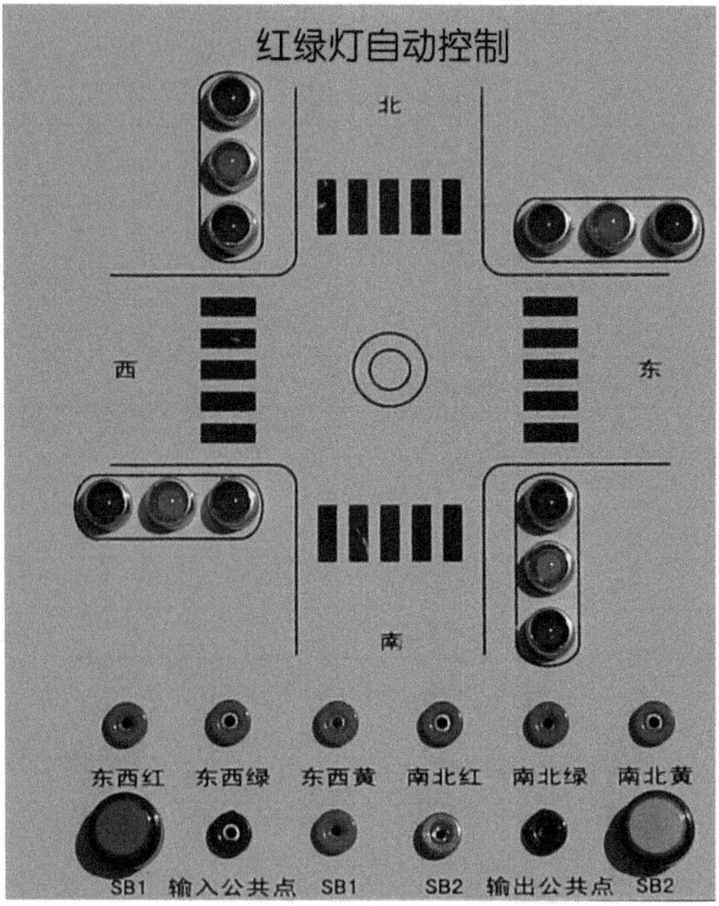

图 3-9 红绿灯自动控制的实验设备端子图

4. 程序设计

根据被控对象的工艺条件和控制要求设计梯形图，参考梯形图如图 3-10 所示。

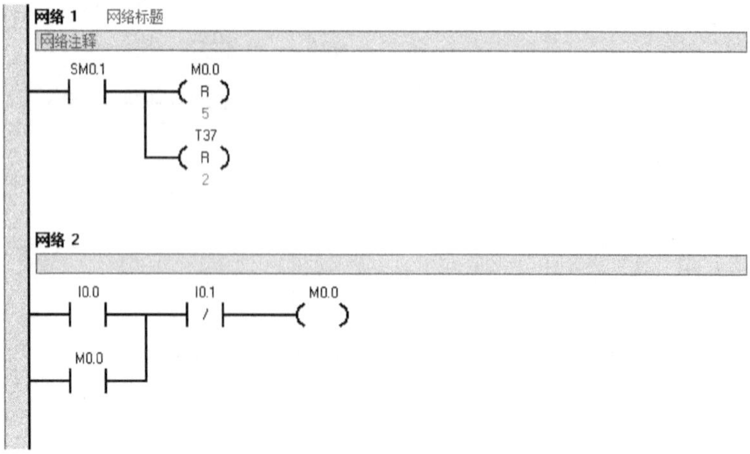

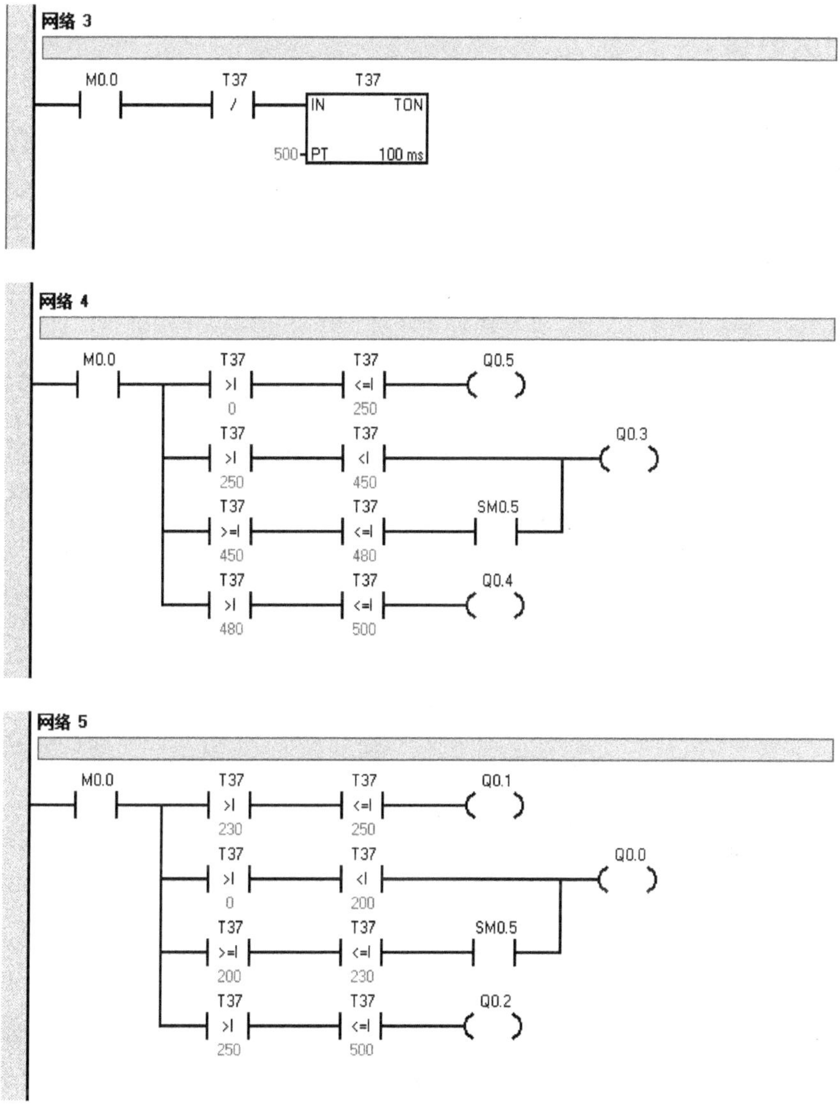

图 3-10　红绿灯自动控制的参考梯形图

5. 编写、下载、调试程序

编写梯形图程序，在 STEP 7-Micro/WIN 软件中进行程序的检查、调试与仿真，确认无误后写入 PLC。

6. 任务总结与考核

（1）思考：如何运用比较指令编写程序？要注意什么地方？任务完成得怎么样？有何收获和体会？有没有需要完善和改进的地方？对自己有何评价？

（2）行动：按照任务要求，与同学、教师共同完成本任务的考核工作；整理所编写的材料，完成实训报告。

四、知识链接

(一)传送指令

1. MOV 指令

MOV 指令如表 3-5 所示。

表 3-5 MOV 指令

梯形图	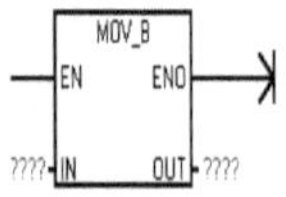	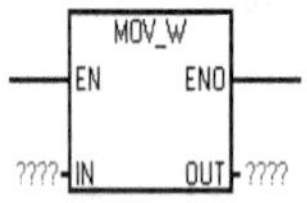	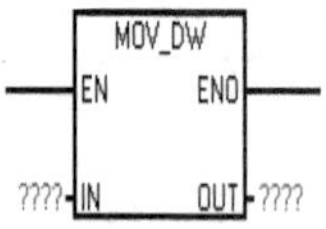	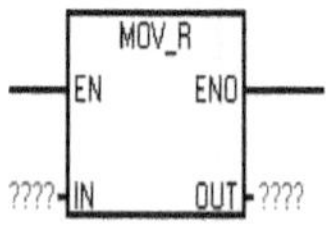
语句表	MOVB IN,OUT	MOVW IN,OUT	MOVD IN,OUT	MOVR IN,OUT
操作数	IN:VB, IB, QB, MB, SB, SMB, LB,AC,常数 OUT: VB, IB, QB, MB, SB, SMB, LB, AC	IN: VW, IW, QW, MW, SW, SMW, LW, T, C, AIW, 常数, AC OUT: VW, IW, QW, MW, SW, SMW, LW, T, C, AC, AQW	IN: VD, ID, QD, MD, SD, SMD, LD, HC, AC, 常数 OUT: VD, ID, QD, MD, SD, SMD, LD, AC	IN: VD, ID, QD, MD, SD, SMD, LD, AC, 常数 OUT: VD, ID, QD, MD, SD, SMD, LD, AC
数据类型	字节	字、整数	双字、双整数	实数
功能	使能输入有效,即 EN=1 时,将一个字节、字/整数、双字/双整数或实数从 IN 端送到 OUT 端指定的存储器输出。在传送过程中数据的大小不改变。传送后输入存储器中的内容不变			

图 3-11 所示为某 MOV 指令的梯形图。

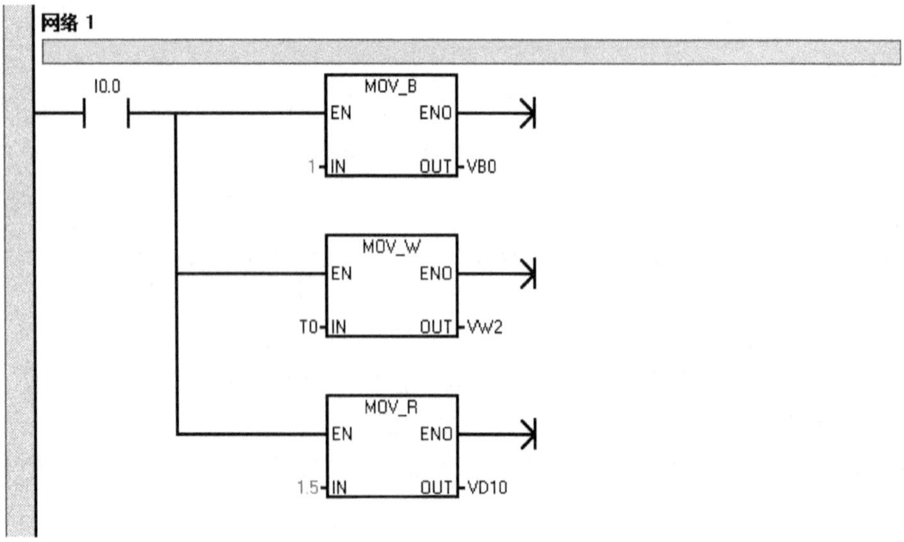

图 3-11 某 MOV 指令的梯形图

当 I0.0 接通时，将 1 这个数值传送到 VB0，将定时器 T0 的当前值传送到 VW2，将带小数点的数值 1.5 传送到 VD10。其中 VB 代表 8 位的字节，VW 代表 16 位的字，VD 代表 32 位的双字（带小数点的实数）。

2. 块传送指令

块传送指令有字节块传送、字块传送、双字块传送三种，如下所示。

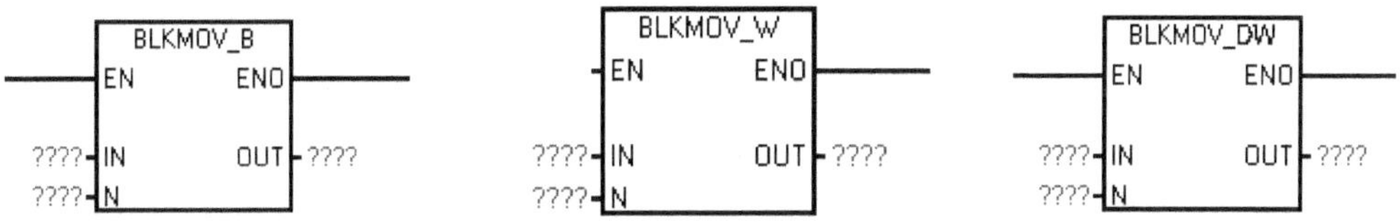

图 3-12 所示为某字块传送指令的梯形图。

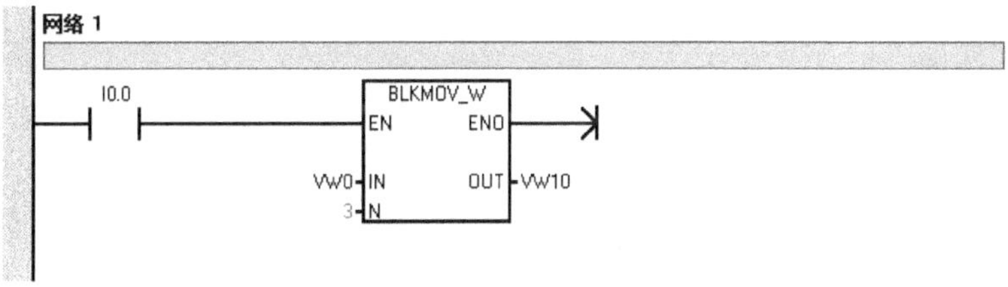

图 3-12　某字块传送指令的梯形图

当 I0.0 接通时，将从 VW0 开始的 3 个数值复制到从 VW10 开始的寄存器，即 VW0 → VW10、VW2 → VW12、VW4 → VW14。

3. 存储区填充指令

存储区填充指令如下所示，其功能是将从 IN 端输入的字型数据写入从 OUT 端指定的地址开始的 N 个连续字存储器。N 的范围是 1~255。

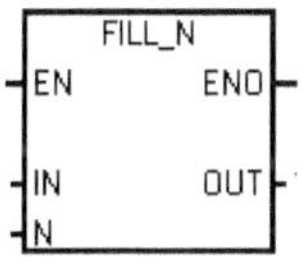

图 3-13 所示为某存储区填充指令的梯形图。

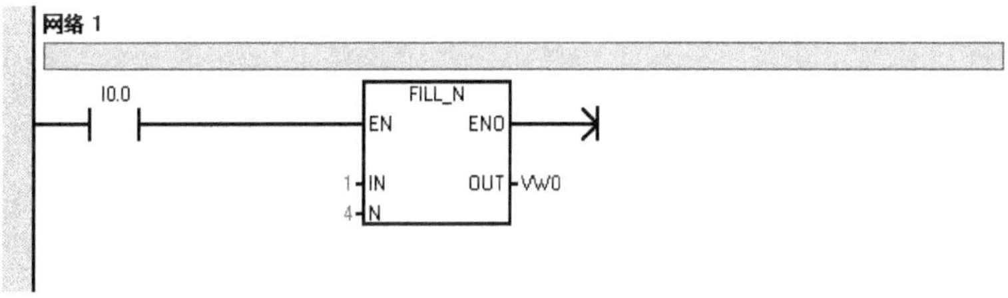

图 3-13　某存储区填充指令的梯形图

当 I0.0 接通时，VW0、VW2、VW4、VW6 全部变为 1。

(二)运算指令

1. 加法运算指令

加法运算指令如下所示。

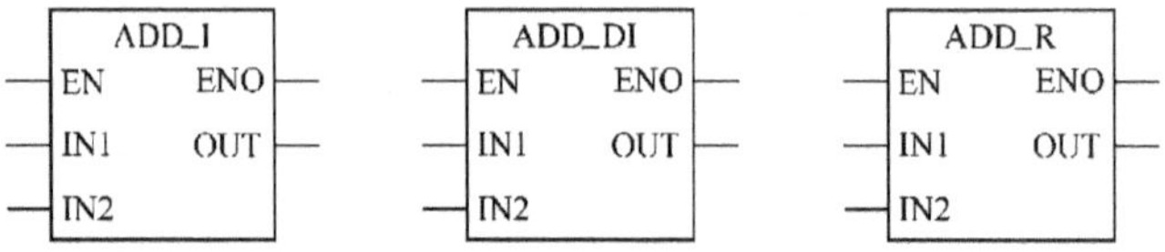

+I IN1, OUT　　+D IN1, OUT　　+R IN1, OUT

其中各符号的含义如下:

ADD——加法运算符;

I(INT)、DI(DINT)、R(REAL)——数据类型符(整数、双整数、实数);

EN——使能输入;

IN1——被加数;

IN2——加数;

OUT——和;

ENO——使能输出。

加法运算指令的功能是使能输入 EN=1 时, IN1 与 IN2 相加,结果传送到 OUT,即 IN1+IN2=OUT。应用加法运算指令应该注意数据类型。

ADD_I(整数加法):将 2 个单字长(16 位)的整数(IN1 和 IN2)相加,结果为 16 位的整数; ADD_DI(双整数加法):将 2 个双字长(32 位)的整数(IN1 和 IN2)相加,结果为 32 位的整数; ADD_R(实数加法):将 2 个双字长(32 位)的实数(IN1 和 IN2)相加,结果为 32 位的实数。

2. 减法运算指令

减法运算指令如下所示。

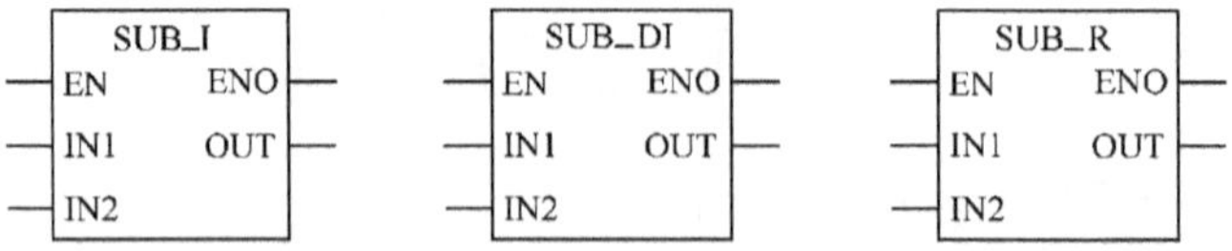

-I IN1, OUT　　-D IN1, OUT　　-R IN1, OUT

其中各符号的含义如下:

SUB——减法运算符;

I、DI、R——数据类型符(整数、双整数、实数);

EN——使能输入;

IN1——被减数;

IN2——减数;

OUT——差;

ENO——使能输出。

减法运算指令的功能是使能输入 EN=1 时，IN1 与 IN2 相减，结果传送到 OUT，即 IN1 + IN2=OUT。应用减法运算指令同样应该注意数据类型，可参考加法运算指令。

3. 乘法运算指令

乘法运算指令如下所示。

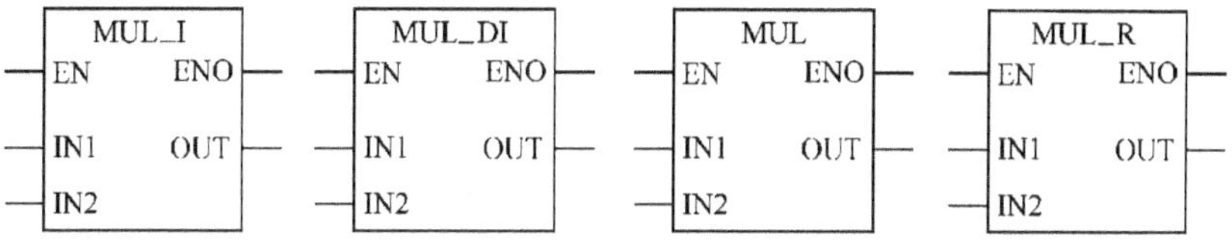

*I IN1, OUT　　*D IN1, OUT　　MUL IN1, OUT　　*R IN1, OUT

其中各符号的含义如下：

MUL——乘法运算符；

I、DI、R——数据类型符（整数、双整数、实数）；

EN——使能输入；

IN1——被乘数；

IN2——乘数；

OUT——积；

ENO——使能输出。

乘法运算指令的功能是使能输入 EN=1 时，IN1 与 IN2 相乘，结果传送到 OUT，即 IN1 × IN2=OUT。

说明：MUL_I 表示的是 2 个 16 位的整数相乘，结果放在 16 位的整数中；MUL_DI 表示的是 2 个 32 位的整数相乘，结果放在 32 位的整数中；MUL 表示的是 2 个 16 位的整数相乘，结果放在 32 位的整数中；MUL_R 表示的是 2 个 32 位的浮点数相乘，结果放在 32 位的浮点数中，注意操作数一定要是浮点数，如果不是，要转成浮点数。

4. 除法运算指令

除法运算指令如下所示。

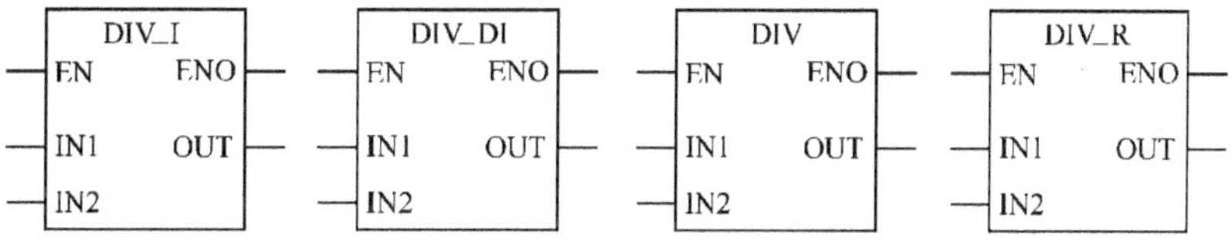

/I IN1, OUT　　/D IN1, OUT　　DIV IN1, OUT　　/R IN1, OUT

其中各符号的含义如下：

DIV——除法运算符；

I、DI、R——数据类型符（整数、双整数、实数）；

EN——使能输入；

IN1——被除数；

IN2——除数；

OUT——商；

ENO——使能输出。

除法运算指令的功能是使能输入 EN=1 时，IN1 与 IN2 相除，结果传送到 OUT，即 IN1/IN2=OUT。

说明：DIV_I 表示的是 16 位的整数 IN1 除以 16 位的整数 IN2，结果存放在 16 位的整数 OUT 中；DIV_DI 表示的是 32 位的整数 IN1 除以 32 位的整数 IN2，结果存放在 32 位的整数 OUT 中；DIV 表示的是 16 位的整数 IN1 除以 16 位的整数 IN2，结果存放在 32 位的整数 OUT 中，包含一个 16 位的余数（高位）和一个 16 位的商（低位）；DIV_R 表示的是 32 位的浮点数 IN1 除以 32 位的浮点数 IN2，结果存放在 32 位的浮点数 OUT 中，注意操作数一定要是浮点数，如果不是，要转成浮点数。

（三）比较指令

西门子常用的比较指令有字节比较、字比较、双字比较、实数比较这几种。每种类型的比较都有==、<>、>=、<=、>、<这几种。

==：表示等于；

<>：表示不等于；

>=：表示大于或等于；

<=：表示小于或等于；

>：表示大于；

<：表示小于。

【例 3-1】当 C0 的计数值大于或等于 20 时，Q0.0 输出，梯形图如图 3-14 所示。

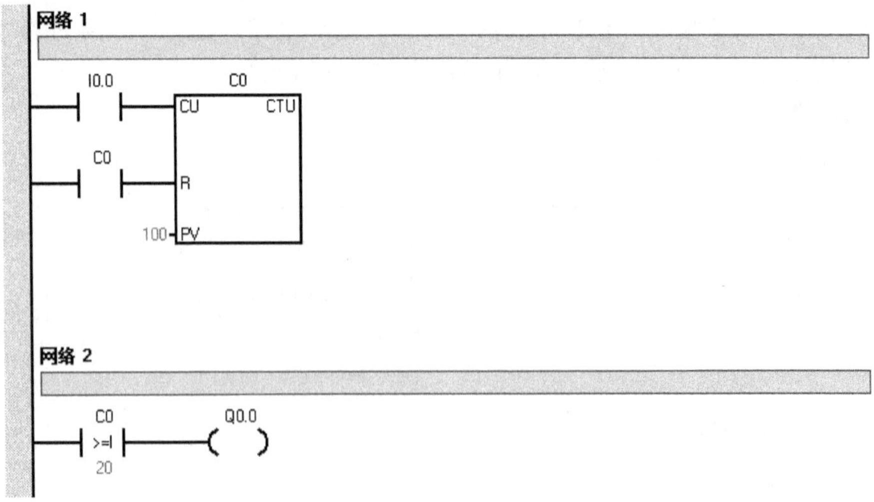

图 3-14 【例 3-1】的梯形图

【例 3-2】当 I0.0 的接通时间超过 5 s 时，Q0.0 输出，梯形图如图 3-15 所示。

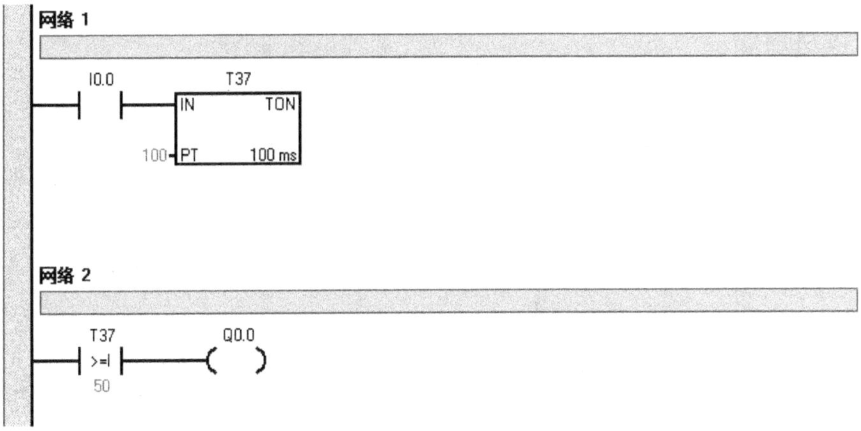

图 3-15 【例 3-2】的梯形图

【例 3-3】某字节比较指令的梯形图如图 3-16 所示。

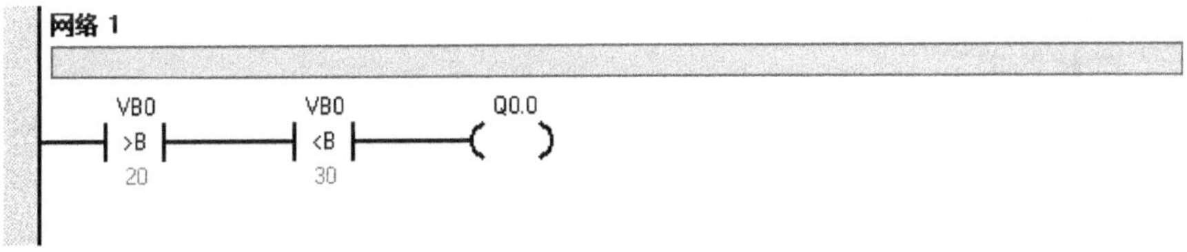

图 3-16 【例 3-3】的梯形图

【例 3-4】某双字比较指令的梯形图如图 3-17 所示。

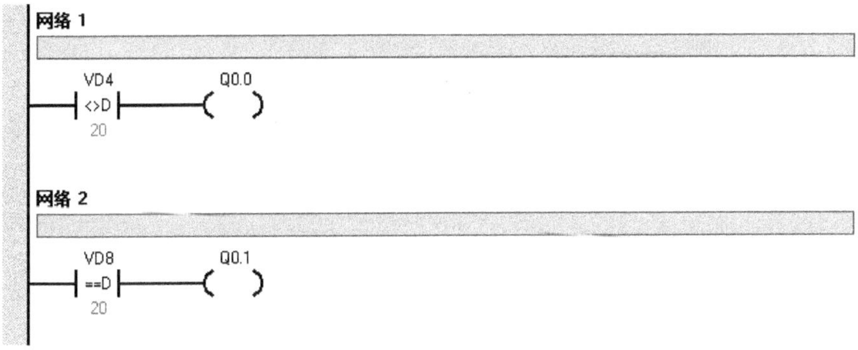

图 3-17 【例 3-4】的梯形图

【例 3-5】实数比较指令的梯形图如图 3-18 所示。

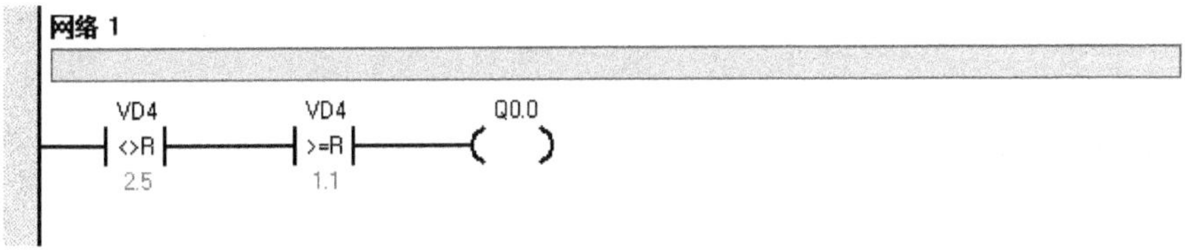

图 3-18 【例 3-5】的梯形图

（四）转换指令

1. 字节转整数指令

字节转整数指令如下所示。

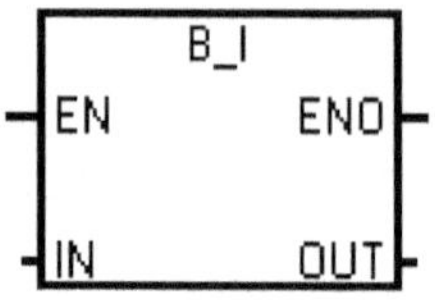

其中各符号的含义如下：

B_I——字节转整数转换符；

EN——使能输入；

IN——字节数值；

OUT——整数数值；

ENO——使能输出。

字节转整数指令的功能是将 8 位的字节数值转换成 16 位的整数数值，并将结果置入 OUT 指定的变量。因为字节不带符号，所以无符号扩展。

图 3-19 所示为某字节转整数指令的梯形图。

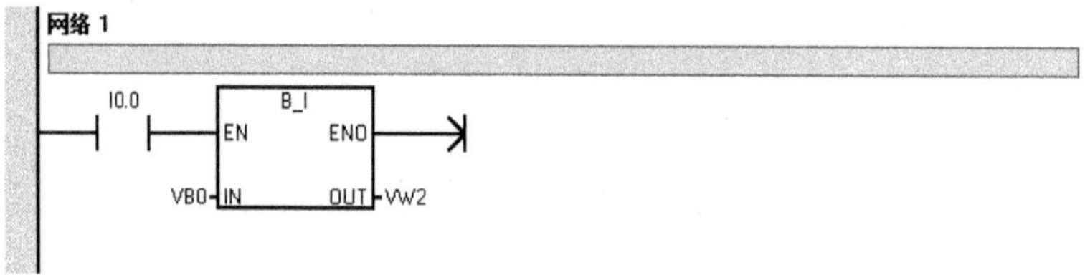

图 3-19　某字节转整数指令的梯形图

2. 整数转字节指令

整数转字节指令如下所示。

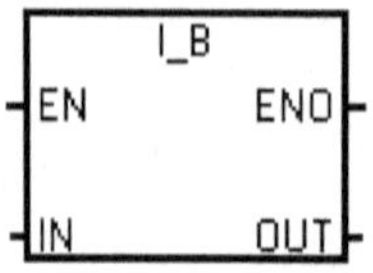

其中各符号的含义如下：

I_B——整数转字节转换符；

EN——使能输入；

IN——整数数值；

OUT——字节数值；

ENO——使能输出。

整数转字节指令的功能是将 16 位的整数数值转换成 8 位的字节数值，并将结果置入 OUT 指定的变量。数值为 0~255 可被转换，若是其他值则输出不受影响。

图 3-20 所示为某整数转字节指令的梯形图。

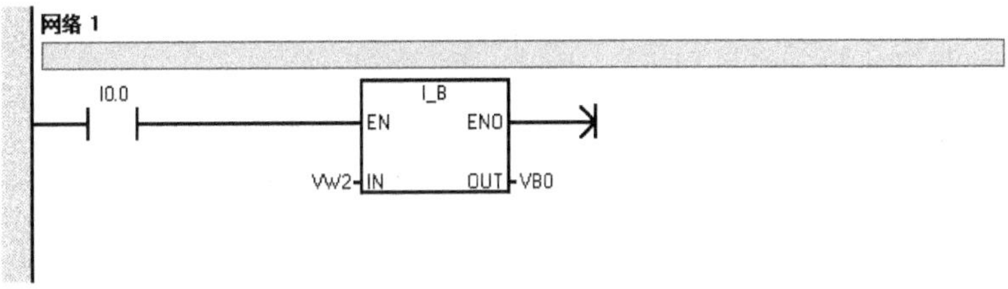

图 3-20　某整数转字节指令的梯形图

3. 整数转双整数指令

整数转双整数指令如下所示。

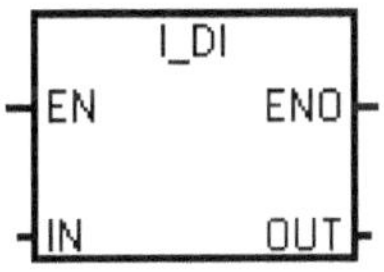

其中各符号的含义如下：

I_DI ——整数转双整数转换符；

EN——使能输入；

IN——整数数值；

OUT——双整数数值；

ENO——使能输出。

整数转双整数指令的功能是将 16 位的整数数值转换成 32 位的双整数数值，并将结果置入 OUT 指定的变量。可以输入有符号数。

图 3-21 所示为某整数转双整数指令的梯形图。

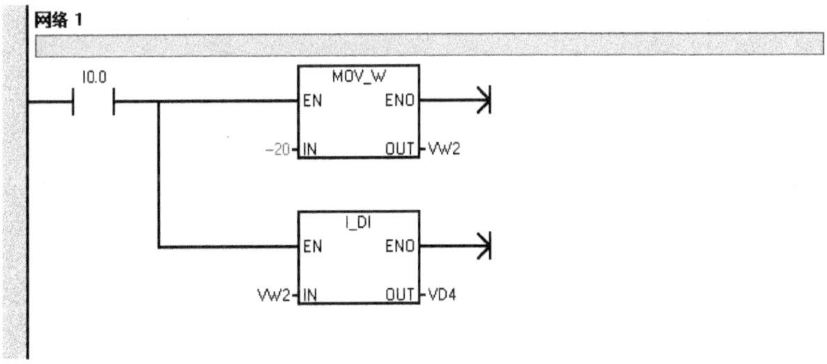

图 3-21　某整数转双整数指令的梯形图

4. 双整数转整数指令

双整数转整数指令如下所示。

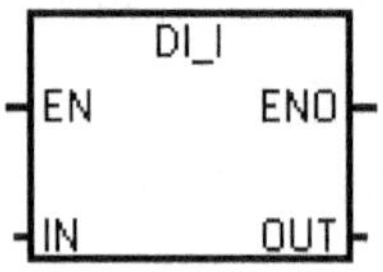

其中各符号的含义如下：

DI_I ——双整数转整数转换符；

EN——使能输入；

IN——双整数数值；

OUT——整数数值；

ENO——使能输出。

双整数转整数指令的功能是将 32 位的双整数数值转换成 16 位的整数数值，并将结果置入 OUT 指定的变量。如果转换的值过大，则无法在输出中表示。

图 3-22 所示为某双整数转整数指令的梯形图。

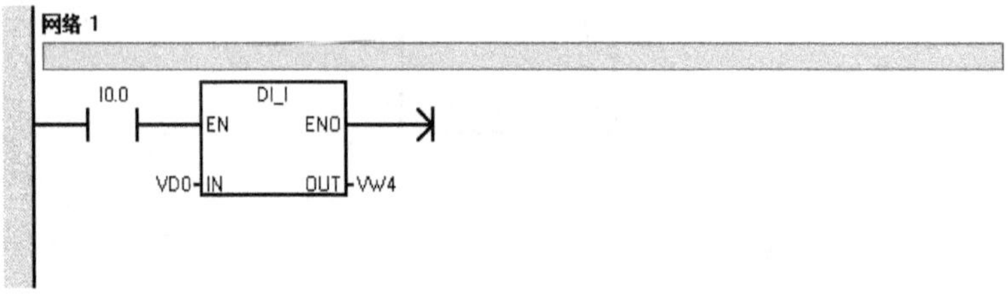

图 3-22 某双整数转整数指令的梯形图

5. 双整数转实数指令

双整数转实数指令如下所示。

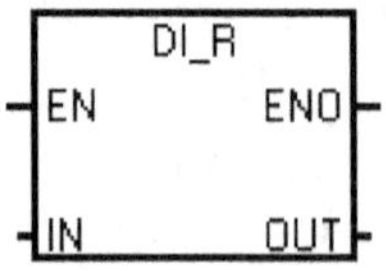

其中各符号的含义如下：

DI_R ——双整数转实数转换符；

EN——使能输入；

IN——双整数数值；

OUT——实数数值；

ENO——使能输出。

双整数转实数指令的功能是将 32 位的双整数数值转换成 32 位的实数数值，并将结果置入 OUT 指定的变量。

图 3-23 所示为某双整数转实数指令的梯形图。

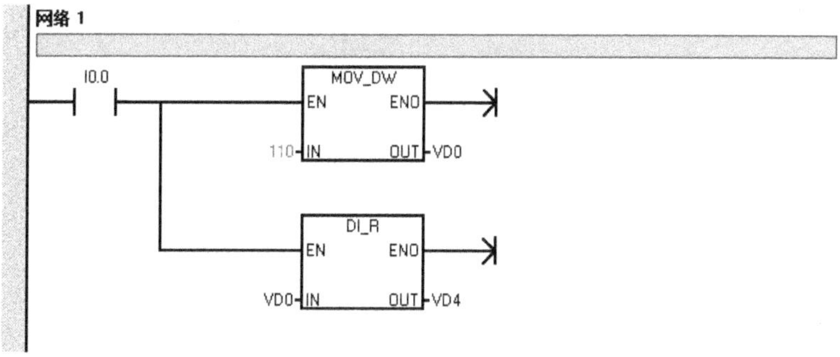

图 3-23　某双整数转实数指令的梯形图

6. 实数转双整数指令

(1)实数转双整数(四舍五入)指令如下所示。

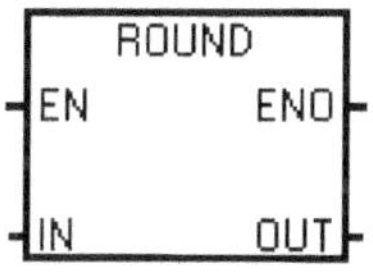

其中各符号的含义如下:

ROUND——实数转双整数(四舍五入)转换符;

EN——使能输入;

IN——实数数值;

OUT——双整数数值;

ENO——使能输出。

实数转双整数(四舍五入)指令的功能是将 32 位的实数数值以四舍五入取整的原则转换成 32 位的双整数数值,并将结果置入 OUT 指定的变量。

图 3-24 所示为某实数转双整数(四舍五入)指令的梯形图。

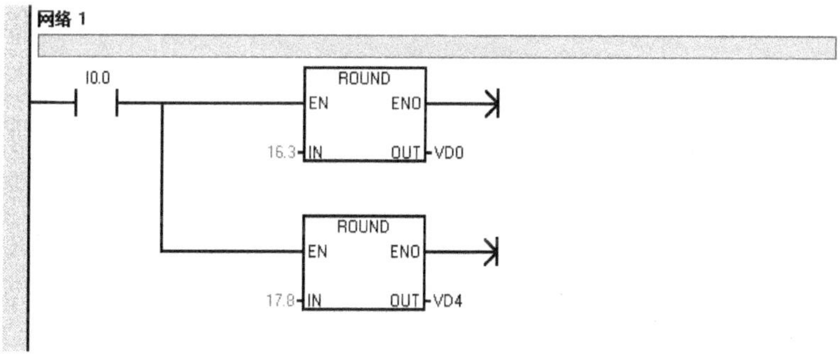

图 3-24　某实数转双整数(四舍五入)指令的梯形图

输出结果为 VD0=16,VD4=18。

(2)实数转双整数(丢弃小数部分)指令如下所示。

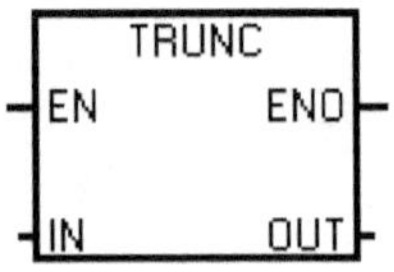

其中各符号的含义如下：

TRUNC——实数转双整数（丢弃小数部分）转换符；

EN——使能输入；

IN——实数数值；

OUT——双整数数值；

ENO——使能输出。

实数转双整数（丢弃小数部分）指令的功能是将 32 位的实数数值以丢弃小数部分取整的原则转换成 32 位的双整数数值，并将结果置入 OUT 指定的变量。

图 3-25 所示为某实数转双整数（丢弃小数部分）指令的梯形图。

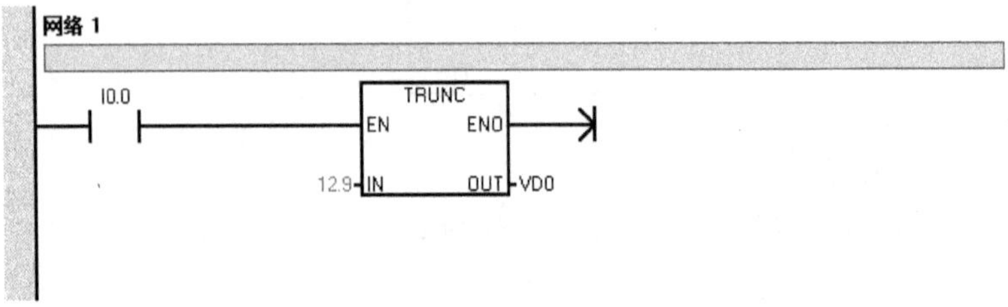

图 3-25　某实数转双整数（丢弃小数部分）指令的梯形图

输出结果为 VD0=12。

7. 解码指令

解码指令如下所示。

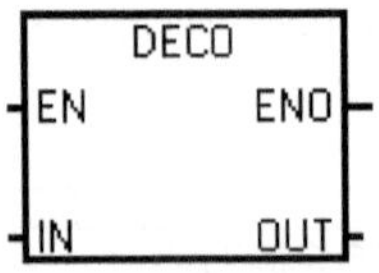

解码指令的功能是设置输出字（OUT）中与输入字节（IN）的最低 4 位半字节表示的位相对应的位，其他位均设为 0。

图 3-26 所示为某解码指令的梯形图。

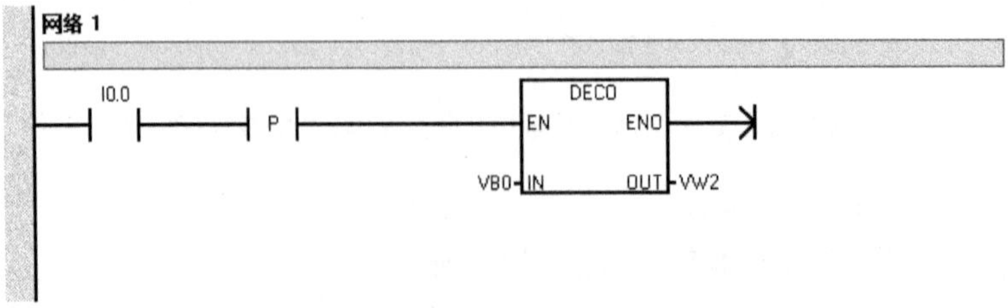

图 3-26　某解码指令的梯形图

如 VB0=4，则 VW2=2#0000000000010000；如 VB0=15，则 VW2=2#1000000000000000。VB0 的最低 4 位最大值为 15，与其他位无关。

8. 编码指令

编码指令如下所示。

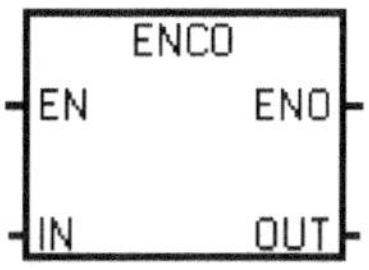

编码指令的功能是将输入字（IN）最低位集的位数写入输出字节（OUT）的最低 4 位半字节。

图 3-27 所示为某编码指令的梯形图。

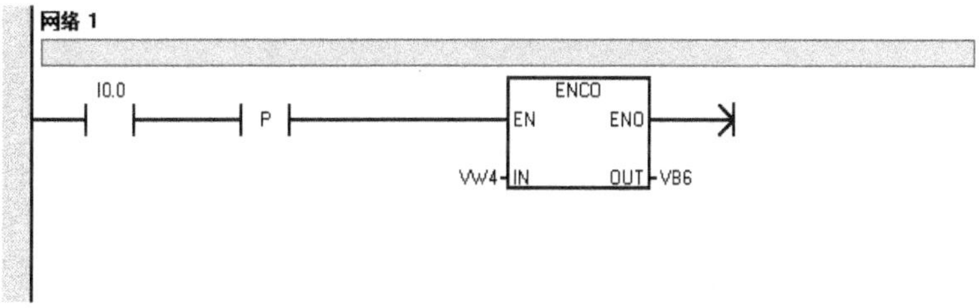

图 3-27　某编码指令的梯形图

如 VW4=2#0000000110011110，则 VB6=1；如 VW4=2#1010101110001101，则 VB6=0。

9. 七段显示译码指令

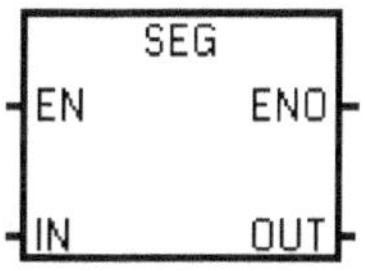

七段显示译码指令的功能是将输入字节（IN）转换成七段显示码，对应关系如图 3-28 所示。

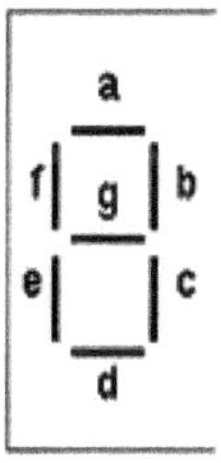

IN	段显示	(OUT) -gfe dcba
0	0	0011 1111
1	1	0000 0110
2	2	0101 1011
3	3	0100 1111
4	4	0110 0110
5	5	0110 1101
6	6	0111 1101
7	7	0000 0111

IN	段显示	(OUT) -gfe dcba
8	8	0111 1111
9	9	0110 0111
A	A	0111 0111
B	b	0111 1100
C	C	0011 1001
D	d	0101 1110
E	E	0111 1001
F	F	0111 0001

图 3-28　七段显示译码的对应关系

图 3-29 所示为某七段显示译码指令的梯形图。

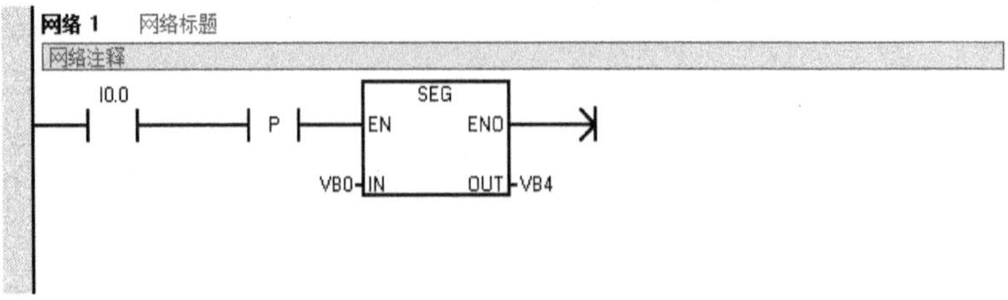

图 3-29 某七段显示译码指令的梯形图

如要在七段显示码中看到 8 这个数，即 VB0=8，则 I0.0 接通时，由图 3-28 可知 VB4=01111111。

任务三 机械手控制

一、任务目标

（1）掌握机械手控制系统的工作原理。

（2）掌握子程序的使用和编程。

（3）掌握机械手控制系统的接线、梯形图编译、调试、操作。

二、任务描述

总体控制要求是机械手在 A 处抓取工件并将其放到 B 处，具体过程如下。

（1）机械手处于初始状态，SQ4=SQ2=1，SQ3=SQ1=0，原位指示灯 HL 亮。按下启动开关 SB1，下降指示灯 YV1 亮，机械手下降（SQ2=0），下降到 A 处（SQ1=1）后夹紧工件，夹紧指示灯 YV2 亮。

（2）夹紧工件后，机械手上升（SQ1=0），上升指示灯 YV3 亮，上升到位（SQ2=1）后，机械手右移（SQ4=0），右移指示灯 YV4 亮。

（3）机械手右移到位（SQ3=1）后，下降指示灯 YV1 亮，机械手下降。

（4）机械手下降到位（SQ1=1）后，夹紧指示灯 YV2 灭，机械手放松。

（5）机械手放松后上升，上升指示灯 YV3 亮。

（6）机械手上升到位（SQ2=1）后左移，左移指示灯 YV5 亮。

（7）机械手回到原位。

三、任务实施

1. 所需要的工具、设备、材料

所需要的工具、设备、材料如表 3-6 所示。

表 3-6　所需要的工具、设备、材料

序号	名称	型号与规格	数量	备注
1	可编程控制器实训装置	THPFSM-1/2	1 台	
2	实训挂箱	A17	1 个	
3	导线	3 号	若干根	
4	PC/PPI 通信电缆		1 根	西门子
5	计算机		1 台	自备

2. I/O 点的分配

根据被控对象对 PLC 系统的动能要求和需要输入、输出的点数选择适当类型的 PLC，并分配输入、输出点，如表 3-7 所示。

表 3-7　I/O 点分配表

序号	PLC 地址（PLC 端子）	电气符号（面板端子）	功能
1	I0.0	SB1	启动开关
2	I0.1	SQ1	下限位开关
3	I0.2	SQ2	上限位开关
4	I0.3	SQ3	右限位开关
5	I0.4	SQ4	左限位开关
6	Q0.0	YV1	下降指示灯
7	Q0.1	YV2	夹紧指示灯
8	Q0.2	YV3	上升指示灯
9	Q0.3	YV4	右移指示灯
10	Q0.4	YV5	左移指示灯
11	Q0.5	HL	原位指示灯
12	主机 1M、面板 V+接电源+24 V		电源正端
13	主机 1L、2L，面板 COM 接电源 GND		电源地端

3. I/O 接线图

本任务的 PLC 外部 I/O 接线图如图 3-30 所示，实验设备端子图如图 3-31 所示。

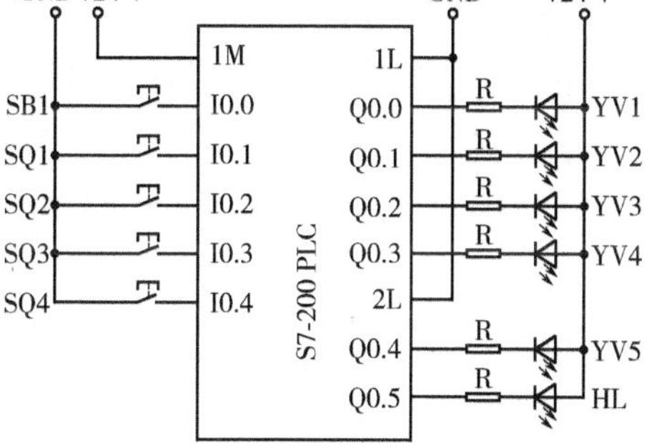

图 3-30　机械手控制的 PLC 外部 I/O 接线图

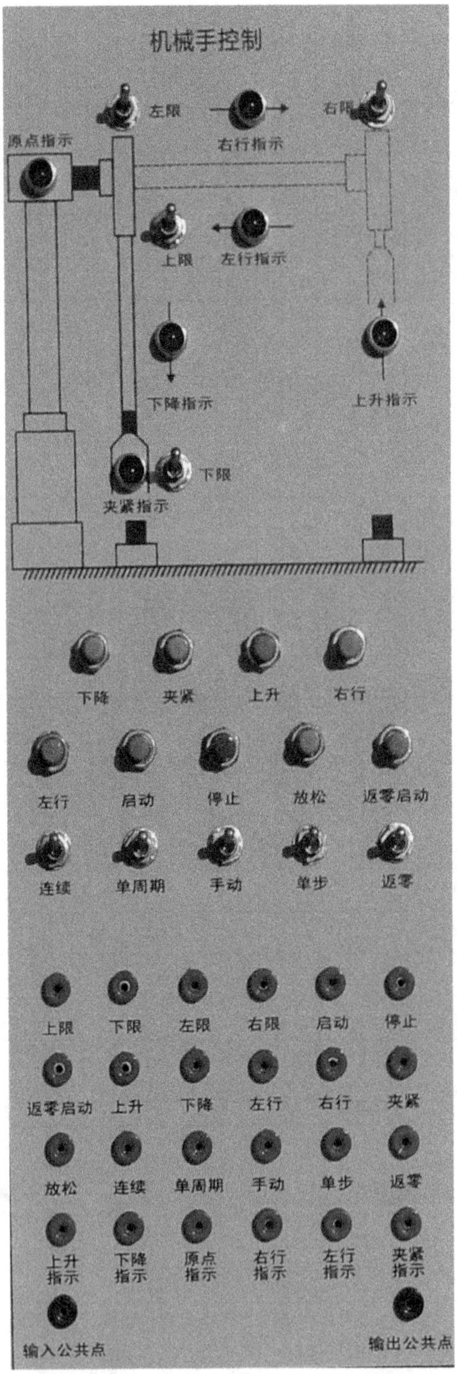

图 3-31　机械手控制的实验设备端子图

4. 程序设计

根据被控对象的工艺条件和控制要求设计梯形图,参考梯形图如图 3-32 所示。

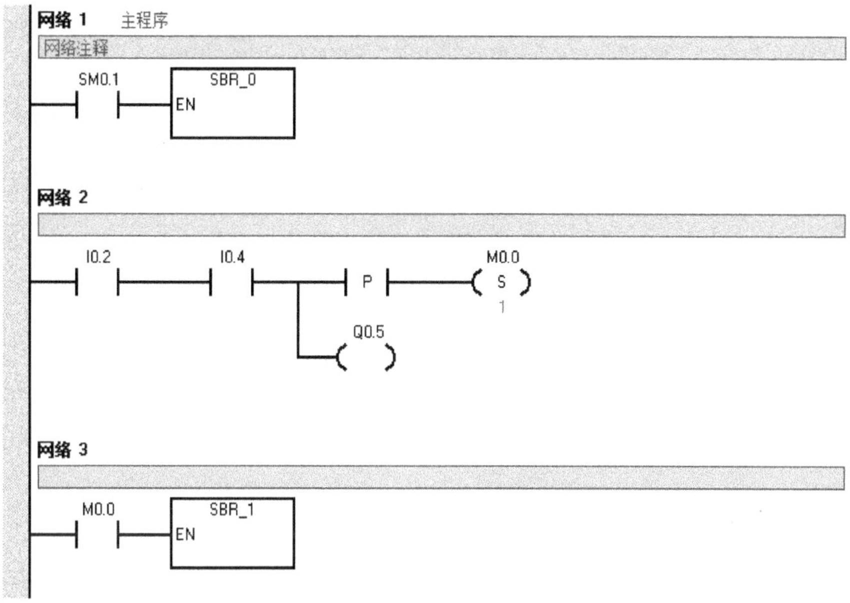
网络 1 主程序
网络注释
SM0.1
SBR_0
EN
网络 2
I0.2
I0.4
P
M0.0
S
1
Q0.5
网络 3
M0.0
SBR_1
EN

网络 1 子程序SBR_0
SM0.0
M0.0
R
20
Q0.0
R
10
T37
R
10

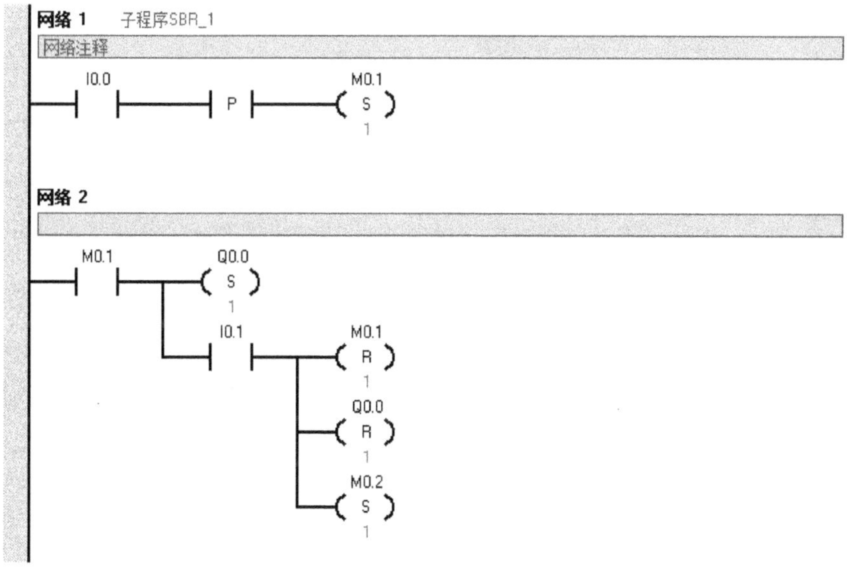
网络 1 子程序SBR_1
网络注释
I0.0
P
M0.1
S
1
网络 2
M0.1
Q0.0
S
1
I0.1
M0.1
R
1
Q0.0
R
1
M0.2
S
1

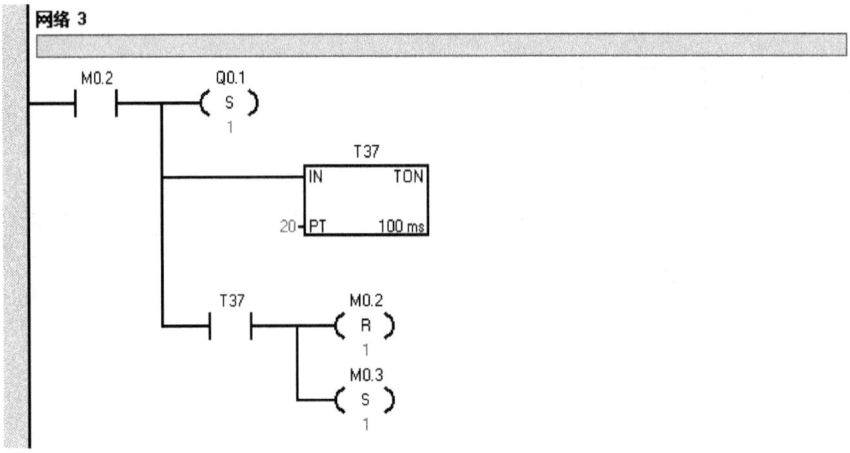
网络 3
M0.2
Q0.1
S
1
T37
IN
TON
20
PT
100 ms
T37
M0.2
R
1
M0.3
S
1

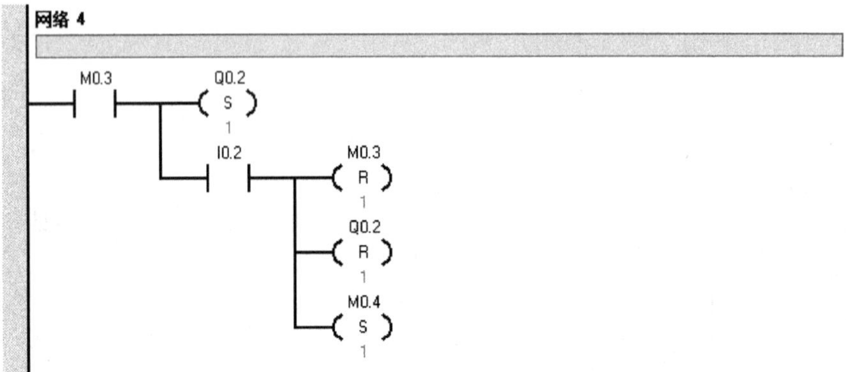
网络 4
M0.3
Q0.2
S
1
I0.2
M0.3
R
1
Q0.2
R
1
M0.4
S
1

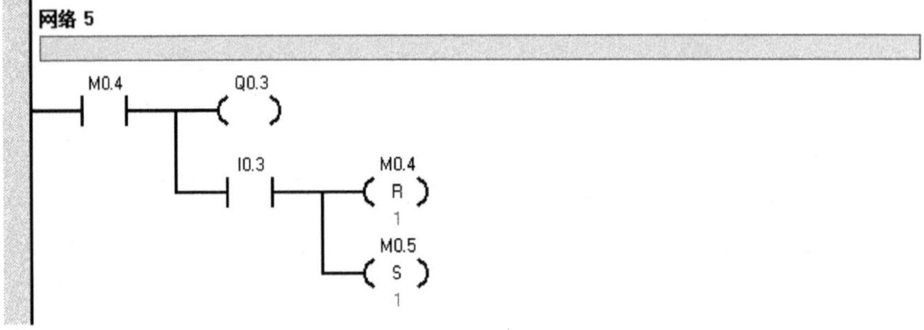
网络 5
M0.4
Q0.3
I0.3
M0.4
R
1
M0.5
S
1

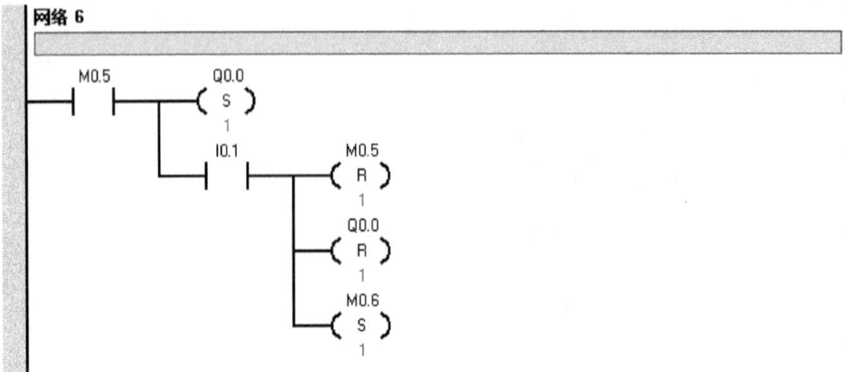
网络 6
M0.5
Q0.0
S
1
I0.1
M0.5
R
1
Q0.0
R
1
M0.6
S
1

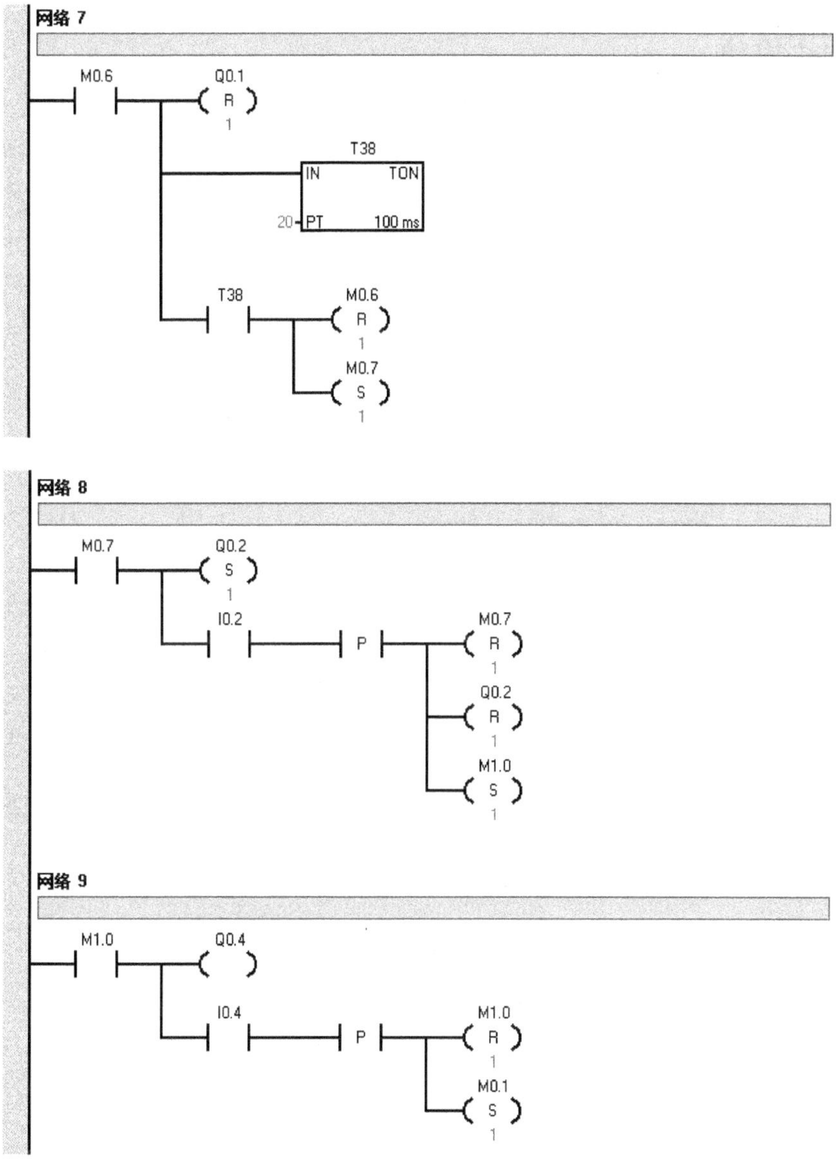

图 3-32　机械手控制的参考梯形图

5. 编写、下载、调试程序

编写梯形图程序，在 STEP 7-Micro/WIN 软件中进行程序的检查、调试与仿真，确认无误后写入 PLC。

6. 任务总结与考核

(1)思考：如何运用子程序编写程序？要注意什么地方？任务完成得怎么样？有何收获和体会？有没有需要完善和改进的地方？对自己有何评价？

(2)行动：按照任务要求，与同学、教师共同完成本任务的考核工作；整理所编写的材料，完成实训报告。

四、知识链接

自动化系统通常具有很多个工序、很多个功能，如果把一个个功能打包起来，当条件满足时即可调用需要的功能，这样程序执行起来就会方便、快捷一些。调用子程序编程需要形成一个程序编写的结构，一般的编程构架如图 3-33 所示。

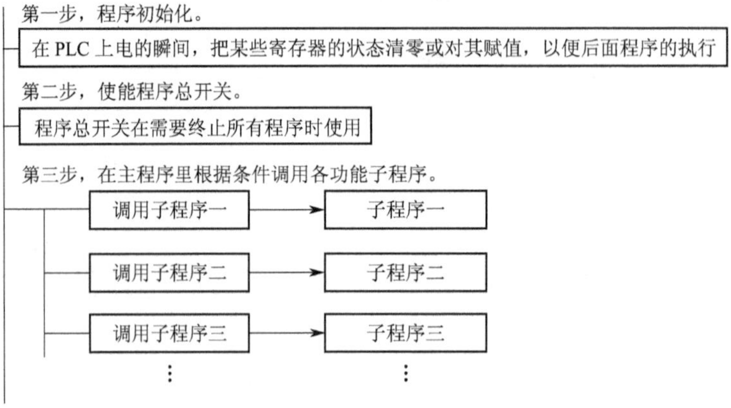

图 3-33 一般的编程构架

图 3-34 所示为某调用子程序编程的梯形图。

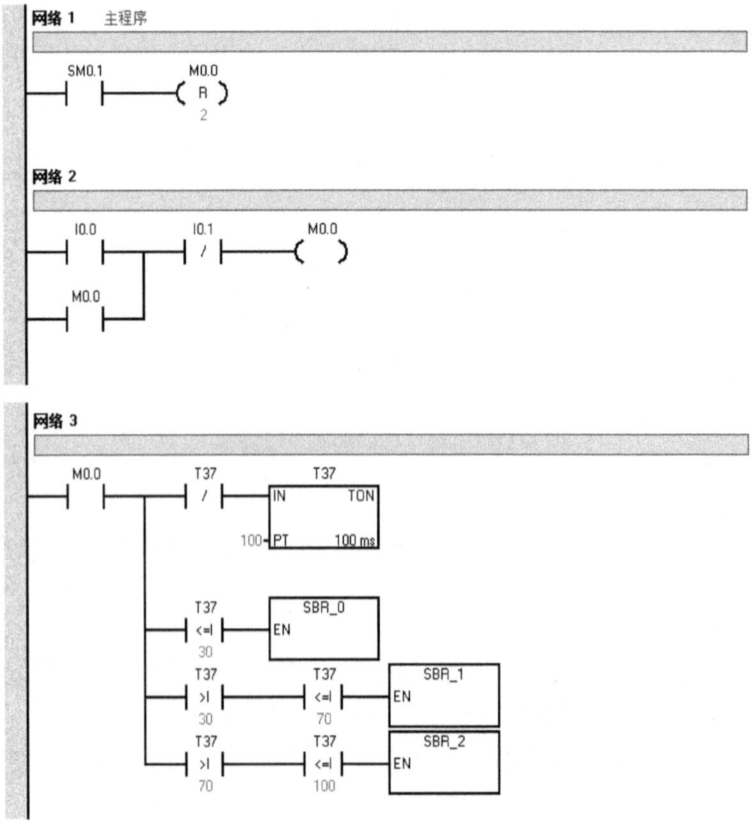

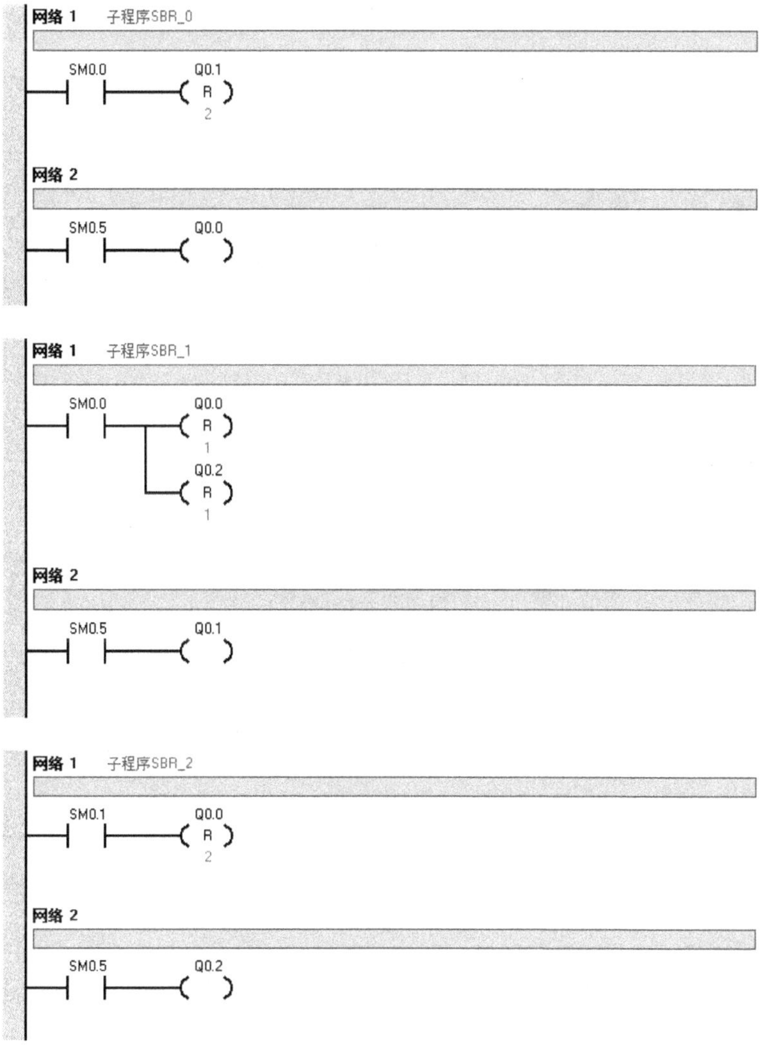

图 3-34　某调用子程序编程的梯形图

在 S7-200 PLC 编程软件程序编辑区的左下方可以看到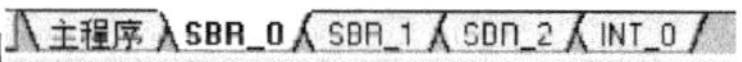，点开某个子程序即可进行该子程序的编辑。如果需要新建子程序，可以在子程序图标上单击鼠标右键，在弹出的菜单中选择插入子程序即可。

任务四　直流电机控制

一、任务目标

（1）掌握直流电机控制系统的工作原理。

（2）掌握转换指令的使用和编程。

(3)掌握直流电机控制系统的接线、梯形图编译、调试、操作。

二、任务描述

总体控制要求是从PULSE端采集脉冲信号,经过程序运算后从U端输出模拟量信号控制电机的转速,具体过程如下。

(1)闭合启动开关SD,U端向直流电机输出模拟量信号,电机在转动时输出脉冲信号。

(2)PLC从PULSE端采集到脉冲信号后,经程序运算从U端输出模拟量信号控制电机的转速。

三、任务实施

1. 所需要的工具、设备、材料

所需要的工具、设备、材料如表3-8所示。

表3-8 所需要的工具、设备、材料

序号	名称	型号与规格	数量	备注
1	可编程控制器实训装置	THPFSM-1/2	1台	
2	实训挂箱	A17	1个	
3	导线	3号	若干根	
4	PC/PPI通信电缆		1根	西门子
5	计算机		1台	自备

2. I/O点的分配

根据被控对象对PLC系统的动能要求和需要输入、输出的点数选择适当类型的PLC,并分配输入、输出点,如表3-9所示。

表3-9 I/O点分配表

序号	PLC地址(PLC端子)	电气符号(面板端子)	功能
1	I0.1	SD	启动开关
2	I0.0	PULSE	脉冲反馈信号
3	V	U	模拟量控制信号
4	主机1M、面板V+接电源+24 V		电源正端
5	面板COM接电源GND		电源地端

3. I/O接线图

本任务的PLC外部I/O接线图如图3-35所示,实验设备端子图如图3-36所示。

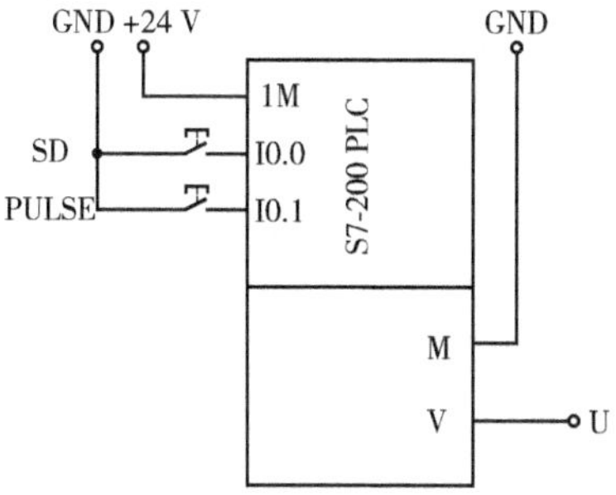

图 3-35　直流电机控制的 PLC 外部 I/O 接线图

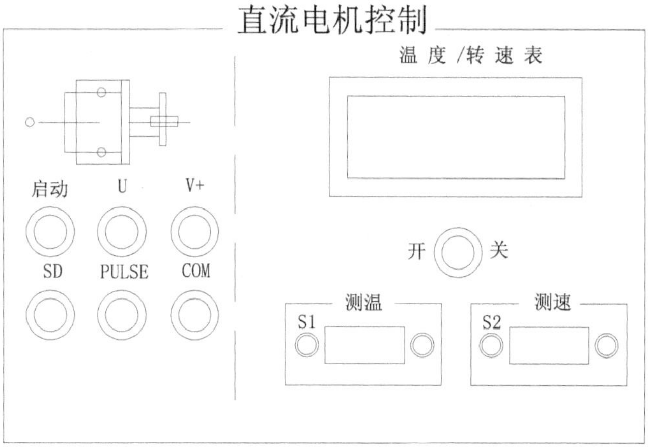

图 3-36　直流电机控制的实验设备端子图

4. 程序设计

根据被控对象的工艺条件和控制要求设计梯形图,主程序的参考梯形图如图 3-37 所示。

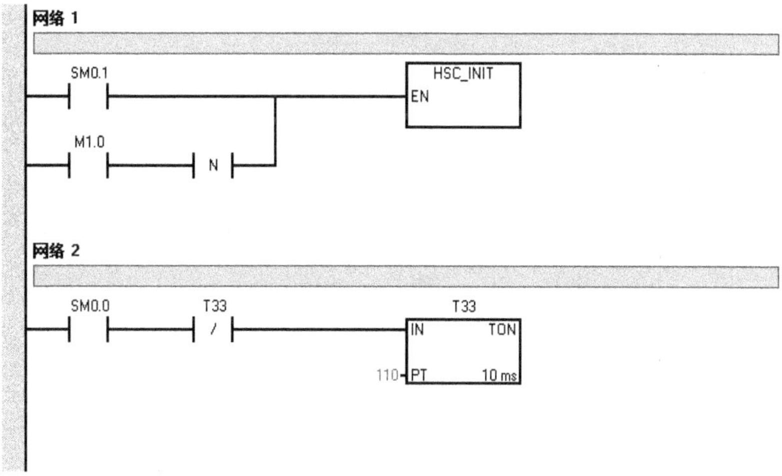

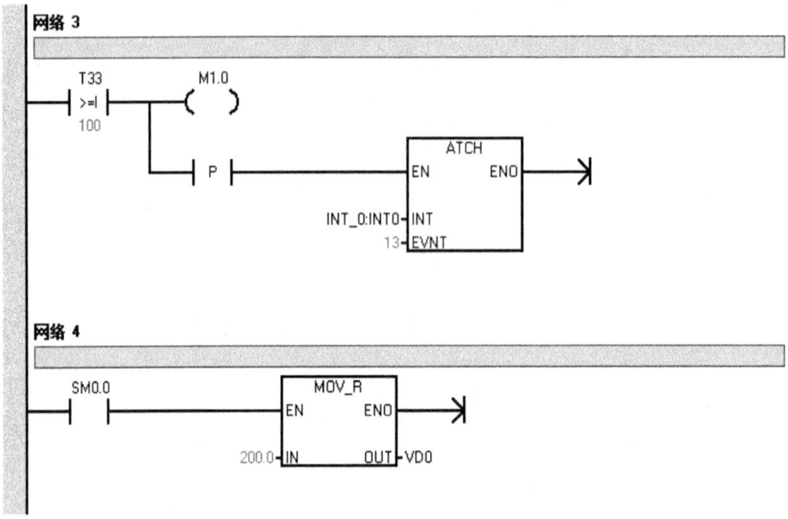
网络 3
T33
>=I
100
M1.0
P
ATCH
EN
ENO
INT_0:INT0
INT
13
EVNT
网络 4
SM0.0
MOV_R
EN
ENO
200.0
IN
OUT
VD0

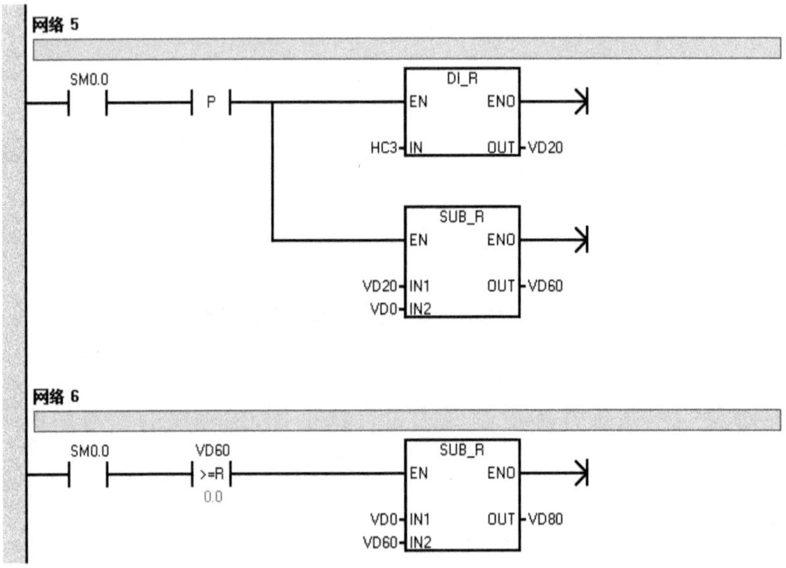
网络 5
SM0.0
P
DI_R
EN
ENO
HC3
IN
OUT
VD20
SUB_R
EN
ENO
VD20
IN1
OUT
VD60
VD0
IN2
网络 6
SM0.0
VD60
>=R
0.0
SUB_R
EN
ENO
VD0
IN1
OUT
VD80
VD60
IN2

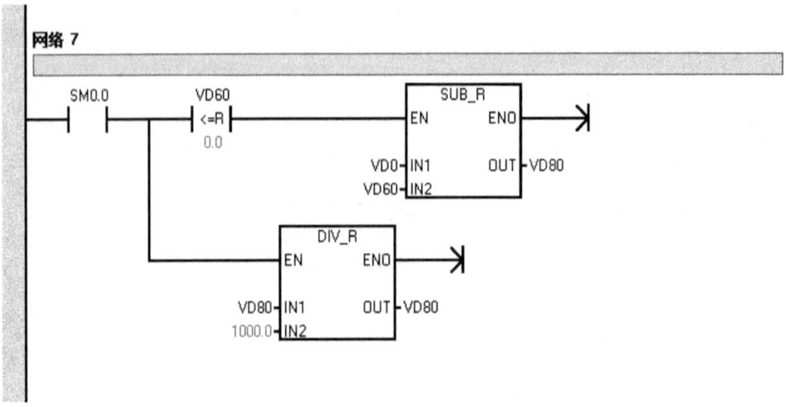
网络 7
SM0.0
VD60
<=R
0.0
SUB_R
EN
ENO
VD0
IN1
OUT
VD80
VD60
IN2
DIV_R
EN
ENO
VD80
IN1
OUT
VD80
1000.0
IN2

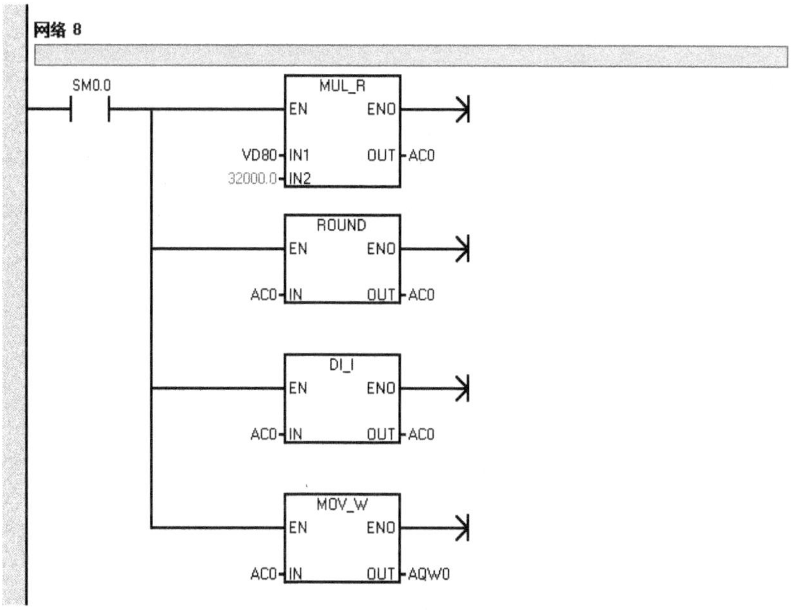

图 3-37 直流电机控制主程序的参考梯形图

HCS 中断程序的参考梯形图如图 3-38 所示。

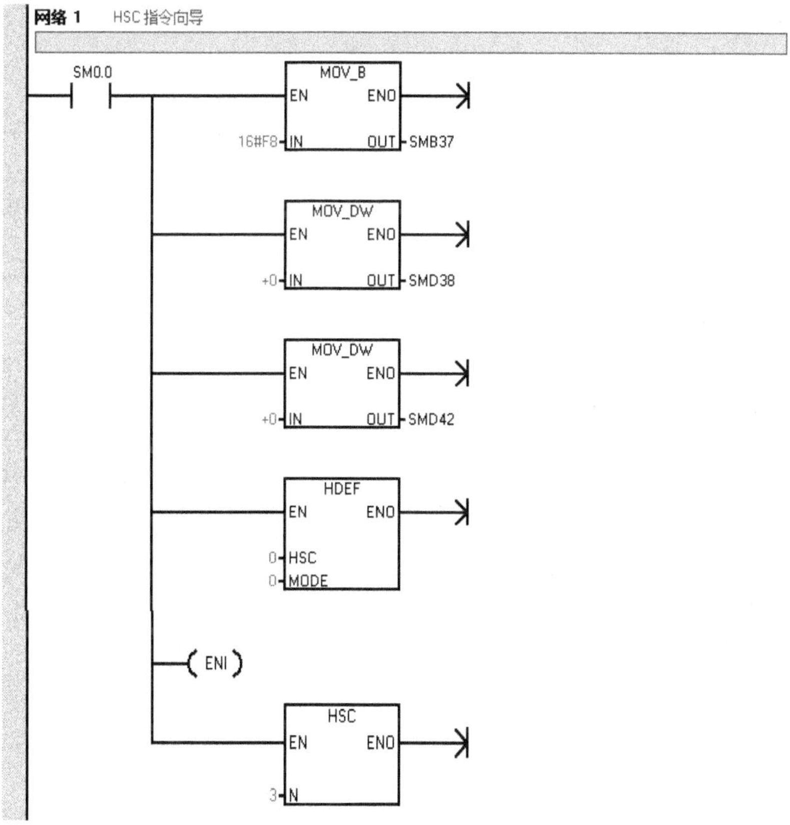

图 3-38 直流电机控制 HCS 中断程序的参考梯形图

中断子程序 0 号的参考梯形图如图 3-39 所示。

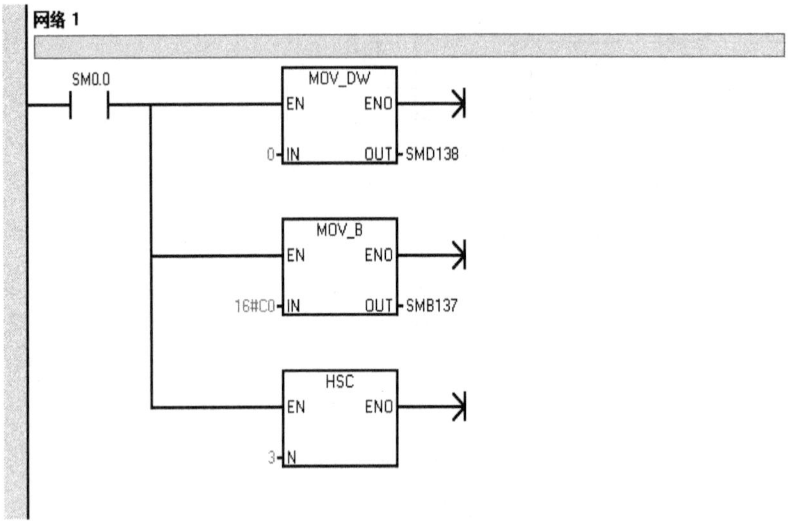

图 3-39 直流电机控制中断子程序 0 号的参考梯形图

5. 编写、下载、调试程序

编写梯形图程序，在 STEP 7-Micro/WIN 软件中进行程序的检查、调试与仿真，确认无误后写入 PLC。

6. 任务总结与考核

（1）思考：如何运用比较指令编写程序？要注意什么地方？任务完成得怎么样？有何收获和体会？有没有需要完善和改进的地方？对自己有何评价？

（2）行动：按照任务要求，与同学、教师共同完成本任务的考核工作；整理所编写的材料，完成实训报告。

四、知识链接

（一）中断

中断是由设备问题或其他非预期的急需处理的事件引起的，它使系统暂时中断正在执行的程序，而转到中断程序去处理这些事件，处理完毕后再返回原程序执行。例如，我们正在写文章，有人打来了电话，这时候我们中断写文章，先接电话，接完电话后再继续写文章，这就是一个中断的过程。

中断信号一般分为定时中断、I/O 中断、通信中断。

中断程序的编写步骤为：

（1）允许处理中断事件；

（2）连接中断事件和中断程序；

（3）编写中断程序；

（4）中断程序自动返回。

（二）中断指令与中断事件

中断指令如表 3-10 所示。

表 3-10　中断指令

项目	中断连接指令	中断允许指令	中断分离指令	中断禁止指令
梯形图	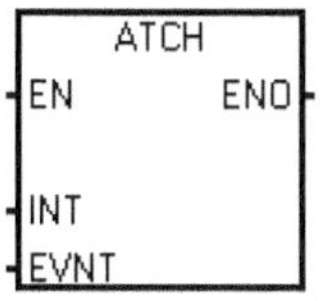		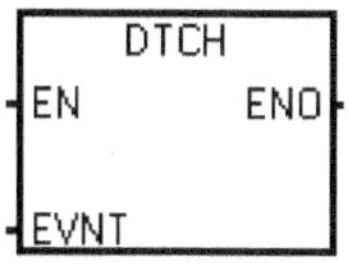	
语句表	ATCH　INT　EVNT	ENI	DTCH　EVNT	DISI
功能	把一个中断事件 EVNT 和一个中断程序 INT 连接起来	全局允许处理中断事件	切断一个中断事件 EVNT 与中断程序的联系,并禁止处理该中断事件	全局禁止处理中断事件
操作数的范围	INT:0~127;EVNT:0~33	—	EVNT:0~33	—

对中断指令说明如下。

（1）程序开始运行时，CPU 默认禁止处理所有中断事件。如果执行了中断允许指令 ENI,则允许处理所有中断事件。

（2）多个中断事件可以调用同一个中断程序,但一个中断事件不能同时调用多个中断程序。

（3）执行中断分离指令 DTCH 时,只切断一个中断事件与中断程序的联系,而执行中断禁止指令 DISI 时,则禁止处理所有中断事件。PLC 一旦进入 RUN 模式,可以通过执行中断允许指令允许处理所有中断事件。执行中断禁止指令会禁止处理所有中断事件,但是允许中断事件排队等候。

（4）在编写中断程序前先创建中断程序,通过菜单命令"编辑"→"插入"→"中断程序"创建,创建成功后将显示新的中断程序的标签。

中断事件如表 3-11 所示。

表 3-11　中断事件

事件号	描述	CPU 221 222	CPU 224	CPU 224XP 226	事件号	描述	CPU 221 222	CPU 224	CPU 224XP 226
0	上升沿,I0.0	Y	Y	Y	17	HSC2 输入方向改变		Y	Y
1	下降沿,I0.0	Y	Y	Y	18	HSC2 外部复位		Y	Y
2	上升沿,I0.1	Y	Y	Y	19	PTO 0 完成中断	Y	Y	Y

续表

事件号	描述	CPU 221 222	CPU 224	CPU 224XP 226	事件号	描述	CPU 221 222	CPU 224	CPU 224XP 226
3	下降沿,I0.1	Y	Y	Y	20	PTO 1 完成中断	Y	Y	Y
4	上升沿,I0.2	Y	Y	Y	21	定时器 T32 CT=PT 中断	Y	Y	Y
5	下降沿,I0.2	Y	Y	Y	22	定时器 T96 CT=PT 中断	Y	Y	Y
6	上升沿,I0.3	Y	Y	Y	23	通信端口 0:接收信息完成	Y	Y	Y
7	下降沿,I0.3	Y	Y	Y	24	通信端口 1:接收信息完成			Y
8	通信端口 0:接收字符	Y	Y	Y	25	通信端口 1:接收字符			Y
9	通信端口 0:发送完成	Y	Y	Y	26	通信端口 1:发送完成			Y
10	定时中断 0, SMB34	Y	Y	Y	27	HSC0 输入方向改变	Y	Y	Y
11	定时中断 1, SMB35	Y	Y	Y	28	HSC0 外部复位	Y	Y	Y
12	HSC0 CV=PV (当前值=预置值)	Y	Y	Y	29	HSC4 CV=PV (当前值=预置值)	Y	Y	Y
13	HSC1 CV=PV (当前值=预置值)		Y	Y	30	HSC4 输入方向改变	Y	Y	Y
14	HSC1 输入方向改变		Y	Y	31	HSC4 外部复位	Y	Y	Y
15	HSC1 外部复位		Y	Y	32	HSC3 CV=PV (当前值=预置值)	Y	Y	Y
16	HSC2 CV=PV (当前值=预置值)		Y	Y	33	HSC5 CV=PV (当前值=预置值)	Y	Y	Y

(三)中断信号

在一个程序中可能有好几个中断子程序,如果中断信号同时发出,按以下顺序执行:通信中断(最高优先级)、I/O 中断(中等优先级)、定时中断(最低优先级)。中断事件的优先级如表 3-12 所示。

表 3-12　中断事件的优先级

事件号	描述	优先级分组	组中优先级
8	通信端口 0:接收字符	通信(最高)	0
9	通信端口 0:发送完成		0
23	通信端口 0:接收信息完成		0
24	通信端口 1:接收信息完成		1
25	通信端口 1:接收字符		1
26	通信端口 1:发送完成		1
19	PTO 0 完成中断	I/O(中等)	0
20	PTO 1 完成中断		1
0	上升沿,I0.0		2
2	上升沿,I0.1		3
4	上升沿,I0.2		4
6	上升沿,I0.3		5
1	下降沿,I0.0		6
3	下降沿,I0.1		7
5	下降沿,I0.2		8
7	下降沿,I0.3		9
12	HSC0　CV=PV(当前值=预置值)		10
27	HSC0 输入方向改变		11
28	HSC0 外部复位		12
13	HSC1　CV=PV(当前值=预置值)		13
14	HSC1 输入方向改变		14
15	HSC1 外部复位		15
16	HSC2　CV=PV(当前值=预置值)		16
17	HSC2 输入方向改变		17
18	HSC2 外部复位		18
32	HSC3　CV=PV(当前值=预置值)		19
29	HSC4　CV=PV(当前值=预置值)		20
30	HSC4 输入方向改变		21
31	HSC4 外部复位		22
33	HSC5　CV=PV(当前值=预置值)		23
10	定时中断 0,SMB34	定时(最低)	0
11	定时中断 1, SMB35		1
21	定时器 T32　CT=PT 中断		2
22	定时器 T96　CT=PT 中断		3

1. 通信中断

PLC 的串口通信口可以由用户程序控制，通信口的这种操作模式称为自由口模式。在该模式下，接收信息完成、发送信息完成和接收一个字符均可以产生中断事件，利用接收和发送中断可以简化程序对通信口的控制。

2. I/O 中断

I/O 中断包括上升沿中断或下降沿中断、高速计数器（HSC）中断和脉冲串输出（PTO）中断。

图 3-40 所示为某 I/O 中断的梯形图。在输入端 I0.0 的上升沿（中断事件 0）通过中断使 Q0.0 立即置位；在输入端 I0.1 的下降沿（中断事件 3）通过中断使 Q0.0 立即复位。

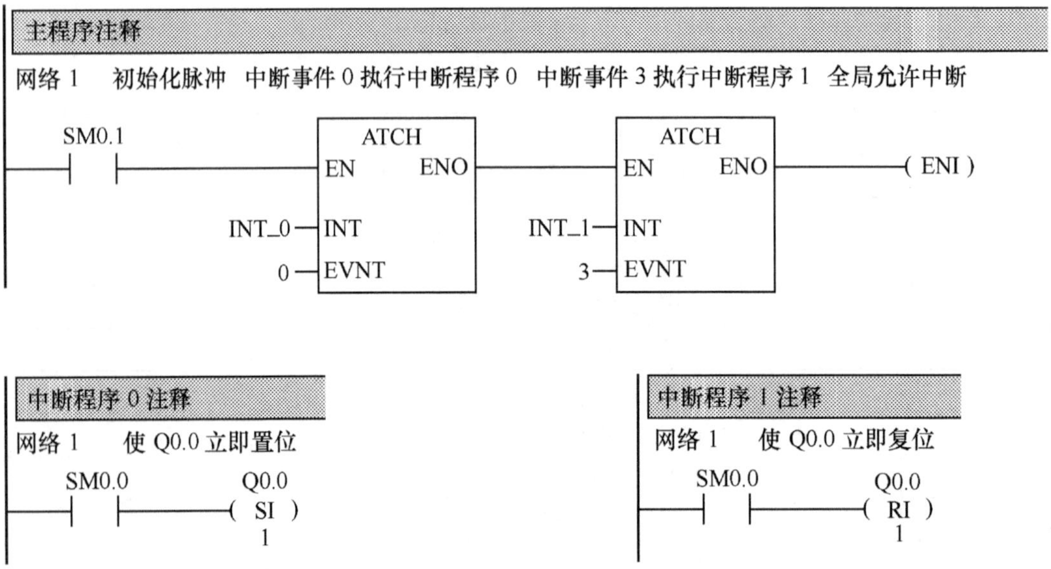

图 3-40 某 I/O 中断的梯形图

3. 定时中断

定时中断以 1 ms 为增量，周期的时间可以取 1~255 ms。定时中断 0 和定时中断 1 的时间间隔分别写入特殊存储器字节 SMB34 和 SMB35。每当定时时间到时，就立即执行相应的定时中断程序。

图 3-41 所示为某定时中断的梯形图。用定时中断 0 实现周期为 1 s 的高精度定时，并在 QB0 端口以加 1 的形式输出。

（四）高速计数

高速计数器与普通计数器相比不受扫描周期的影响，普通计数器要通过 PLC 的扫描得知计数器前面触点的变化，从而进行计数，即计数的时间间隔不能短于一个扫描周期。高速计数器的操作模式和输入点如表 3-13 所示。

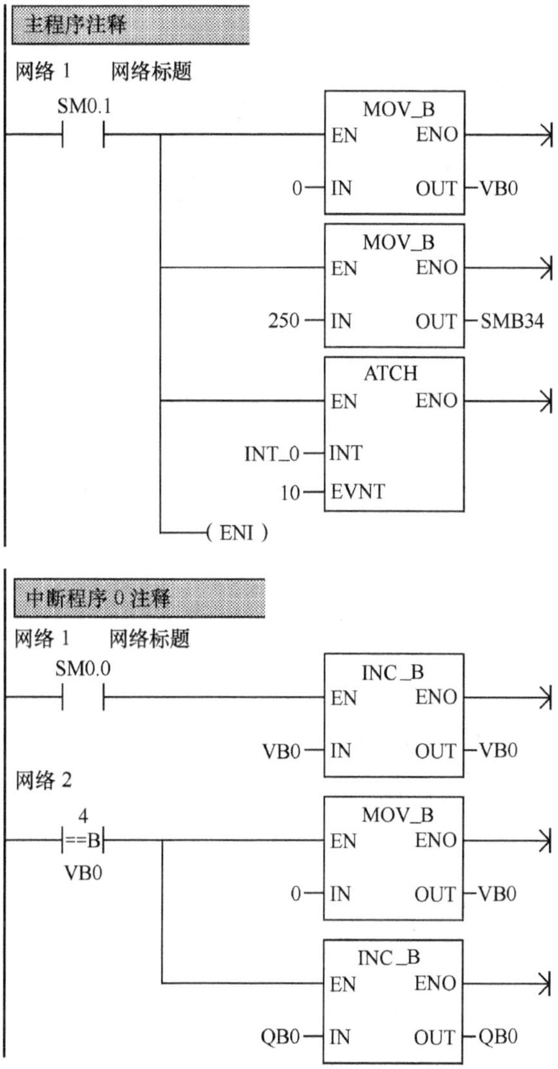

图 3-41　某定时中断的梯形图

表 3-13　高速计数器的操作模式和输入点

操作模式	描述	输入点			
	HSC0	I0.0	I0.1	I0.2	
	HSC1	I0.6	I0.7	I1.0	I1.1
	HSC2	I1.2	I1.3	I1.4	I1.5
	HSC3	I0.1			
	HSC4	I0.3	I0.4	I0.5	
	HSC5	I0.4			

续表

操作模式	描述	输入点			
模式 0	具有内部方向控制功能的单相计数器	时钟			
模式 1		时钟		复位	
模式 2		时钟		复位	启动
模式 3	具有外部方向控制功能的单相计数器	时钟	方向		
模式 4		时钟	方向	复位	
模式 5		时钟	方向	复位	启动
模式 6	带有增减计数时钟的双相计数器	增时钟	减时钟		
模式 7		增时钟	减时钟	复位	
模式 8		增时钟	减时钟	复位	启动
模式 9	A/B 相正交计数器	时钟 A	时钟 B		
模式 10		时钟 A	时钟 B	复位	
模式 11		时钟 A	时钟 B	复位	启动
模式 12	只有 HSC0 和 HSC3 支持模式 12，HSC0 计数 Q0.0 输出的脉冲数，HSC3 计数 Q0.1 输出的脉冲数				

S7-200 PLC 有 HSC0~HSC5 六个高速计数器，根据外部输入端的不同配置了 13 种操作模式（模式 0~模式 12）。高速计数器的工作类型有如下四种：具有内部方向控制功能的单相计数器；具有外部方向控制功能的单相计数器；带有增减计数时钟的双相计数器；A/B 相正交计数器。

根据有无复位输入和启动输入，高速计数器有三种工作状态：无复位输入且无启动输入；有复位输入但无启动输入；有复位输入且有启动输入。

每一个高速计数器都有固定的输入信号端子，每一种操作模式都有不同的功能。例如：HSC0 固定的输入信号端子为 I0.0，HSC1 为 I0.6。HSC0 的 0 号模式表示具有内部方向控制功能的单相计数器，1 号模式表示具有内部方向控制功能和外部复位功能的单相计数器，复位端子为 I0.2。

1. 高速计数器指令

高速计数器指令如表 3-14 所示。

HDEF 指令：选择特定的高速计数器的操作模式，定义高速计数器的时钟、方向、启动和复位功能。每个高速计数器只能使用一条 HDEF 指令。

HSC 指令：根据 HSC 特殊内存位的状态配置和控制高速计数器。参数 N 指定高速计数器的号码（0~5）。

表 3-14　高速计数器指令

项目	高速计数器定义指令	高速计数器启动指令
梯形图	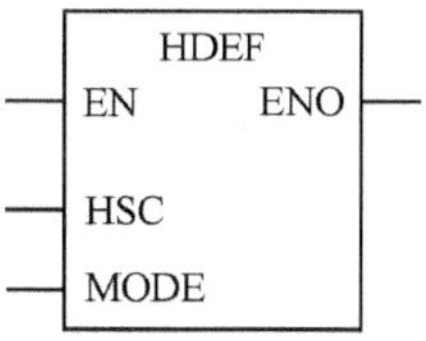	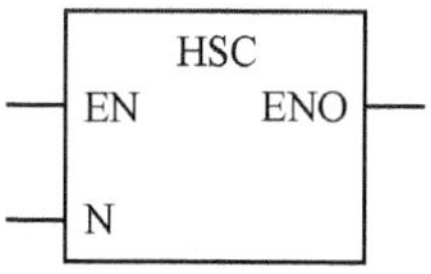
语句表	HDEF　HSC,MODE	HSC　N
操作数的范围	HSC:0~5;MODE:0~11	N:0~5

2. 实现高速计数的步骤

第一步,选择高速计数器和高速计数器的操作模式。CPU221 和 CPU222 不支持 HCS1 和 HCS2;CPU224、CPU224XP、CPU226 支持 6 台高速计数器。

第二步,写高速计数器的控制字节,如表 3-15 所示。

表 3-15　高速计数器的控制字节

HSC0	HSC1	HSC2	HSC3	HSC4	HSC5	描述
SM37.0	SM47.0	SM57.0	—	SM147.0	—	电平复位有效控制位: 0=高电平复位有效;1=低电平复位有效
—	SM47.1	SM57.1	—	—	—	电平启动有效控制位: 0=高电平启动有效;1=低电平启动有效
SM37.2	SM47.2	SM57.2	—	SM147.2	—	正交计数器计数速率选择位: 0=4×计数速率;1=1×计数速率
SM37.3	SM47.3	SM57.3	SM137.3	SM147.3	SM157.3	计数方向控制位: 0=减计数;1=增计数
SM37.4	SM47.4	SM57.4	SM137.4	SM147.4	SM157.4	向 HSC 写入计数方向位: 0=不更新计数方向;1=更新计数方向
SM37.5	SM47.5	SM57.5	SM137.5	SM147.5	SM157.5	向 HSC 写入预置值位: 0=不更新预置值;1=更新预置值
SM37.6	SM47.6	SM57.6	SM137.6	SM147.6	SM157.6	向 HSC 写入初始值位: 0=不更新初始值;1=更新初始值
SM37.7	SM47.7	SM57.7	SM137.7	SM147.7	SM157.7	允许 HSC 计数位: 0=禁止 HSC 计数;1=允许 HSC 计数

由表 3-15 可知,如 SMB37 的状态为 2#11111000,则表示允许 HSC0 计数,更新初始值,更新预置值,更新计数方向,当前计数方向为增计数,正交计数器计数速率为 4 倍的计数速率,高电平启动有效,高电平复位有效。

第三步,定义高速计数器,如图 3-42 所示。

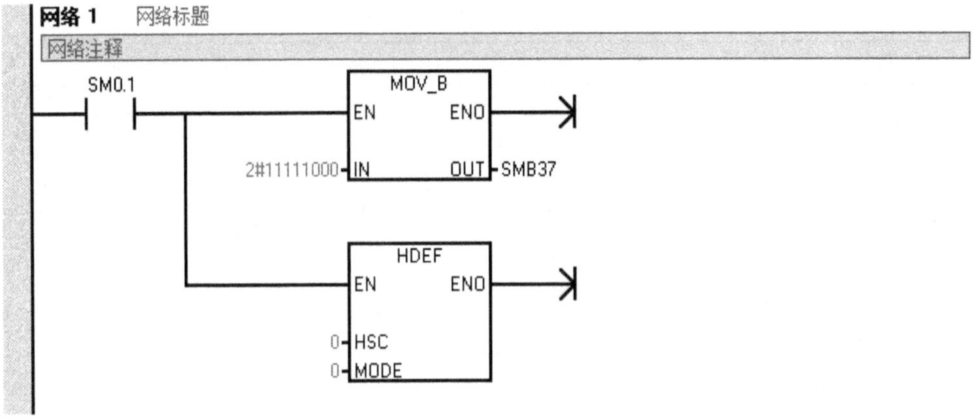

图 3-42 定义高速计数器

第四步,写高速计数器的预置值和当前值。各高速计数器均有一个 32 位的预置值和一个 32 位的当前值,预置值和当前值均为有符号的双字整数。高速计数器的初始值、预置值、当前值存储单元如表 3-16 所示。

表 3-16 高速计数器的初始值、预置值、当前值存储单元

计数器号	HSC0	HSC1	HSC2	HSC3	HSC4	HSC5
初始值	SMD38	SMD48	SMD58	SMD138	SMD148	SMD158
预置值	SMD42	SMD52	SMD62	SMD142	SMD152	SMD162
当前值	HC0	HC1	HC2	HC3	HC4	HC5

第五步,执行高速计数指令,梯形图如图 3-43 所示。

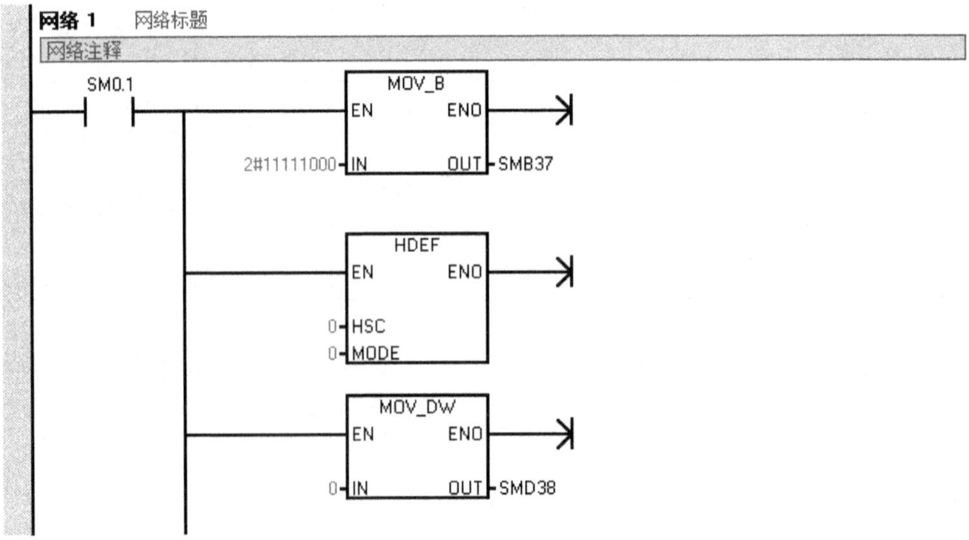

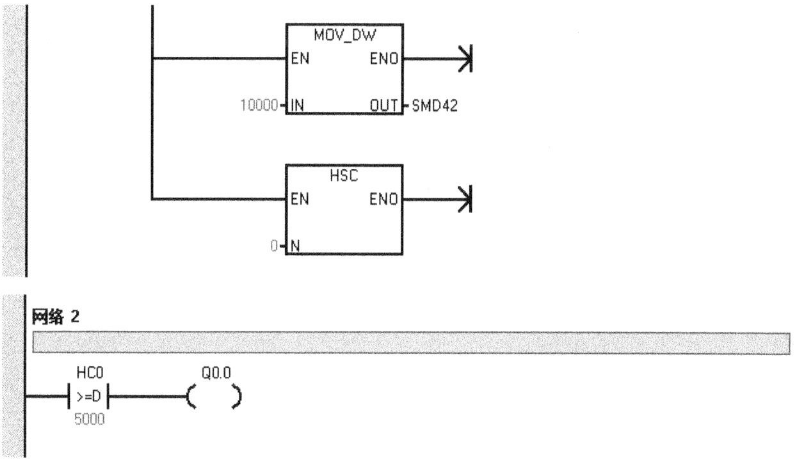

图 3-43　执行高速计数指令的梯形图

第六步,发生中断。进行高速计数时,当前值=预置值时会发生中断。如果采用有外部复位输入的计数器,在外部复位输入有效时会发生中断。除模式 0、1、2 以外,采用其他模式在计数方向改变时会发生中断。每个中断条件可以分别被允许或禁止。使用外部复位中断时,不写入新的当前值,或在与该事件相连的中断程序中先禁止再允许高速计数器工作,否则将产生一个致命错误。

图 3-44 所示为某高速计数的梯形图。HSC0 在 0 号模式下工作,计满 10 000 个数时清除当前值。

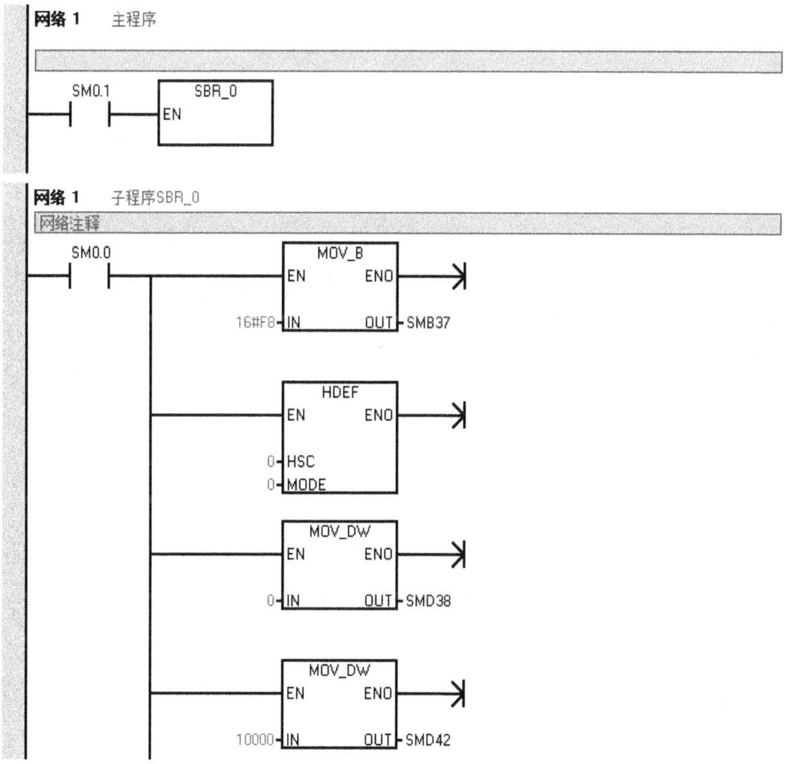

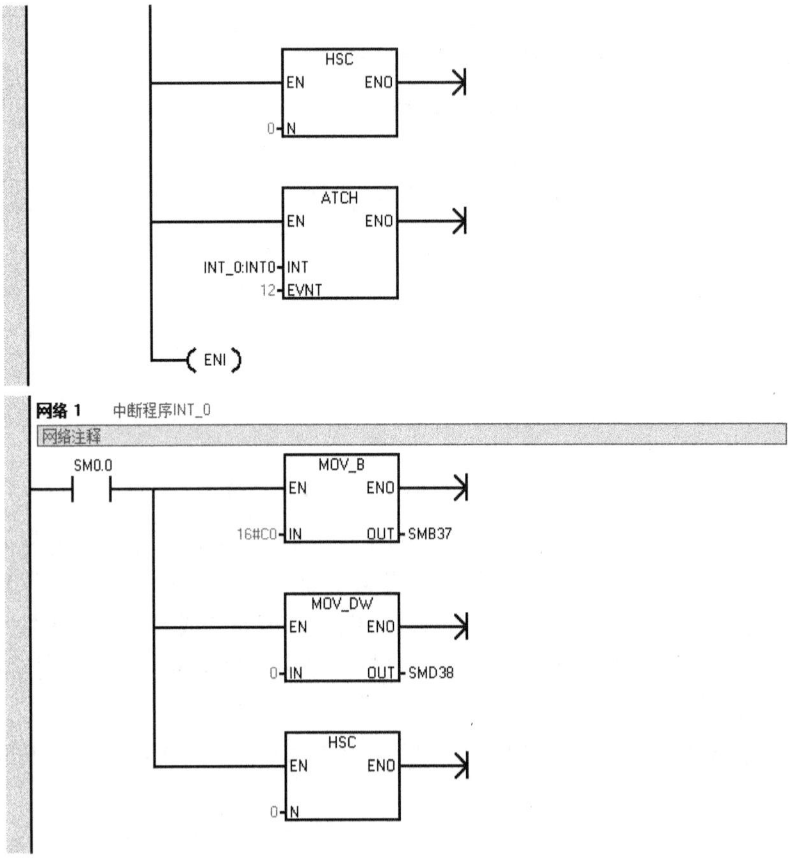

图 3-44 某高速计数的梯形图

3. 高速计数向导

当我们对高速计数编程还不是很熟悉时,可以借助编程软件提供的向导来做。在图 3-45 所示的"指令向导"对话框中选择"HSC"。

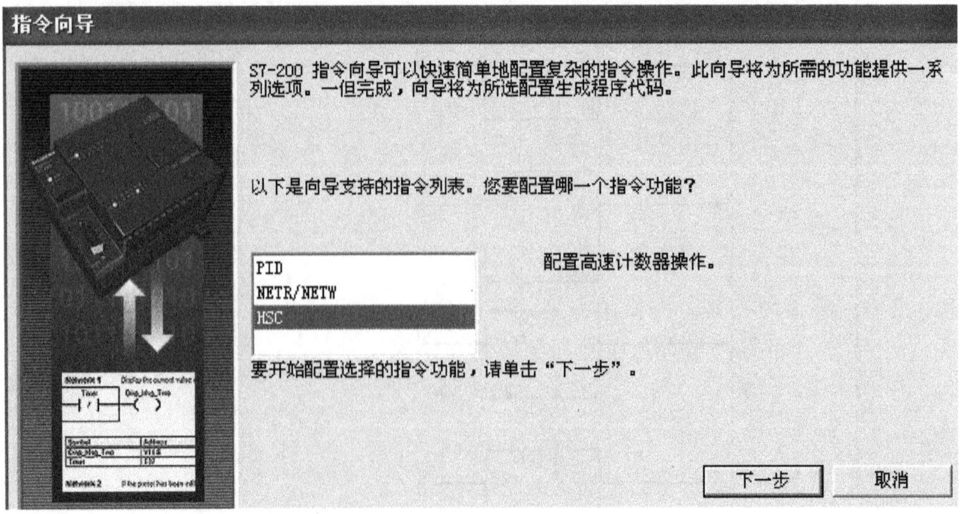

图 3-45 "指令向导"对话框

在图 3-46 所示的“HSC 指令向导”对话框中选择高速计数器及其操作模式。

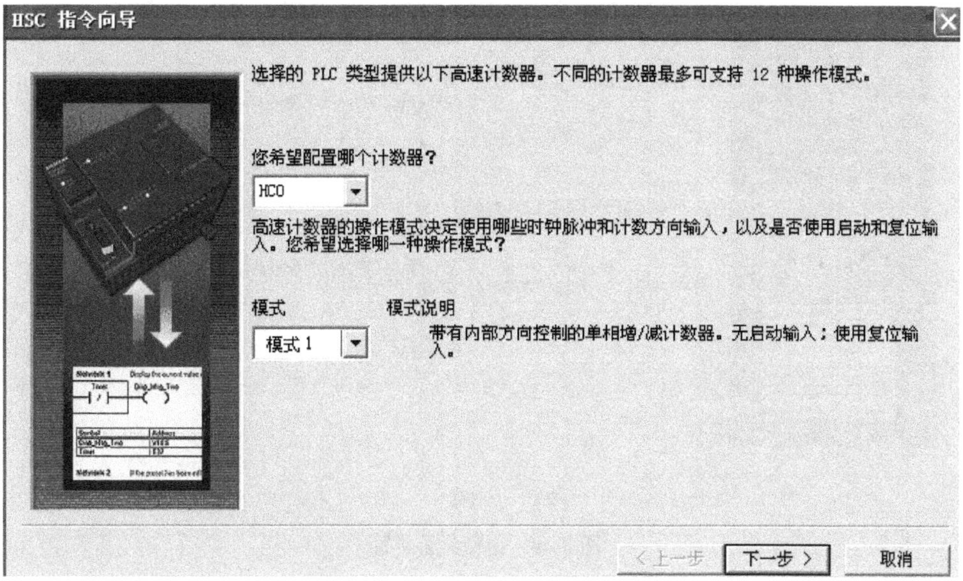

图 3-46　“HSC 指令向导”对话框

在高速计数器参数设置界面(图 3-47),可以对将创建的子程序进行命名,修改计数器的预置值、当前值,计数方向,电平复位有效,电平启动有效,计数速率。

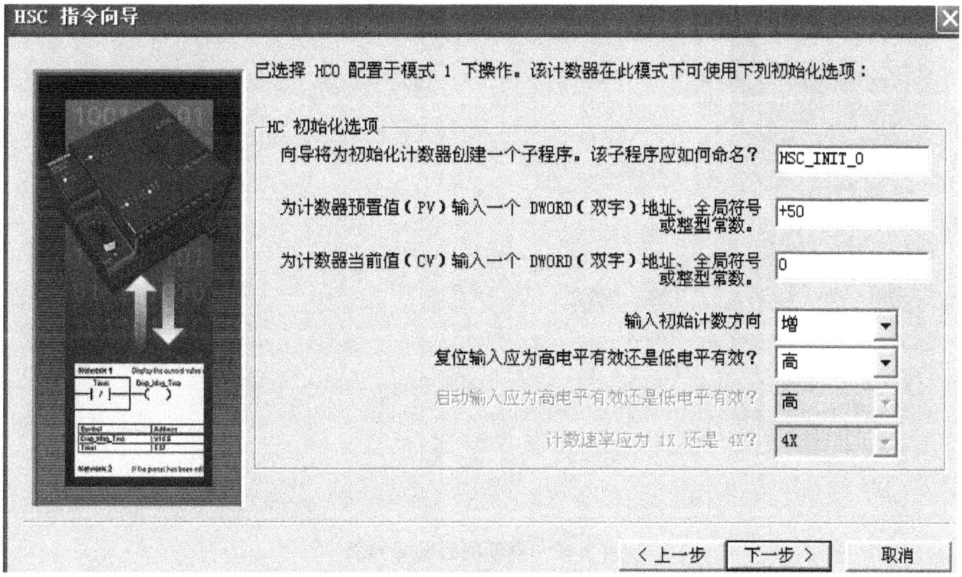

图 3-47　高速计数器参数设置界面

在图 3-48 所示的界面中设置所需要的中断。

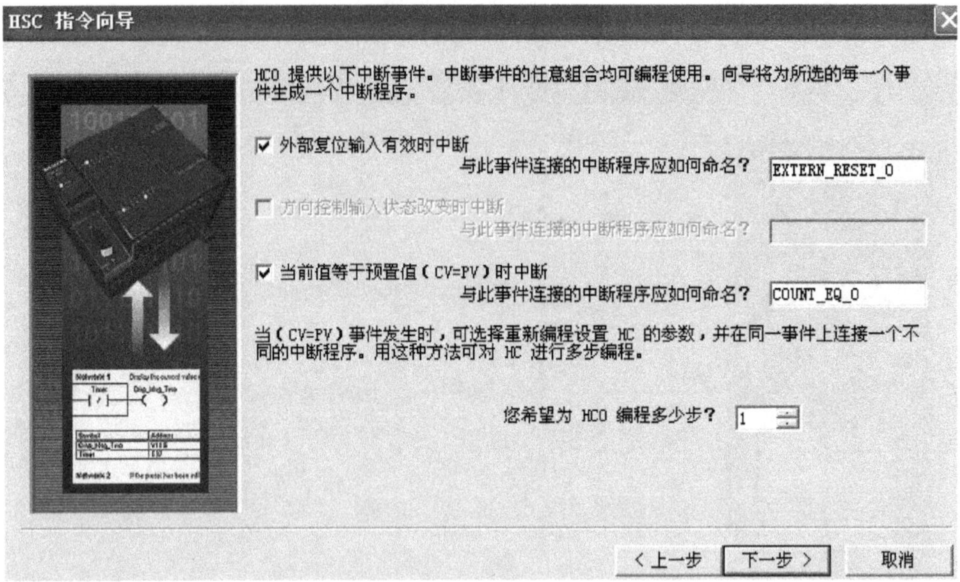

图 3-48 中断设置界面

在图 3-49 所示的界面中可以设置当 CV=PV 时发生中断要更新哪些项目，不更新可直接点击“下一步”按钮。

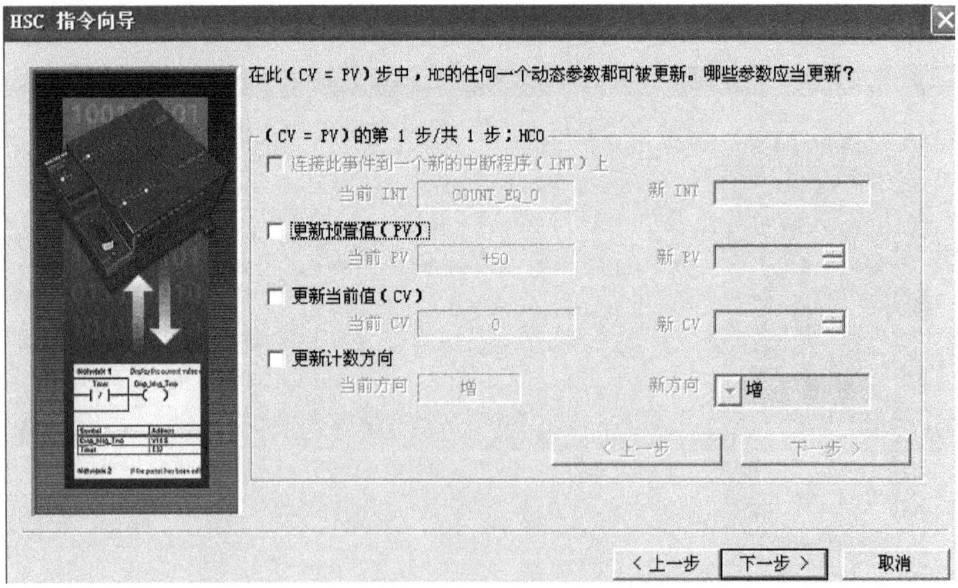

图 3-49 更新项目选择界面

在图 3-50 所示的界面中点击“完成”按钮即完成 HSC 的设置，程序中就自动产生了子程序和中断程序，在主程序中就可以调用子程序了。

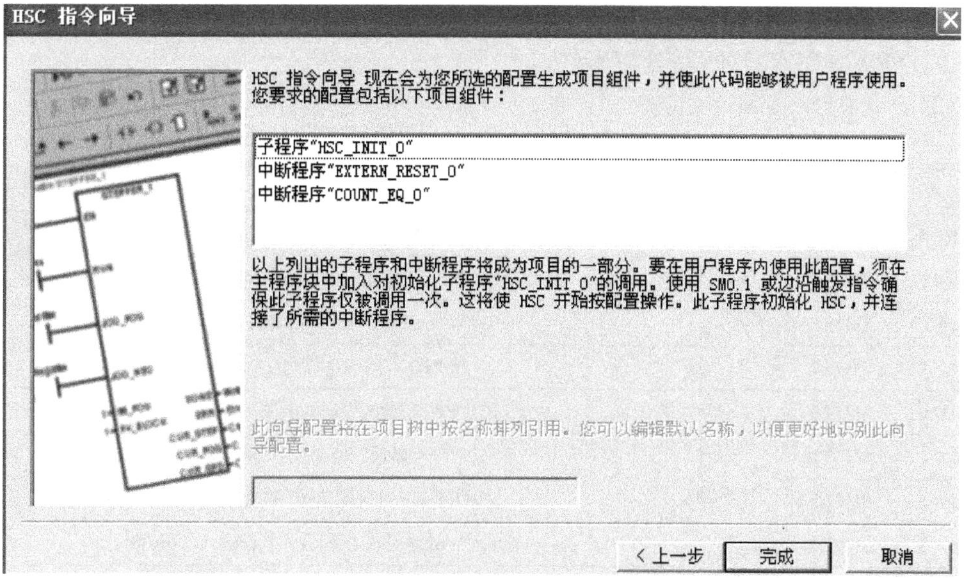

图 3-50　HSC 设置完成界面

(五)高速脉冲输出

1. 脉冲输出指令

脉冲输出(PLS)指令如下所示,其用于控制高速输出(Q0.0 和 Q0.1)是否提供脉冲串输出(PTO)和脉宽调制(PWM)功能。PTO 提供方波(占空比为 50%)输出,配备周期和脉冲计数用户控制功能。PWM 提供连续性变量占空比输出,配备周期和脉宽用户控制功能。

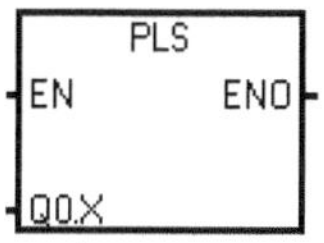

PTO/PWM 发生器和过程映像寄存器共用 Q0.0 和 Q0.1。PTO/PWM 功能在 Q0.0、Q0.1 位置现用时, PTO/PWM 发生器控制输出,并禁止输出点的正常使用,输出信号波形不受过程映像寄存器状态、点强迫数值、执行立即输出指令的影响。PTO/PWM 功能非现用时,输出控制权转交给过程映像寄存器,过程映像寄存器决定输出信号波形的初始和最终状态,使输出信号波形在高位或低位开始和结束。

在进行 PTO/PWM 操作之前,将用于 Q0.0 和 Q0.1 的过程映像寄存器清零,所有控制位、周期、脉宽和脉冲计数的默认值均为 0。

PTO/PWM 发生器必须至少有 10%的额定负载,才能提供陡直的上升沿和下降沿。

每个 PTO/PWM 发生器都存储如下数据:控制字节(8 位),周期值和脉宽值(不带符号, 16 位),脉冲计数值(不带符号, 32 位)。这些值全部存储在特殊内存区域的指定位置。设置好存储位置选择所需的操作后,执行脉冲输出指令即可进行操作。该指令可使 S7-200 PLC 读取 SM 位置,并为 PTO/PWM 发生器编程。

2. PTO/PWM 寄存器

PTO/PWM 寄存器如表 3-17 所示。

表 3-17　PTO/PWM 寄存器

Q0.0	Q0.1	说明	
SM66.4	SM76.4	状态位控制	PTO 包络由于增量计算错误而终止:0=无错误; 1=终止
SM66.5	SM76.5		PTO 包络由于用户命令而终止:0=无错误; 1=终止
SM66.6	SM76.6		PTO 管线上溢/下溢:0=无溢出; 1=上溢/下溢
SM66.7	SM76.7		PTO 空闲:0=执行中; 1=空闲
SM67.0	SM77.0	控制位控制	PTO/PWM 更新周期值:0=不更新; 1=更新
SM67.1	SM77.1		PWM 更新脉宽值:0=不更新; 1=更新
SM67.2	SM77.2		PTO 更新脉冲计数值:0=不更新; 1=更新
SM67.3	SM77.3		PTO/PWM 时间基准选择:0=1 μs/格;1=1 ms/格
SM67.4	SM77.4		PWM 更新方法:0=异步更新;1=同步更新
SM67.5	SM77.5		PTO 操作方法:0=单段操作;1=多段操作
SM67.6	SM77.6		PTO/PWM 模式选择:0=选择 PTO;1=选择 PWM
SM67.7	SM77.7		PTO/PWM 启用:0=禁止;1=允许
SMW68	SMW78	其他	PTO/PWM 周期值(范围:2~65 535)
SMW70	SMW80		PWM 脉宽值(范围:0~65 535)
SMD72	SMD82		PTO 脉冲计数值(范围:1~4 294 967 295)
SMB166	SMB176		进行中的段数(仅用在多段 PTO 操作中)
SMW168	SMW178		包络表的起始位置,用从 V0 开始的字节偏移表示(仅用在多段 PTO 操作中)
SMB170	SMB180		线性包络状态字节
SMB171	SMB181		线性包络结果寄存器
SMD172	SMD182		手动模式频率寄存器

3. 脉冲串输出

PTO 按照给定的脉冲个数和周期输出一串方波(占空比为 50%),如图 3-51 所示。PTO 可以产生单段脉冲串或者多段脉冲串(使用脉冲包络)。

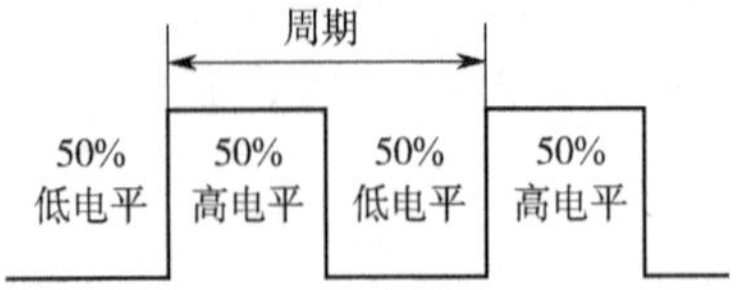

图 3-51　脉冲串输出

脉冲个数的范围:1~4 294 967 295;周期的范围:10~65 535 μs(以微秒为增量)或者 2~65 535 ms(以毫秒为增量)。

如果将周期指定为奇数值(如 75 ms),将会引起占空比失真。表 3-18 是对周期和脉冲个数的限定。

表 3-18　对周期和脉冲个数的限定

限定	结果
周期<2 个时间单位	将周期缺省地设定为 2 个时间单位
脉冲个数=0	将脉冲个数缺省地设定为 1

PTO 允许脉冲串“链接”或者“排队”。当当前脉冲串输出完成时，会立即开始输出一个新的脉冲串，这保证了多个输出脉冲串之间的连续性。

4. PTO 的单段操作

在单段操作模式下，需要为下一个脉冲串更新特殊寄存器。一旦启动了起始 PTO 段，就必须按照第二个脉冲串的要求改变特殊寄存器，并再次执行 PLS 指令。第二个脉冲串的属性在管线中一直保持到第一个脉冲串发送完成。管线中一次只能存储一个脉冲串的属性。当第一个脉冲串发送完成时，接着输出第二个脉冲串，此时管线可以用于下一个脉冲串。

除去以下两种情况外，脉冲串之间可以做到平滑转换：时间基准发生了变化；在利用 PLS 指令捕捉到新脉冲之前，启动的脉冲串已经发送完成。

如果在管线已满时尝试载入，状态寄存器（SM66.6 或 SM76.6）中的 PTO 溢出位被设置。进入 RUN（运行）模式时，该位被初始化为 0。如果希望探测随后出现的溢出，则必须在探测到溢出之后以手动方式清除该位。

图 3-52 所示为某 PTO 单段操作的梯形图。利用高速脉冲输出实现 Q0.0 先以 0.5 s 的周期闪烁 5 次，再以 1 s 的周期闪烁 5 次，循环执行。

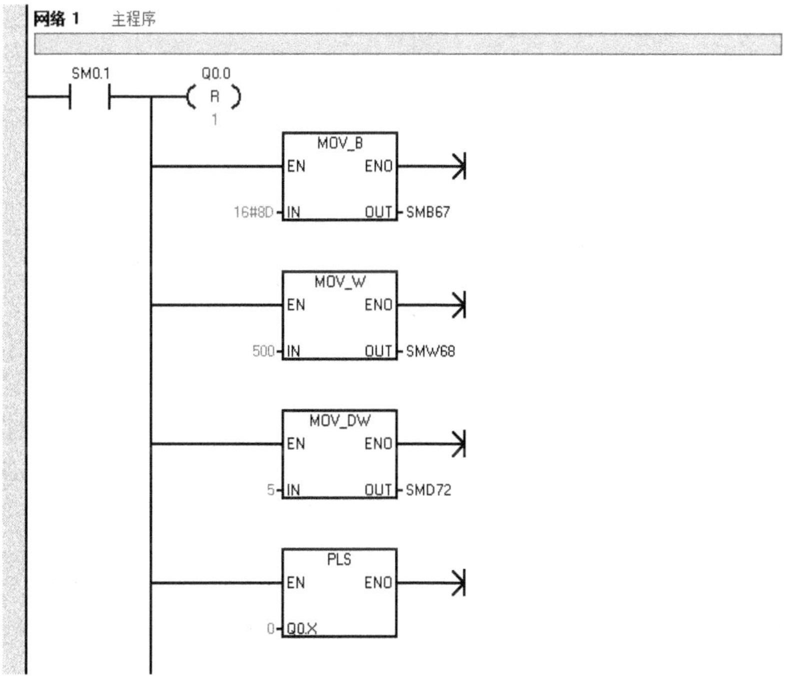

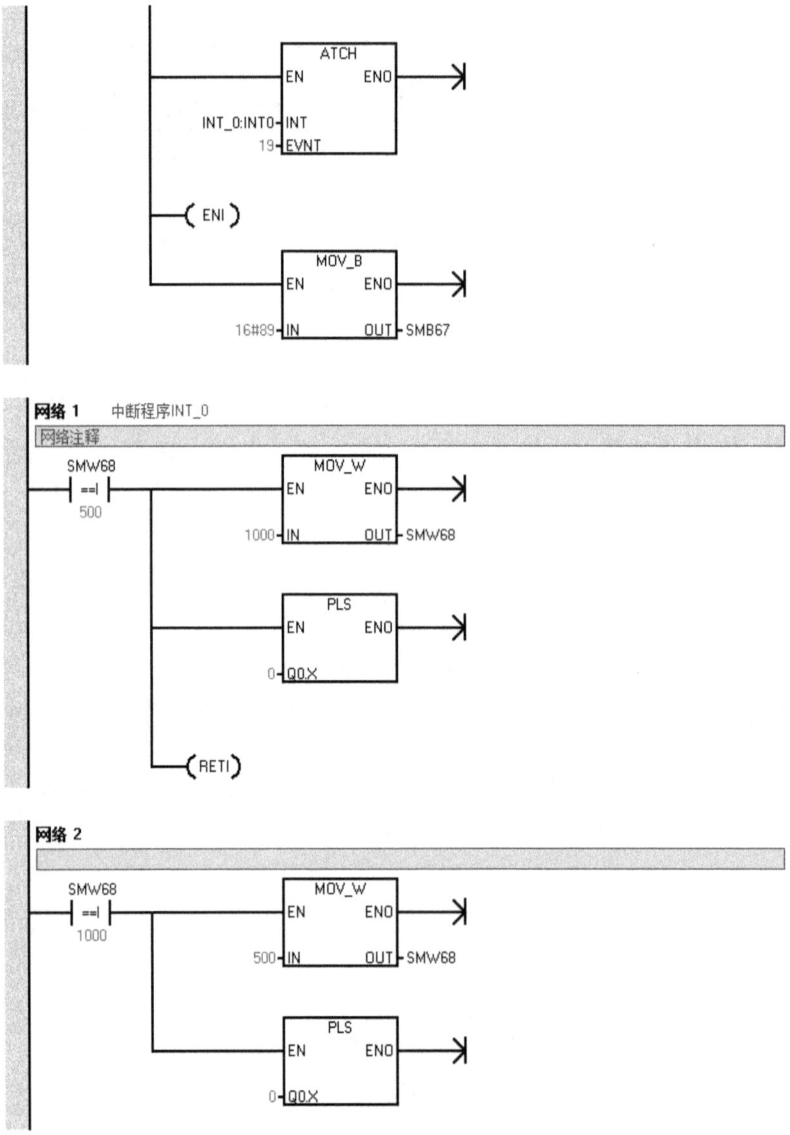

图 3-52 某 PTO 单段操作的梯形图

5. PTO 的多段操作

在多段操作模式下，CPU 自动从 V 存储器区的包络表中读出每个脉冲串的属性，并且仅使用特殊存储器区的控制字节和状态字节。进行多段操作，必须装入包络表在 V 存储器中的起始地址偏移量（SMW168 或 SMW178）。时间基准可以选择微秒或者毫秒，但是包络表中的所有周期值必须使用同一时间基准，而且在包络正在运行时不能改变。执行 PLS 指令来启动多段操作。

每段记录的长度为 8 个字节，由 16 位的周期值、16 位的周期增量值和 32 位的脉冲个数值组成。表 3-19 给出了包络表的格式。可以通过编程使脉冲的周期值自动增减。在周期增量处输入一个正值将增大周期值；输入一个负值将减小周期值；输入 0 将不改变周期值。

表 3-19 PTO 多段操作的包络表格式

字节偏移量	包络段数	描述
0		段数(1~255)
1	#1	初始周期(2~65 535 个时间单位)
3		每个脉冲的周期增量(有符号,-32 768~32 767 个时间单位)
5		脉冲个数(1~4 294 967 295)
9	#2	初始周期(2~65 535 个时间单位)
11		每个脉冲的周期增量(有符号,-32 768~32 767 个时间单位)
13		脉冲个数(1~4 294 967 295)
(继续)	#3	(继续)

如果指定的周期增量在一定数量的脉冲后导致非法周期,则会出现数学溢出条件,PTO 功能被终止,输出由映像寄存器控制。此外,状态字节(SM66.4 或 SM76.4)中的增量计算错误位被设为 1。如果以手动方式异常中止正在运行的 PTO 包络,状态字节(SM66.5 或 SM76.5)中的用户异常中止位被设为 1。

当 PTO 包络运行时,当前启动的段的编号保存在 SMB166 或 SMB176 中。

例如,可以用有脉冲包络的 PTO 控制一台步进电机,实现一个简单的加速、匀速、减速过程或者一个由最多 255 段脉冲包络组成的复杂过程(其中每一段脉冲包络都是加速、匀速或减速操作)。

图 3-53 所示的输出波形包括三段:步进电机加速(第一段);步进电机匀速(第二段);步进电机减速(第三段)。该例需要 4 000 个脉冲达到要求的电机转数,启动和结束频率是 2 kHz,最高频率是 10 kHz。由于包络表中的值是用周期表示的,而不是用频率,需要把给定的频率值转换成周期值。所以启动和结束的脉冲周期为 500 μs,最高频率对应的脉冲周期为 100 μs。在输出包络的加速部分,要求在 200 个脉冲左右达到最高频率;输出包络的减速部分要求在 400 个脉冲左右完成。

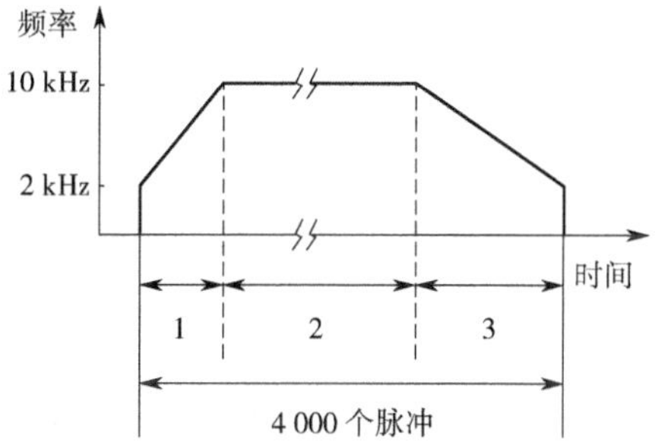

图 3-53 某步进电机的频率-时间图

1—200 个脉冲;2—3 400 个脉冲;3—400 个脉冲

该例可以使用一个简单的 PLC 公式计算 PTO/PWM 发生器调整每个脉冲周期所使用的周期增量：

De 给定段的周期增量=|ECT--ICT|/Q

式中 ECT——该段的结束周期；

ICT——该段的初始周期；

Q——该段的脉冲个数。

利用这个公式可得，加速部分（第一段）的周期增量是-2；由于第二段是恒速部分，因此该段的周期增量是 0，减速部分（第三段）的周期增量是 1。

假定包络表存放在从 VB500 开始的 V 存储器区，表 3-20 给出了产生所要求的波形的值。该表的值可以在用户程序中用指令放在 V 存储器中。一种方法是在数据块中定义包络表的值。

表 3-20 包络表的值

V 存储器地址	值	描述	
VB500	3	总段数	
VW501	500	初始周期	第一段
VW503	-2	周期增量	
VD505	200	脉冲个数	
VW509	100	初始周期	第二段
VW511	0	周期增量	
VD513	3 400	脉冲个数	
VW517	100	初始周期	第三段
VW519	1	周期增量	
VD521	400	脉冲个数	

段的最后一个脉冲的周期在包络中不直接指定，但必须计算出来（除非周期增量是 0）。如果段之间需要平滑转换，知道段的最后一个脉冲的周期是有用的。计算段的最后一个脉冲的周期的公式是

段的最后一个脉冲的周期=ICT+（DEL*（Q--1））

上面的例子很简单，在实际应用中可能需要更复杂的波形包络。但不管波形包络简单还是复杂都要注意：周期增量只能以微秒或毫秒为单位指定，周期的修改在每个脉冲中进行。这使得周期增量的计算可能需要迭代方法，结束周期、给定段的脉冲个数可能需要调整。

6. 脉宽调制

PWM 产生一个占空比变化、周期固定的脉冲输出，如图 3-54 所示，可以以微秒或毫秒为单位指定其周期和脉宽。周期的范围：10~65 535 μs 或者 2~65 535 ms；脉宽的范围：0~65 535 μs 或者 0~65 535 ms。

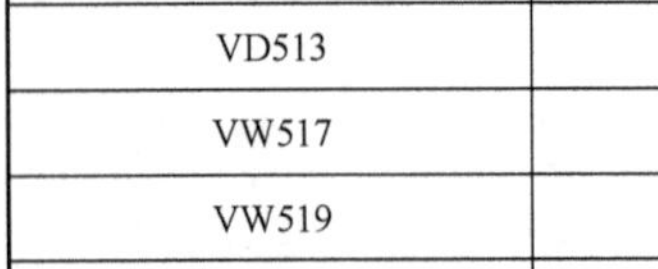

图 3-54 脉宽调制

表 3-21 是对脉宽和周期的限定。

表 3-21　对脉宽和周期的限定

限定	结果
脉宽≥周期	占空比为 100%，输出连续接通
脉宽=0	占空比为 0%，输出断开
周期<2 个时间单位	将周期缺省地设定为 2 个时间单位

有两种方法可以改变 PWM 波形的特性。

（1）同步更新。如果不需要改变时间基准，就可以进行同步更新。同步更新时波形特性的变化发生在周期边沿，能够平滑地转换。

（2）异步更新。PWM 的典型操作是当周期保持常数时变化脉宽，所以不需要改变时间基准。如果需要改变 PTO/PWM 发生器的时间基准，就要进行异步更新。异步更新会造成 PTO/PWM 功能被瞬时禁止，和 PWM 波形不同步，这会引起被控设备振动。由于这个原因，建议 PWM 采用同步更新，选择一个适合所有周期的时间基准。

图 3-55 所示为某脉宽调制的梯形图。初始化 PWM 占空比为 10%，当接通 I0.0 后，占空比为 50%。

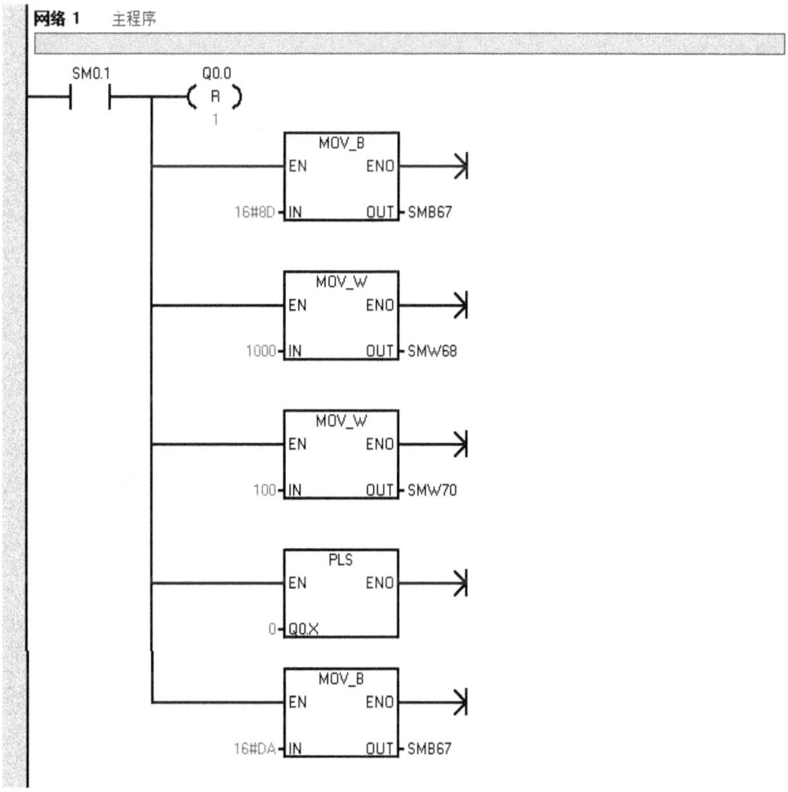

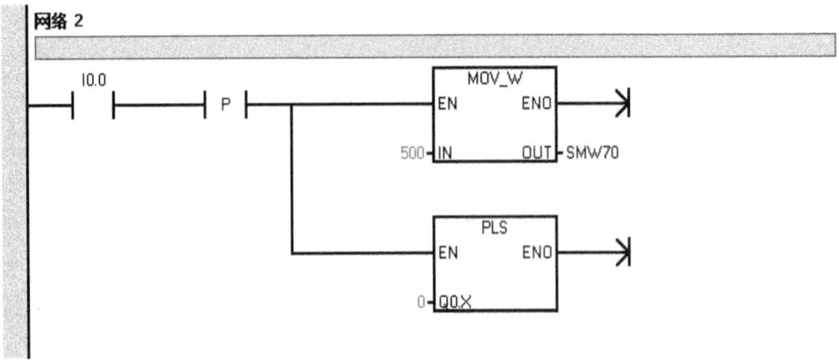

图 3-55　某脉宽调制的梯形图

任务五　外部模拟量（电压、电流）方式的变频调速控制

一、任务目标

（1）掌握模拟量的定义。
（2）掌握模拟量模块的应用。
（3）掌握 PID 控制。

二、任务描述

某发电机的电压互感器的电压比为 10 kV/100 V（线电压），电流互感器的电流比为 1 000 A/5 A，功率变送器的额定输入电压和额定输入电流分别为 AC 100 V 和 5 A，额定输出电压为 DC ± 10 V。模拟量输入模块将 DC ± 10 V 的输入信号转换为数字量-32 000~32 000。设转换后得到的数字为 N，求以 kW 为单位的有功功率，并在 PLC 的数据寄存器中显示出来。

三、任务实施

1. 所需要的工具、设备、材料

所需要的工具、设备、材料如表 3-22 所示。

表 3-22　所需要的工具、设备、材料

序号	名称	型号与规格	数量	备注
1	可编程控制器实训装置	THPFSM-1/2	1 台	
2	模拟量模块	EM235	1 个	
3	实训挂箱	A16	1 个	
4	导线	3 号	若干根	
5	PC/PPI 通信电缆		1 根	西门子
6	计算机		1 台	自备

2. 数据存储区的分配

根据被控对象对 PLC 系统的数据存储区的要求选择适当类型的 PLC，并分配数据存储区，如表 3-23 所示。

表 3-23 数据存储区分配表

序号	PLC 地址（PLC 数据存储区）	电气符号	功能
1	A+	压力变送+	变送器输出正信号
2	A-	压力变送-	变送器输出负信号
3	VO	驱动信号+	驱动正信号
4	MO	驱动信号-	驱动负信号

3. I/O 接线图

本任务的 PLC 外部 I/O 接线图如图 3-56 所示。

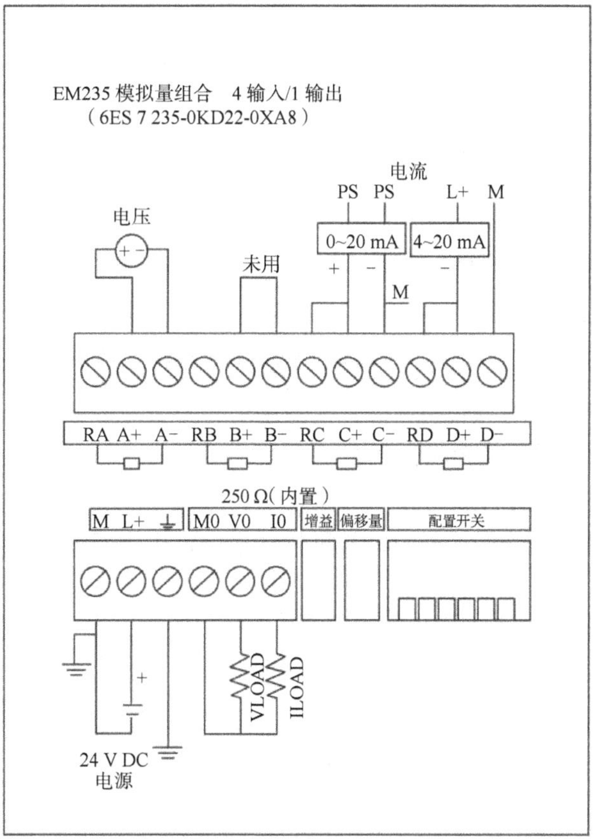

图 3-56 外部模拟量（电压、电流）方式的变频调速控制的 PLC 外部 I/O 接线图

4. 程序设计

根据被控对象的工艺条件和控制要求设计梯形图，参考梯形图如图 3-57 所示。

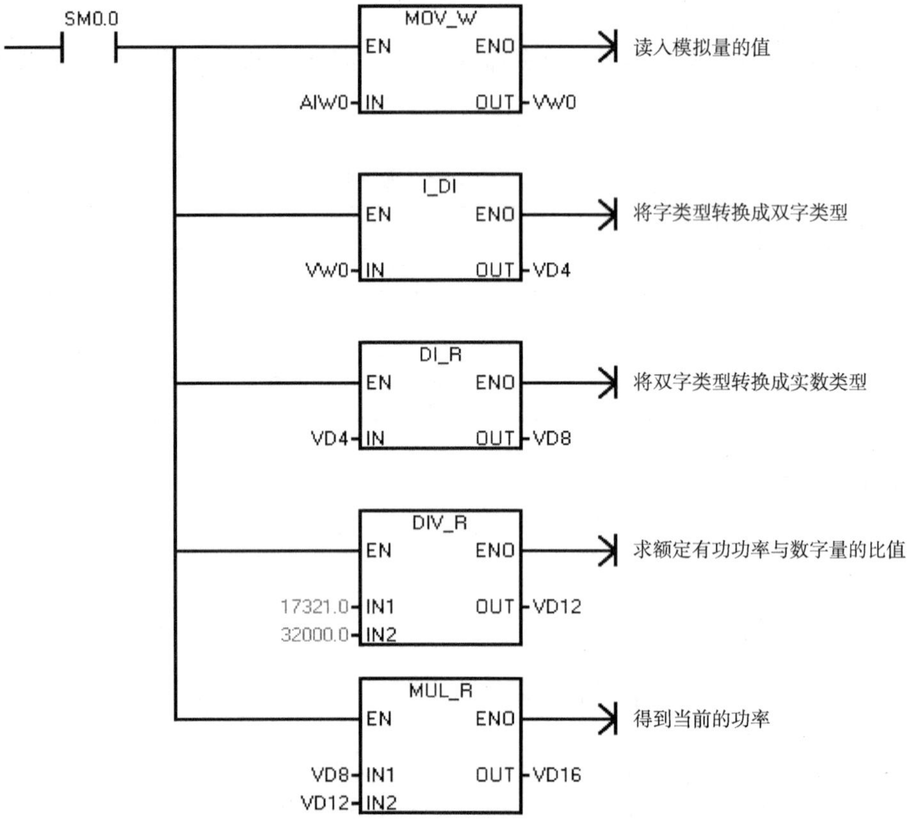

图 3-57 外部模拟量(电压、电流)方式的变频调速控制的参考梯形图

根据互感器的额定值计算得原边有功功率额定值为

$$\sqrt{3}\times 10\ 000\times 1\ 000=17\ 321\ 000\ \text{W}=17\ 321\ \text{kW}$$

互感器原边的有功功率与转换后得到的数字之间的关系如下：

$$P=N\times 17\ 321/32\ 000\ \text{kW}$$

5. 编写、下载、调试程序

编写梯形图程序，在 STEP 7-Micro/WIN 软件中进行程序的检查、调试与仿真，确认无误后写入 PLC。

6. 任务总结与考核

(1)思考：什么是模拟量？模拟量模块有什么用途？任务完成得怎么样？有何收获和体会？有没有需要完善和改进的地方？对自己有何评价？

(2)行动：按照任务要求，与同学、教师共同完成本任务的考核工作；整理所编写的材料，完成实训报告。

四、知识链接

1. 模拟量

在工业控制中，某些输入量(如压力、温度、流量、转速等)是模拟量，某些执行机构(如电动调节阀、变频器等）要求 PLC 输出模拟量，而 PLC 的 CPU 只能处理数字量。模拟量首先被传感器和变送器转换为标准量程的电流、电压，如 4~20 mA、1~5 V、0~10 V，模拟量输入模块的 A/D 转换器再将它们转换成数字量。带正负号的电流、电压在 A/D 转换后用二进制补码表示。

模拟量输出模块的 D/A 转换器先将 PLC 中的数字量转换为模拟量电压或电流，再控制执行机构。模拟量模块的主要任务是实现 A/D 转换（模拟量输入模块）和 D/A 转换（模拟量输出模块）。

A/D 转换器和 D/A 转换器的二进制位数反映了它们的分辨率，位数越多，分辨率越高。模拟量模块的另一个重要指标是转换时间。

2. 常用模拟量扩展模块

S7-200 PLC 有 9 种模拟量扩展模块，如表 3-24 所示。模拟量输入模块有多挡量程，可以用模块上的 DIP 开关设置。模拟量输入模块 EM231 有 5 挡量程（DC 0~10 V、0~5 V、0~20 mA、± 2.5 V 和 ± 5 V），模拟量输入/输出模块 EM235 的输入信号有 16 挡量程。

表 3-24　S7-200 PLC 的模拟量扩展模块

型号	类别	描述
EM231	模拟量输入模块	4 点模拟量输入
EM231	模拟量输入模块	8 点模拟量输入
EM232	模拟量输出模块	2 点模拟量输出
EM232	模拟量输出模块	4 点模拟量输出
EM235	模拟量输入/输出模块	4 点模拟量输入/1 点模拟量输出
EM231	模拟量输入热电偶	4 点模拟量输入
EM231	模拟量输入热电偶	8 点模拟量输入
EM231	模拟量输入热电阻	2 点模拟量输入
EM231	模拟量输入热电阻	4 点模拟量输入

3. 模拟量扩展模块 EM235

模拟量扩展模块 EM235 提供了模拟量输入、输出功能，适用于复杂的控制场合。12 位的 A/D 转换器有多种输入、输出范围，不用加放大器即可直接与执行器和传感器相连。EM235 能直接和热电阻 PT100 相连，供电电源为 DC 24 V。

EM235 有 4 点模拟量输入、1 点模拟量输出，输入、输出都可以为 0~10 V 的电压或 0~20 mA 的电流，可以用 DIP 开关设置。通过开关 1~6 可以选择模拟量输入范围和分辨率，所有的输入设置成相同的格式。开关 1~3 用于衰减设置，开关 4、5 用于增益设置，开关 6 用于单双极性设置。表 3-25 所示为用 DIP 开关设置 EM235 模块。

表 3-25 用 DIP 开关设置 EM235 模块

单极性						满量程输入	分辨率
SW1	SW2	SW3	SW4	SW5	SW6		
ON	OFF	OFF	ON	OFF	ON	0~50 mV	12.5 μV
OFF	ON	OFF	ON	OFF	ON	0~100 mV	25 μV
ON	OFF	OFF	OFF	ON	ON	0~500 mV	125 μA
OFF	ON	OFF	OFF	ON	ON	0~1 V	250 μV
ON	OFF	OFF	OFF	OFF	ON	0~5 V	1.25 mV
ON	OFF	OFF	OFF	OFF	ON	0~20 mA	5 μA
OFF	ON	OFF	OFF	OFF	ON	0~10 V	2.5 mA
双极性						满量程输入	分辨率
SW1	SW2	SW3	SW4	SW5	SW6		
ON	OFF	OFF	ON	OFF	OFF	± 25 mV	12.5 μV
OFF	ON	OFF	ON	OFF	OFF	± 50 mV	25 μV
OFF	OFF	ON	ON	OFF	OFF	± 100 mV	50 μA
ON	OFF	OFF	OFF	ON	OFF	± 250 mV	125 μV
OFF	ON	OFF	OFF	ON	OFF	± 500 mV	500 μV
OFF	OFF	ON	OFF	ON	OFF	± 1 V	5 μA
ON	OFF	OFF	OFF	OFF	OFF	± 2.5 V	1.25 mV
OFF	ON	OFF	OFF	OFF	OFF	± 5 V	2.5 mV

对模拟量输入,单极性满量程输入对应的数字量输出为 0~32 000,双极性满量程输入对应的数字量输出为-32 000~32 000。

模拟量输出量程对应的数字量分别是 ± 10 V 对应-32 000~32 000, 0~20 mA 对应 0~32 000。

模拟量输入表示为 AI,模拟量输出表示为 AQ,A 是模拟量英文的第一个字母。在西门子 PLC 中,模拟量对应的数字量的最大值为 32 000,因此一个模拟量用一个字来表示。

模拟量输入格式为 AIW(X),X=0,2,4,…

模拟量输出格式为 AQW(X),X=0,2,4,…

4. PID 控制

通常把没有反馈的控制叫作开环控制,把有反馈的控制叫作闭环控制。PID 控制是具有 P(比例)、I(积分)、D(微分)调节作用的闭环控制。

比例调节作用:按比例反映系统的偏差,系统一旦出现了偏差,比例调节立即产生调节作用,以减小偏差。比例大可以加快调节,减小误差,但是过大的比例会使系统的稳定性下降,甚至造成系统不稳定。

积分调节作用:使系统消除稳态误差,提高无差度。有误差积分调节就进行,直至无误差积分调节停止,输出一个常数。积分调节作用的强弱取决于积分时间常数 T_i, T_i 越小,积分调节作用就越强;反之, T_i 大则积分调节作用弱。积分调节会使系统的稳定性下降,动态响应变慢。积分调节常与另外两种调节规律结合，形成 PI 控制器或 PID 控制器。

微分（D）调节作用：反映系统偏差信号的变化率，能预见偏差变化的趋势，因此能产生超前的控制作用，偏差在产生之前就被微分调节作用消除了，因此可以改善系统的动态性能。在微分时间选择合适的情况下，可以减小超调，缩短调节时间。微分调节对噪声干扰有放大作用，因此过强的微分调节对系统抗干扰不利。此外，微分调节作用反映的是变化率，当输入没有变化时，微分调节作用的输出为零。微分调节不能单独使用，需要与另外两种调节规律结合，形成 PD 控制器或 PID 控制器。

编程软件提供了 PID 指令向导，方便调用 PID 指令，具体操作步骤如下。

第一步，选择要配置的 PID 回路，如图 3-58 所示。

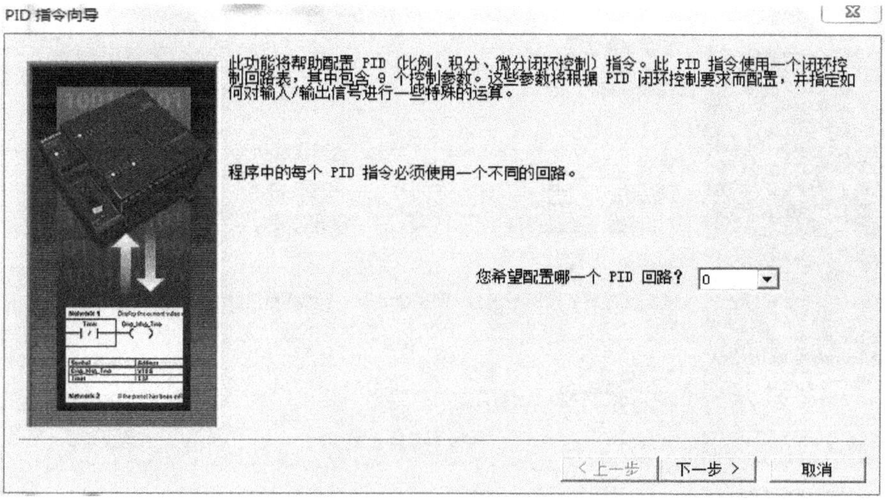

图 3-58　选择要配置的 PID 回路

第二步，设置回路的参数，如图 3-59 所示。

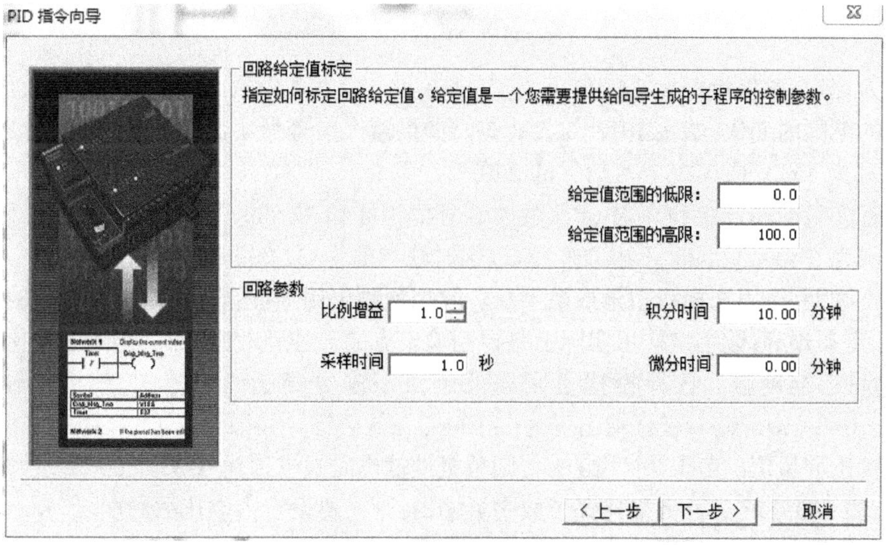

图 3-59　设置回路的参数

给定值范围的低限和高限：输入实数，表示给定的取值范围占过程反馈量程的百分比，缺省值为 0.0 和 100.0。

比例增益：即比例常数。

采样时间：是 PID 回路对反馈采样和重新计算输出值的时间间隔，此参数只能在 PID 指令向导中修改，不可在程序、状态表中修改。

积分时间：如果不需要积分控制作用，可以把积分时间设为无穷大，输入 INF。

微分时间：如果不需要微分控制作用，可以把微分时间设为 0。

第三步，设置回路的输入、输出参数，如图 3-60 所示。

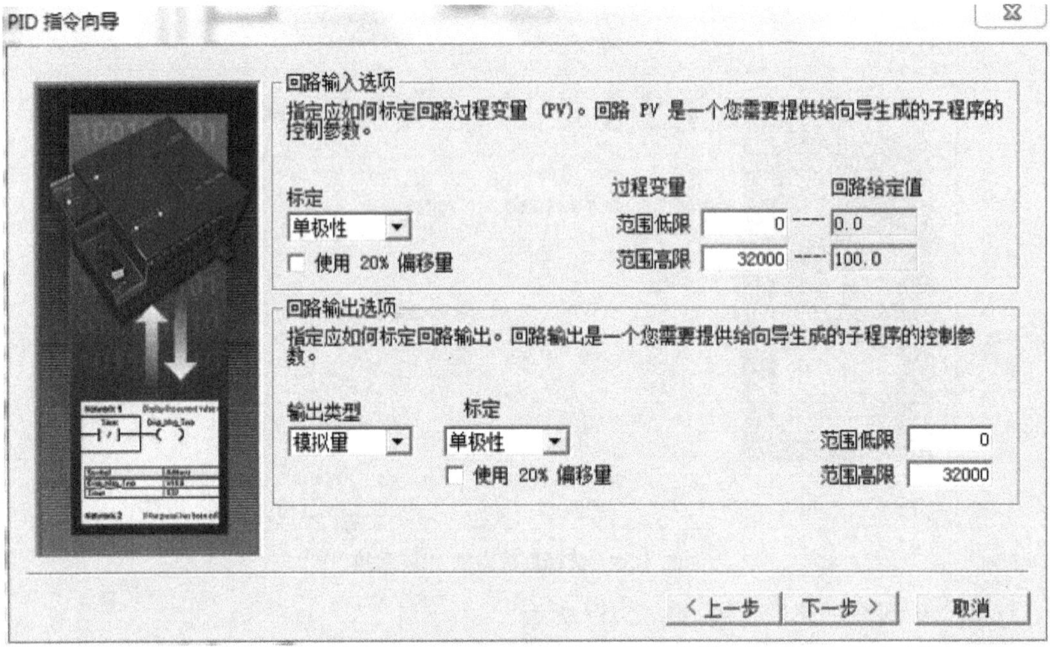

图 3-60　设置回路的输入、输出参数

输入标定：单极性即输入的信号为正，如 0~10 V、0~20 mA 等；双极性即输入信号在从负到正的范围内变化，如 ±10 V、±5 V 等。如果输入信号为 4~20 mA 则勾选“使用 20%偏移量”，因为 4 mA 是 0~20 mA 信号的 20%。

过程变量范围低限和高限：单极性时缺省值为 0 和 32 000，勾选“使用 20%偏移量”时，取值范围为 6 400~32 000，不可改变；双极性时缺省值为-32 000 和 32 000。

输出类型：可以选择模拟量或数字量。模拟量输出用来控制需要模拟量给定的设备，如比例阀、变频器等；数字量输出实际上是控制输出点的通、断状态按照一定的占空比变化，可以控制固态继电器。选择模拟量则需设定回路输出变量值的范围，单极性输出可为 0~10 V、0~20 mA 等，双极性输出可为 ±10 V、±5 V 等。如果勾选了“使用 20%偏移量”，使回路输出变量值的范围为 4~20 mA，则单极性输出时缺省值为 0~32 000，双极性输出时缺省值为-32 000~32 000。如果选择了数字量输出，则需要设定占空比的周期。

第四步，设置回路报警选项，如图 3-61 所示。

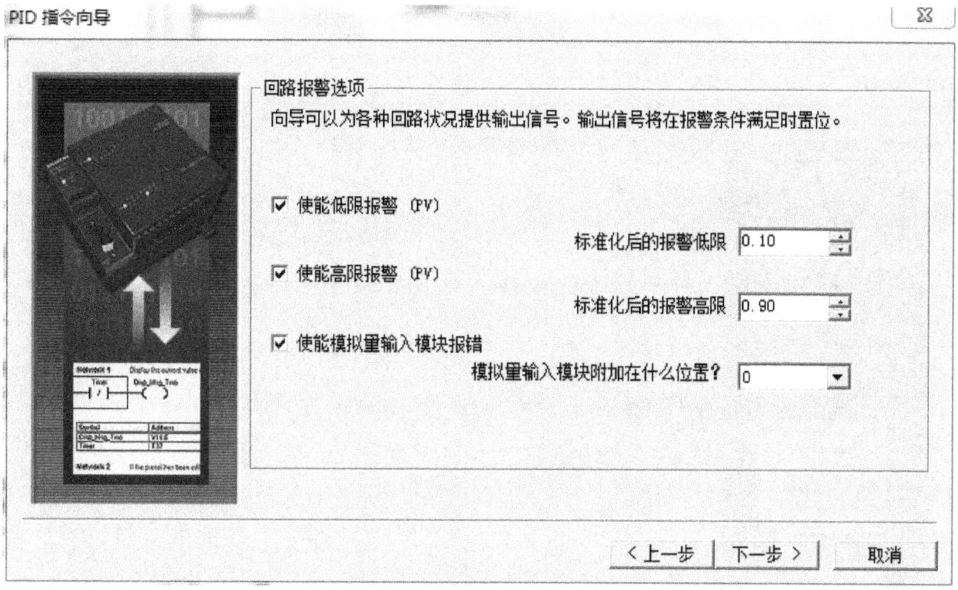

图 3-61　设置回路报警选项

向导提供了三个输出信号来反映过程变量的低限报警、高限报警和模拟量输入模块的错误状态。当报警条件满足时,输出信号置位为 1。这些功能在勾选了之后才起作用。

使能低限报警并设定标准化后的报警低限:报警低限为过程变量的百分数,缺省值为 0.10,即报警低限为过程变量的 10%,此值最低可设为 0.01,即满量程的 1%。

使能高限报警并设定标准化后的报警高限:报警高限为过程变量的百分数,缺省值为 0.90,即报警高限为过程变量的 90%,此值最高可设为 1.00,即满量程的 100%。

使能模拟量输入模块报错并设定模块的附加位置:0 是第一个扩展模块的位置。

第五步,为配置分配存储区,如图 3-62 所示。

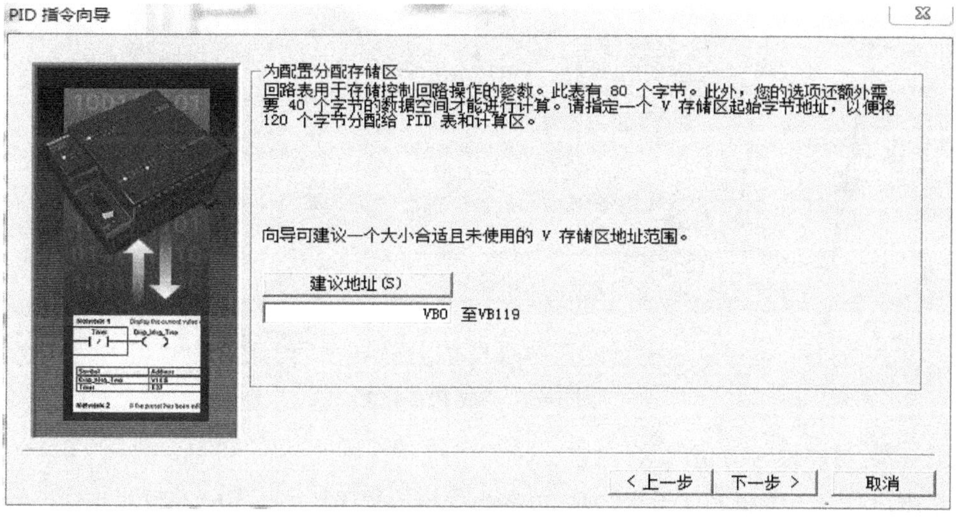

图 3-62　为配置分配存储区

第六步，创建子程序和中断程序，还可增加手动控制功能，如图 3-63 所示。

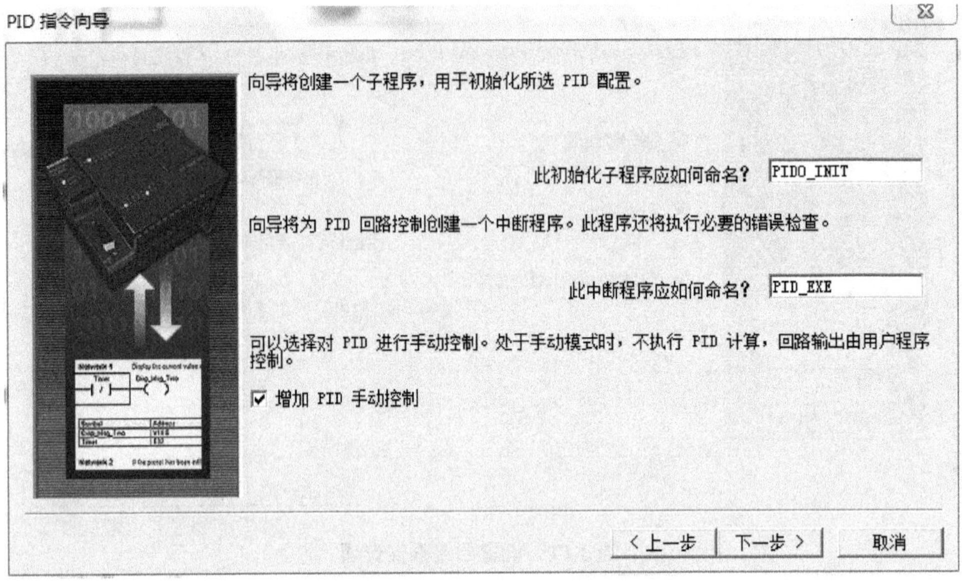

图 3-63 创建子程序和中断程序

第七步，完成 PID 配置，如图 3-64 所示。

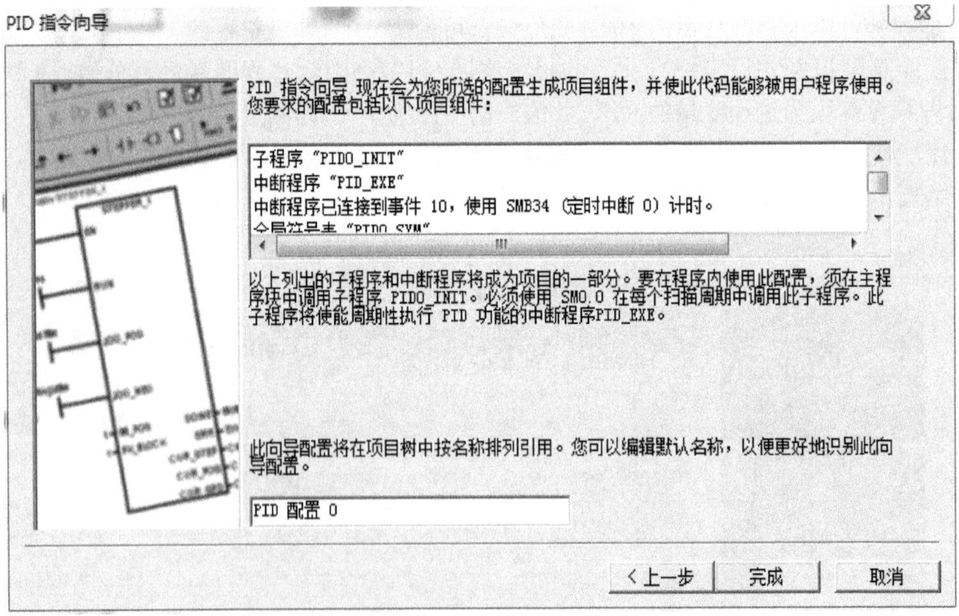

图 3-64 完成 PID 配置

第八步，运行程序，如图 3-65 所示。

在用户程序中调用 PID 子程序时，可在指令树的程序块中用鼠标左键双击由向导生成的 PID 子程序，在局部变量表中可以看到有关形式参数的解释和取值范围。

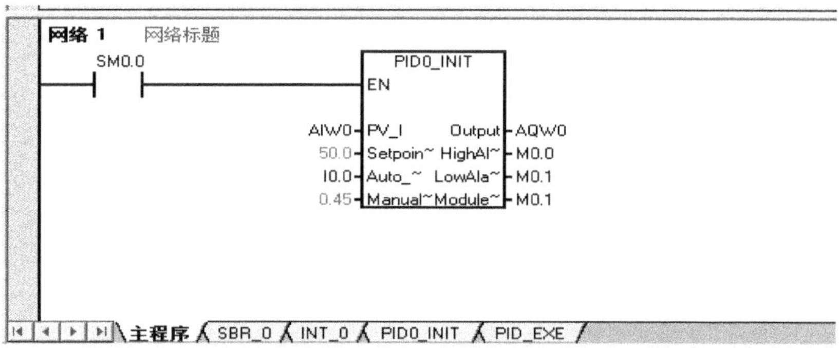

图 3-65　运行程序

必须用 SM0.0 来使能 PIDx_INIT 子程序，SM0.0 后不能串联任何条件，也不能有越过它的跳转；如果在子程序中调用 PIDx_INIT 子程序，则调用 PIDx_INIT 子程序的子程序也必须用 SM0.0 调用，以保证其正常运行。

PV_1：在此处输入过程变量（反馈）的模拟量输入地址。

Setpoint_R：在此处输入给定值的变量地址，或者直接输入常数，根据向导中的设定范围，应输入一个 0.0~100.0 的实数。

Auto_Manual：在此处用 I0.0 控制 PID 的手/自动方式，当 I0.0 为 1 时为自动，经过 PID 运算从 AQW0 输出，当 I0.0 为 0 时 PID 将停止运算，AQW0 输出 ManualOutput 中的设定值。此时不要另外编程或直接给 AQW0 赋值。若在向导中没有勾选“增加 PID 手动控制”，则此项不会出现。

ManualOutput：在此处定义 PID 手动状态下的输出，从 AQW0 输出一个满值范围内对应此值的输出量，可输入手动设定值的变量地址，或者直接输入 0.00~1.00 的实数，代表输出范围的百分比。如输入 0.50，则设定为输出的 50%。若在向导中没有勾选“增加 PID 手动控制”，则此项不会出现。

Output：在此处输入控制量的输出地址。

HighAlarm：当高限报警条件满足时，相应的输出信号置位为 1。若在向导中没有勾选“使能高限报警”，则此项不会出现。

LowAlarm：当低限报警条件满足时，相应的输出信号置位为 1。若在向导中没有勾选“使能低限报警”，则此项不会出现。

ModuleError：当模块出错时，相应的输出信号置位为 1。若在向导中没有勾选“使能模拟量输入模块报错”，则此项不会出现。

调用 PID 子程序时不用考虑中断程序，子程序会自动初始化相关的定时中断处理事项，然后中断程序会自动执行。

在数据块中可以查看 PID 指令回路表的相关参数，如下所示：

```
VD0     0.0     //过程变量
VD4     0.0     //回路给定值
VD8     0.0     //回路输出计算值
VD12    1.0     //回路增益
```

VD16 1.0 //采样时间
VD20 10.0 //积分时间
VD24 0.0 //微分时间
VD28 0.0 //积分项前值
VD32 0.0 //上次运算时存储的过程变量前值
VD112 0.9 //报警高限
VD116 0.1 //报警低限

PID 调节控制面板如图 3-66 所示。

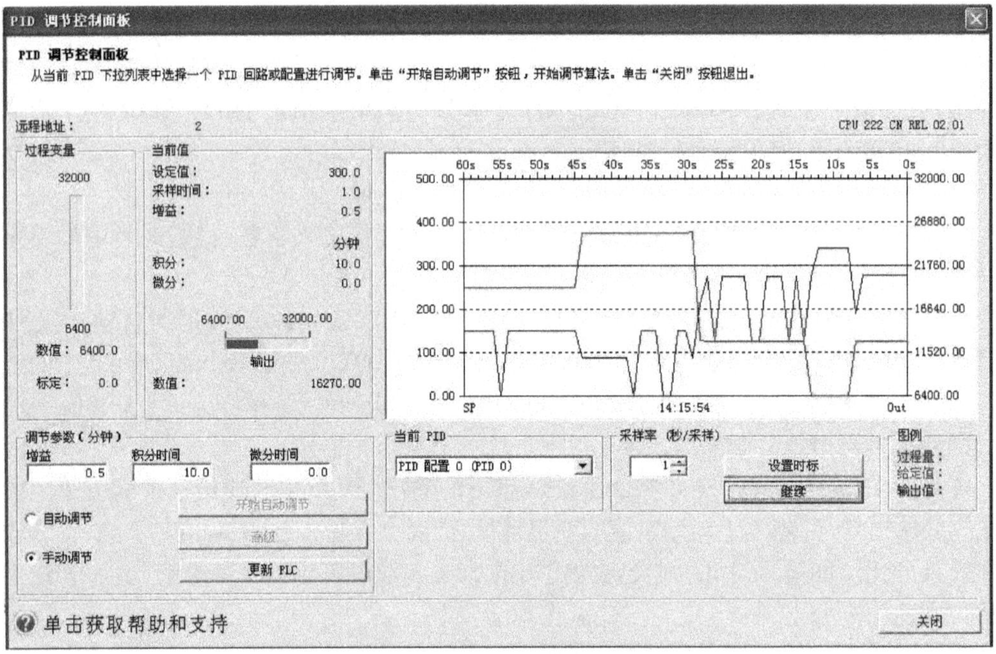

图 3-66 PID 调节控制面板

5. 利用 PID 公式编写程序

利用 PID 公式编写程序，参数如表 3-26 所示。

表 3-26 程序的参数

地址	参数	设置值
VD100	过程变量 PV(0.0~0.1)	AIW0
VD104	给定值 SP(0.0~1.0)	0.5
VD108	输出值 Mn(0.0~1.0)	AQW0
VD112	增益 P(可正可负)	1.0
VD116	采样时间 Ts(单位:s)	0.1
VD120	积分时间 Ti(单位:min)	1.0
VD124	微分时间 Td(单位:min)	0.0

主程序的梯形图如图 3-67 所示。

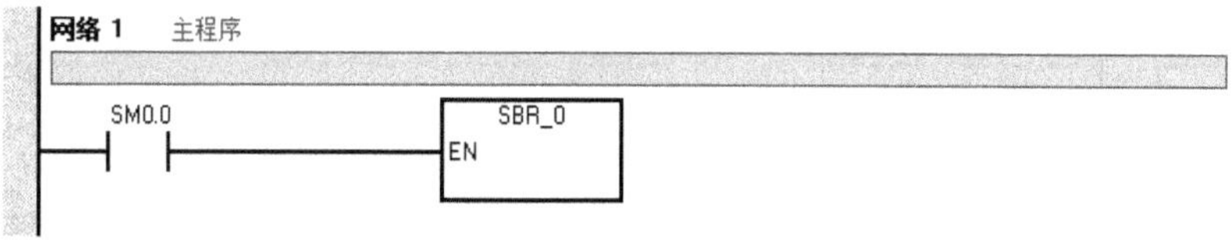

图 3-67 主程序的梯形图

子程序的梯形图如图 3-68 所示。

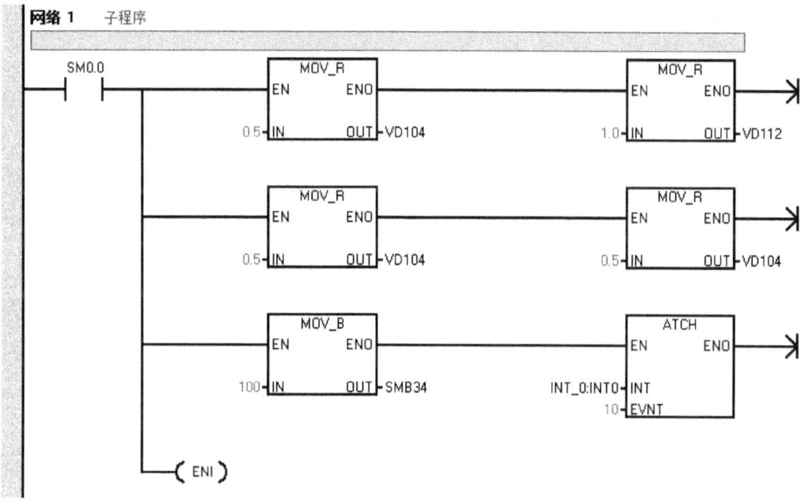

图 3-68 子程序的梯形图

中断程序的梯形图如图 3-69 所示。

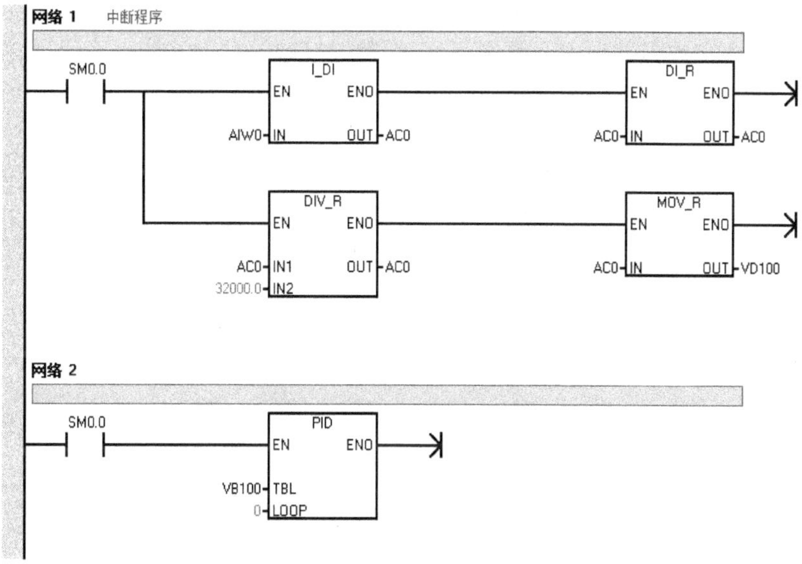

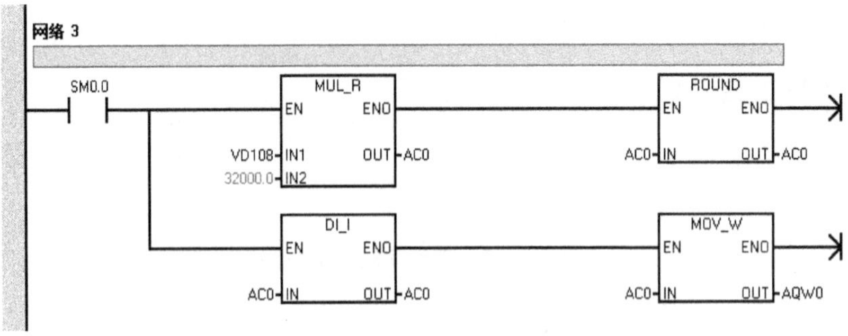

图 3-69 中断程序的梯形图

☑ 项目小结

任务一通过天塔之光控制实例介绍了左移指令、右移指令、循环左移指令、循环右移指令。在应用移位寄存器的过程中要注意补位的状态、起始位的定义和移位的循序。移位寄存器在接通状态下只执行一次移位,所以指令前面的触点接通以脉冲的形式执行比较好,即加上升沿或下降沿。

任务二通过红绿灯自动控制实例介绍了传送指令、运算指令、比较指令、转换指令。

任务三通过机械手控制实例介绍了子程序的应用,重点讲解了子程序的作用、结构和实际编程操作。

任务四通过直流电机控制实例介绍了中断程序和高速计数器的应用。

任务五通过外部模拟量(电压、电流)方式的变频调速控制实例介绍了模拟量模块的应用和 PID 控制。

编程注意事项:

(1)在编程中较多地运用中间继电器 M 主要是为了避免出现双线圈;

(2)移位寄存器是按时间间隔接通的,所以不用加上升沿;

(3)转换指令在数据处理中经常用到,必须掌握好数据类型才能正确运用转换指令;

(4)PLC 扫描一般只在主程序中进行,只有在调用子程序条件接通时才会跳至子程序扫描;

(5)高速计数器不受扫描周期的影响。

项目四　步进顺序控制应用

☑ 项目目标

1. 了解顺序控制,掌握顺序功能图的绘制。
2. 掌握置位/复位指令的顺序控制设计法。
3. 熟练利用“以转换为中心”的方法画出梯形图。
4. 熟练利用“启-保-停”电路的顺序功能图画出梯形图。
5. 掌握顺序指令的应用、SCR 顺序指令的顺序控制梯形图的设计方法。

★ OBE 考点:掌握顺序功能图的绘制、顺序指令;掌握自动运料小车控制、全自动皮带运输机控制、三种液体混合控制的工作原理和 PLC 梯形图程序的编写;熟练编写由功能图转化的梯形图程序;掌握编写梯形图程序的三种基本思想。

☑ 项目任务

1. 自动运料小车控制。
2. 全自动皮带运输机控制。
3. 三种液体混合控制。

任务一　自动运料小车控制

一、任务目标

(1)熟悉梯形图的基本编程规则。
(2)掌握顺序功能图的基本构成。
(3)掌握置位/复位指令的顺序控制设计法。
(4)掌握“以转换为中心”的顺序控制梯形图的设计方法。
(5)熟悉自动运料小车控制编程及调试。

二、任务描述

小车由电动机驱动,电动机正转时小车前进,反转时小车后退。初始时,小车停于左端,行程开关 SQ2 压合。按下启动按钮,运料小车在 A 地(SQ1 位置)停留 5 s 进行装料,由 A 地运料到 B 地(SQ2 位置)后,在 B 地停留 3 s 进行料斗卸料,然后从 B 地运料到 C 地(SQ3 位置)后停留 2 s 进行料斗卸料,然后空车返回 A 地,回到系统初始状态。

三、任务实施

1. 所需要的工具、设备、材料

所需要的工具、设备、材料如表 4-1 所示。

表 4-1 所需要的工具、设备、材料

序号	名称	型号与规格	数量	备注
1	可编程控制器实训装置	THPFSM-1/2	1 台	
2	实训挂箱	A16	1 个	
3	导线	3 号	若干根	
4	PC/PPI 通信电缆		1 根	西门子
5	计算机		1 台	自备

2. I/O 点的分配

根据被控对象对 PLC 系统的动能要求和需要输入、输出的点数选择适当类型的 PLC，并分配输入、输出点，如表 4-2 所示。

表 4-2 I/O 点分配表

输入(I)			输出(O)		
电气符号(面板端子)	功能	信号地址	电气符号(面板端子)	功能	信号地址
SB1	启动按钮	I0.0	前进	前进指示灯	Q0.0
SQ1	行程开关	I0.1	后退	后退指示灯	Q0.1
SQ2	行程开关	I0.2	装料	装料指示灯	Q0.2
SQ3	行程开关	I0.3	卸料	卸料指示灯	Q0.3
SB2	停止按钮	I0.4			

3. I/O 接线图

本任务的 PLC 外部 I/O 接线图如图 4-1 所示。

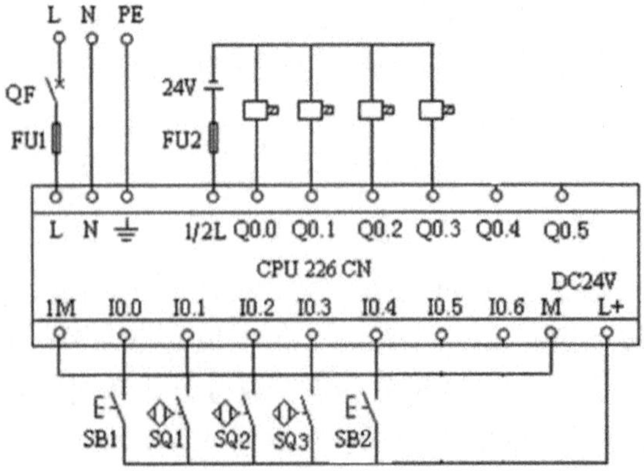

图 4-1 自动运料小车控制的 PLC 外部 I/O 接线图

4. 程序设计

根据被控对象的工艺条件和控制要求设计顺序功能图,如图 4-2 所示。然后参考顺序功能图设计梯形图,如图 4-3 所示。

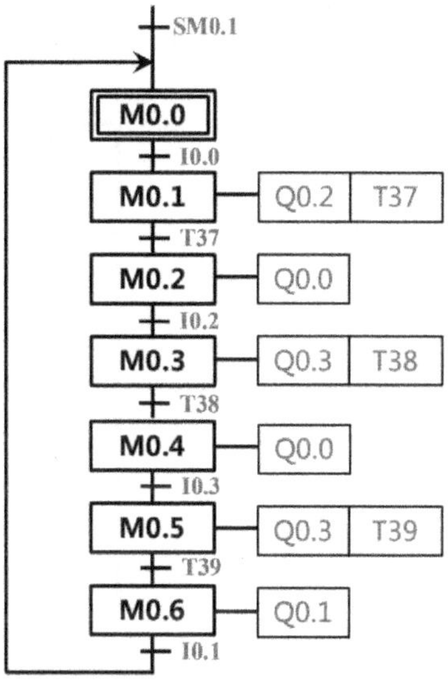

图 4-2　自动运料小车控制的顺序功能图

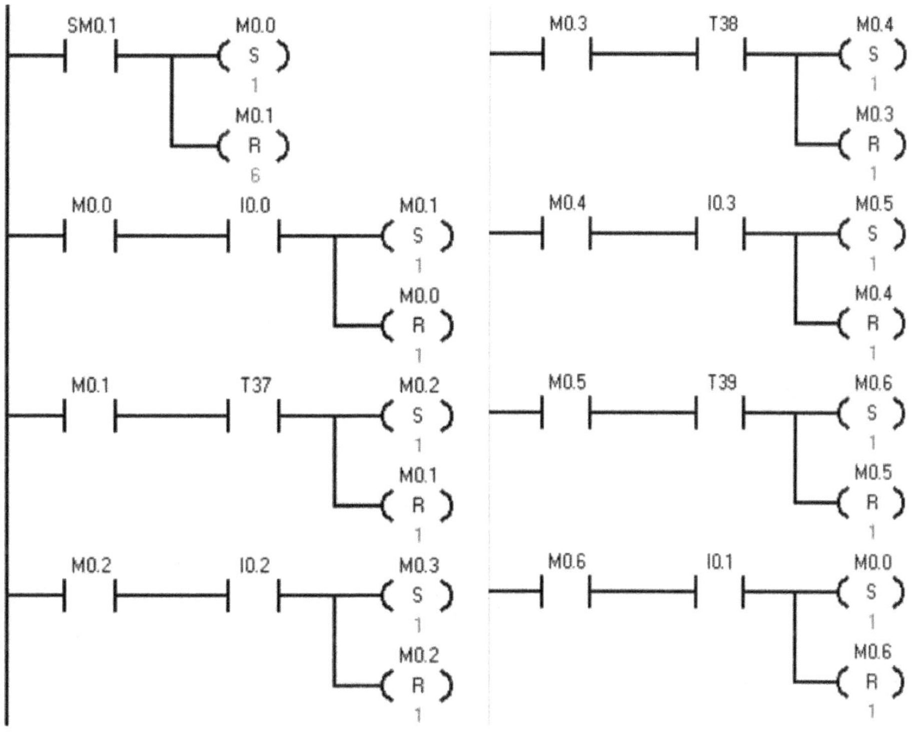

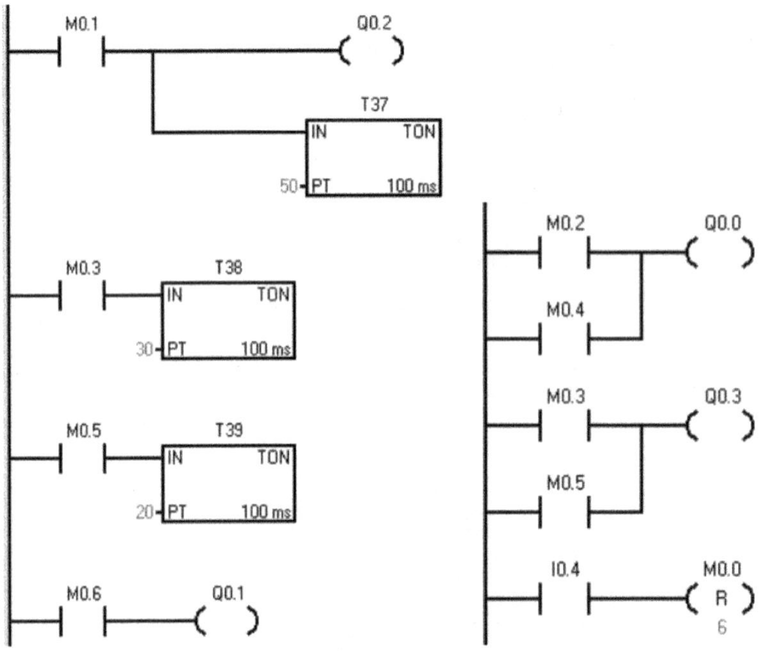

图 4-3 自动运料小车控制的梯形图

5. 编写、下载、调试程序

编写梯形图程序，在 STEP 7-Micro/WIN 软件中进行程序的检查、调试与仿真，确认无误后写入 PLC。

6. 任务总结与考核

（1）思考：如何划分步？任务完成得怎么样？有何收获和体会？有没有需要完善和改进的地方？对自己有何评价？

（2）行动：按照任务要求，与同学、教师共同完成本任务的考核工作；整理所编写的材料，完成实训报告。

四、知识链接

（一）顺序控制设计法

顺序控制设计法是针对顺序控制系统的一种专门的设计方法。这种设计方法很容易被初学者接受，程序的调试、修改和阅读也很方便，对于有经验的工程师，可提高设计的效率。

1. 定义

顺序控制指按照生产工艺预先规定的顺序，在各个输入信号的作用下，根据内部状态和时间的顺序，在生产过程中各个执行机构自动、有序地进行操作。

2. 基本思想

（1）将系统的一个工作周期划分为若干个顺序相连的阶段，这些阶段称为步（step）。

（2）用编程元件（例如位存储器 M 和顺序控制继电器 S）代表各步。

（3）利用转换条件控制代表各步的编程元件。

（4）用代表各步的编程元件控制 PLC 的各输出位。

注意：输入与输出之间没有直接联系，可简化设计。

3. 基本步骤

（1）分析生产过程，根据要求划分成不同阶段（即划分成不同的状态）。

（2）确定每个阶段要完成的动作。

（3）确定每个阶段之间的转换条件。

（4）绘制顺序功能图。

（5）根据顺序功能图编写梯形图程序。

（二）顺序功能图

1993 年 5 月公布的 IEC PLC 标准（IEC 1131）中，顺序功能图（也称功能表图）被定义为位居首位的 PLC 编程语言，顺序功能图主要由步、有向连线、转换、转换条件和动作（或命令）组成。功能表图又称为状态转移图，各个 PLC 厂家都开发了相应的功能表图，各个国家也都制定了功能表图的相关标准。我国于 1986 年颁布了功能表图的国家标准《电气制图　功能表图》（GB 6988.6—86）。

1. 定义

顺序功能图（sequential function chart，SFC）是描述控制系统的控制过程、功能和特性的一种图形，是设计 PLC 的顺序控制程序的有力工具。其本质是用输入量 I 控制代表各步的编程元件，再用它们控制输出量 Q。

2. 组成

以鼓风机、引风机启停的顺序功能图（图 4-4）为例，顺序功能图由步与动作、有向连线、转换、转换条件组成。

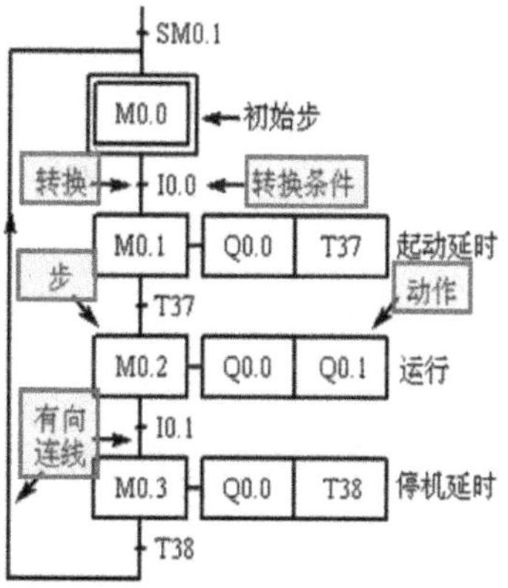

图 4-4　鼓风机、引风机启停的顺序功能图

（1）步：步在控制系统中对应一个稳定的状态。步是根据 PLC 输出状态的变化来划分的，也可根据被控对象工作状态的变化来划分，但被控对象工作状态的变化应该是由 PLC 输出状态变化引起的。步分为初始步和活动步。用矩形方框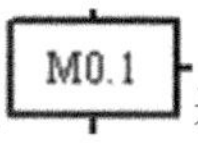

表示步，用代表该步编程元件的地址作为步的代号，例如 M2.1。

初始步：与系统的初始状态相对应的步称为初始步，初始状态一般是系统等待启动命令的相对静止状态。用双线框

表示初始步，每一个顺序功能图至少应该有一个初始步。

活动步：系统正处于某一步所在的阶段时，该步处于活动状态，称该步为活动步。步处于活动状态时，执行相应的非存储型动作；处于非活动步时，停止执行。

（2）动作：用矩形框中的文字或符号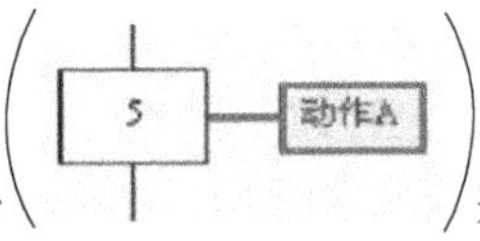

表示动作，同时该矩形框与它所在步对应的方框相连。注意，一步可以对应一个或多个动作，对应多个动作时，可以用如图 4-5 所示的两种画法来表示，但是并不隐含这些动作之间的任何顺序。

（3）有向连线：表明各步成为活动步的先后次序，即转移方向。步的活动状态习惯的进展方向是从上到下或从左到右，这两个方向有向连线上的箭头可以省略，若不是上述两个方向，还要在有向连线上用箭头注明进展方向。

（4）转换：用有向连线上与有向连线垂直的短线来表示。转换将相邻两步分隔开。在顺序功能图中，步的活动状态的进展由转换的实现来完成，并与控制过程的发展相对应。

（5）转换条件：系统由当前步进入下一步的信号称为转换条件，转换条件标注在转换的短线旁边。转换条件可以是按钮、指令开关、限位开关的通断等外部输入信号，定时器、计数器常开触点的接通等 PLC 内部产生的信号，若干信号的与、或、非逻辑组合。转换条件可以用文字语言、功能块图表达式、布尔代数表达式或者图形符号等标注，使用最多的是布尔代数表达式，如图 4-6 所示。

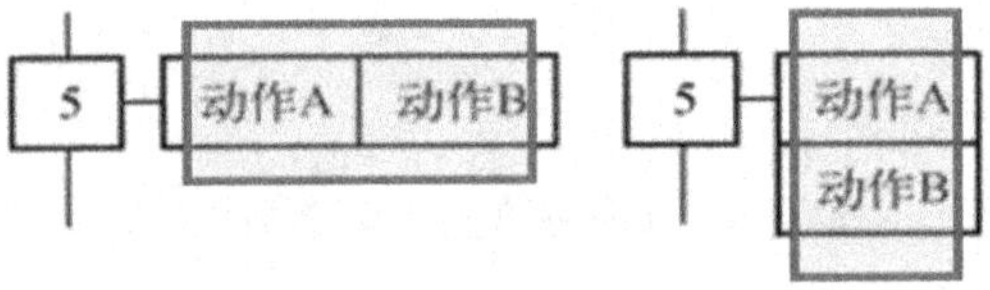

图 4-5 两种动作图示

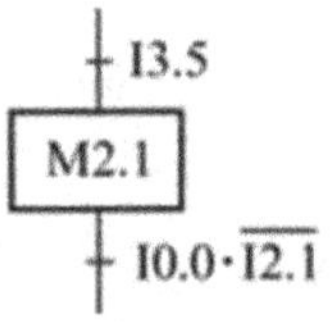

图 4-6 转换条件的布尔代数表达式

3. 转换实现的基本规则

（1）转换实现必须同时满足两个条件：

该转换所有的前级步都是活动步；

相应的转换条件得到满足。

（2）转换实现应完成以下两个操作：

使所有由有向连线与转换条件相连的后续步都变为活动步；

使所有由有向连线与转换条件相连的前级步都变为非活动步。

（三）顺序功能图的基本结构

1. 基本结构分类

顺序功能图的基本结构分为三种序列：单序列、选择序列、并行序列。

（1）单序列：图 4-7 由一系列相继激活的步组成，每一步的后面仅有一个转换，每个转换的后面只有一个步。各个步按顺序执行，上一步处于活动步且转换条件成立时，下一步变为活动步，同时上一步变为非活动步。单序列结构的特点：没有任何分支和合并。

（2）选择序列：如图 4-8 所示，选择序列的开始称为分支，转换符号只能标在水平连线之下。选择序列的结束也称为分支，转换符号只能标在水平连线之上。

图 4-7　单序列

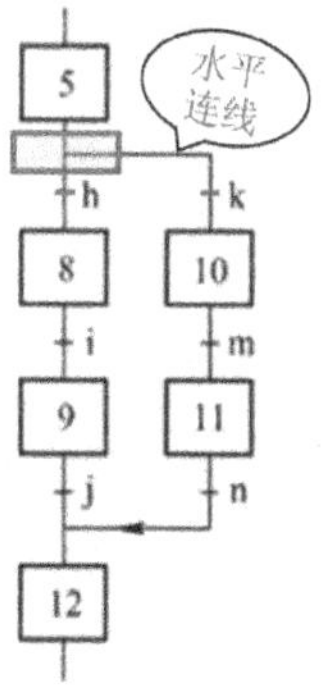

图 4-8　选择序列

（3）并行序列：如图 4-9 所示，用来表示系统的几个同时工作的独立部分的工作情况，当转换的实现导致几个序列同时激活时，这些序列称为并行序列。并行序列的开始称为分支，结束称为合并。并行序列的开始为了强调转换的同步实现，水平连线用双线表示，在表示同步的水平双线上，只允许有一个转换符号，如图 4-10 所示。并行序列的结束在表示同步的水平双线之下，只允许有一个转换符号。

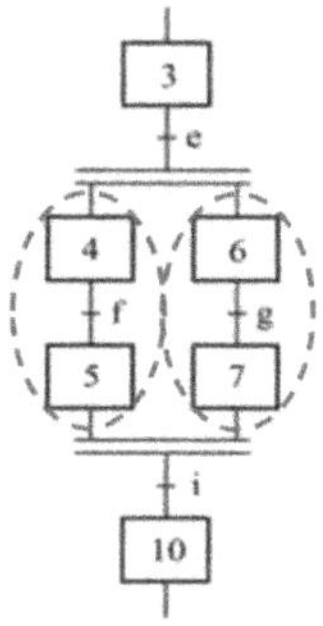

图 4-9　并行序列 1

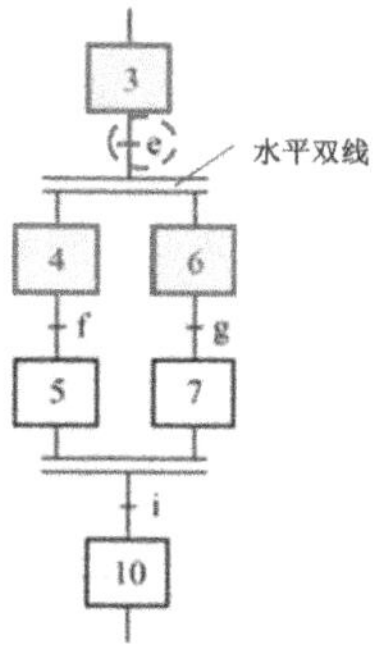

图 4-10　并行序列 2

2. 绘制顺序功能图的注意事项

（1）两个步绝对不能直接相连，必须用一个转换将它们分隔开。

（2）两个转换也不能直接相连，必须用一个步将它们分隔开。

（3）顺序功能图的初始步必不可少。

（4）顺序功能图中一般应有由步和有向连线组成的闭环，不能出现“到此为止”的死胡同。

（5）在顺序功能图中，只有当某一步的前级步是活动步时，该步才有可能变成活动步。一般初始步可以考虑采用初始化脉冲 SM0.1 来激活。

【例 4-1】控制要求：按下启动按钮 I0.0，先开引风机，延时 12 s 后再开鼓风机；按下停机按钮 I0.1，先停鼓风机，10 s 后再停引风机，时序图如图 4-11 所示。

解：（1）划分步：根据 Q0.0 和 Q0.1 ON 和 OFF 状态的变化，加上等待启动的初始步，分别用 M0.0~M0.3 来代替这 4 步。

（2）确定转换条件：根据步的进展，转换条件依次为 I0.0、T37、I0.1、T38。

(3)明确各步动作(或命令),分析控制过程,可以得到各步的输出,如图 4-12 所示。

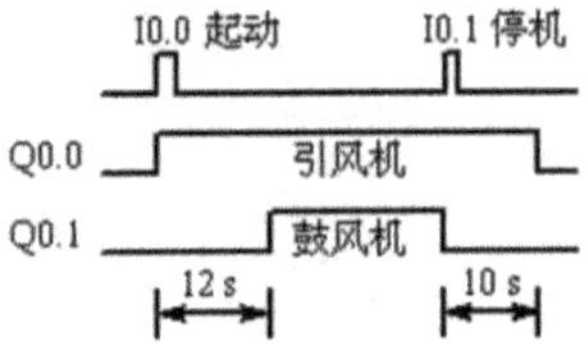

图 4-11 鼓风机、引风机时序图

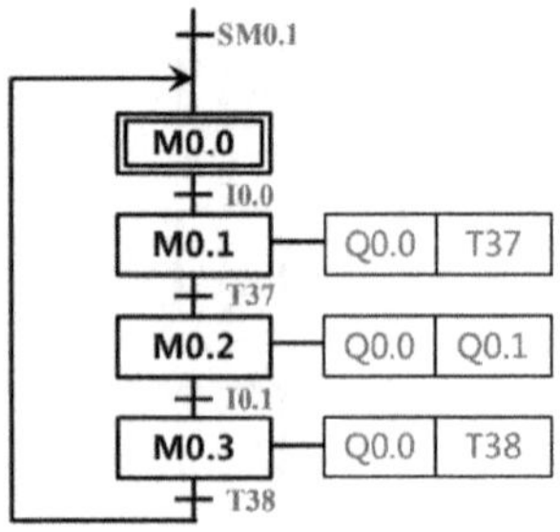

图 4-12 顺序功能图

(四)置位/复位指令的编程方法

绘制顺序功能图只是顺序控制设计法的第一步,S7-200 系列 PLC 提供的编程软件不能使用顺序功能图直接进行控制,还需要将其转换成梯形图程序。

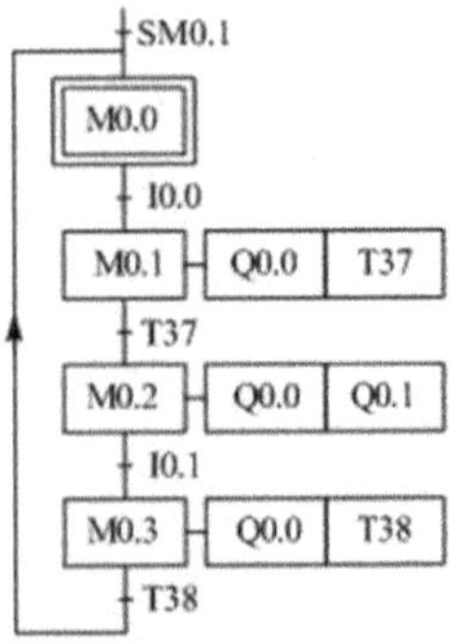

图 4-13 鼓风机、引风机控制系统的顺序功能图

1. 编程思想

以转换为中心的编程方法,置位后续步对应的位存储器,复位前级步对应的位存储器。

2. 编程方法

(1)步的控制电路的设计:用位存储器代表步,某一步为活动步时,对应的辅助继电器为 ON,某一转换实现时,该转换的后续步变为活动步,前级步变为非活动步。由于很多转换条件都是短信号,即它存在的时间比它激活后续步为活动步的时间短,因此,应使用有记忆(或称保持)功能的电路(如“启-保-停”电路和置位/复位指令组成的电路)来控制代表步的位存储器。以鼓风机、引风机控制系统的顺序功能图和梯形图为例,如图 4-13、图 4-14 所示。

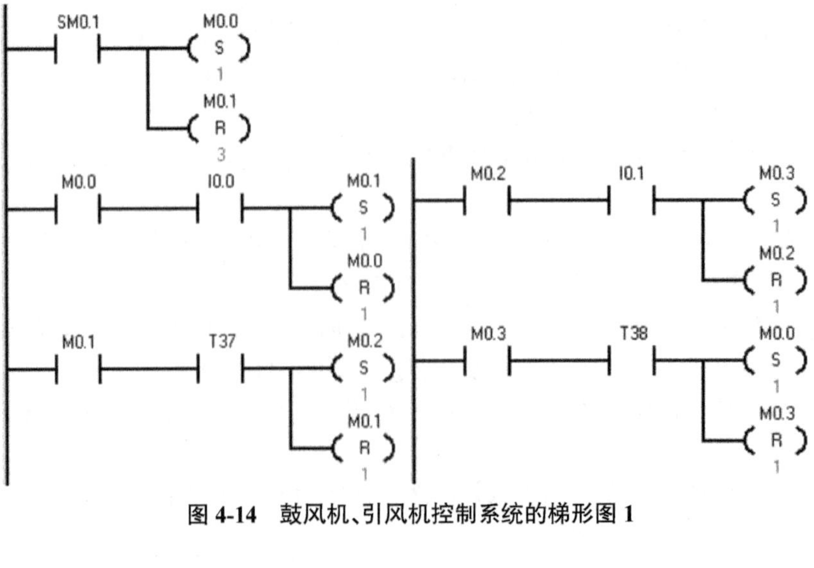

图 4-14 鼓风机、引风机控制系统的梯形图 1

（2）输出电路的设计：由顺序功能图可知，步是根据输出量的状态变化来划分的，它们之间的关系极为简单，可以分为两种情况处理。

如果某一输出量仅在某一步内为 ON，可以用代表各步的位存储器的常开触点控制输出位的线圈。

如果某一输出量在几步内都为 ON，可以用代表各步的位存储器的并联电路控制输出位的线圈。以鼓风机、引风机控制系统的梯形图为例，如图 4-15、图 4-16 所示。

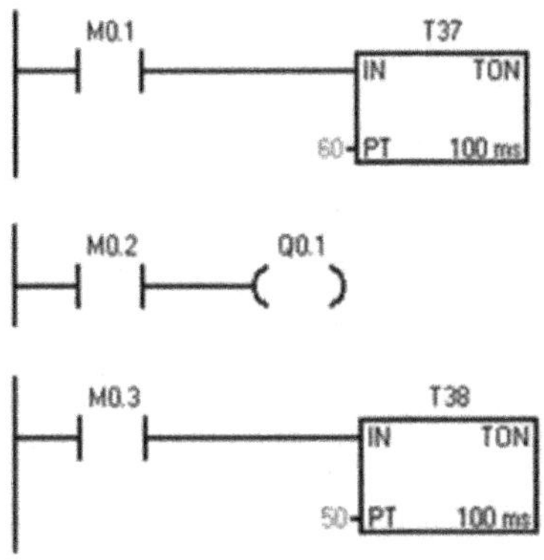

图 4-15　鼓风机、引风机控制系统的梯形图 2

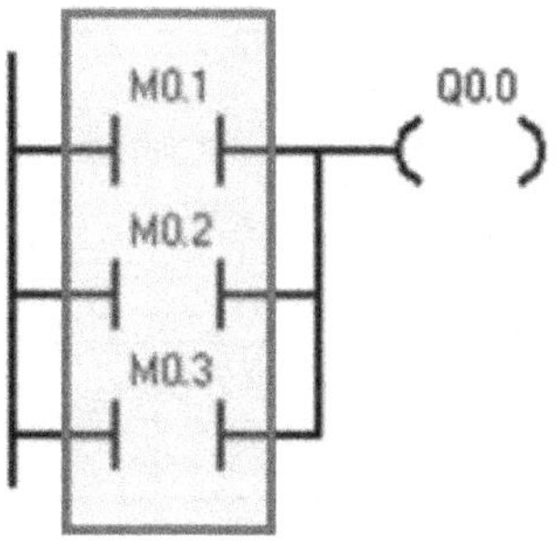

图 4-16　鼓风机、引风机控制系统的梯形图 3

（3）注意事项：使用这种编程方法时，不能将输出位的线圈与置位指令和复位指令并联。因为控制置位、复位的串联电路连通的时间相当短，只有一个扫描周期，转换条件满足后前级步马上被复位，该串联电路断开，而输出位的线圈至少应该在某一步对应的全部时间内接通。

任务二　全自动皮带运输机控制

一、任务目标

（1）掌握全自动皮带运输机控制的顺序功能图设计及外部接线。
（2）掌握用“启-保-停”电路设计顺序控制梯形图的方法。
（3）掌握将带有分支的顺序功能图转换为梯形图的方法。
（4）熟练地将全自动皮带运输机控制的顺序功能图转换为梯形图。

二、任务描述

在建材、化工、机械、冶金、矿山等工业生产中，广泛使用皮带运输系统运送原料或物品。供料由电阀 YO 控制，电动机 M1、M2、M3、M4 分别用于驱动皮带运输线。按下启动按钮 SB1，M4 首先投入运转，2 s 后 M3 运转，2 s 后 M2 运转，2 s 后 M1 运转，2 s 后料斗门打开，其指示灯 Y0 点亮，系统进入运行状态；2 s 后，料斗自动关闭（指示灯 Y0 灯熄灭），2 s 后

M1 停转，2 s 后 M2 停转，2 s 后 M3 停转，2 s 后 M4 停转，此时系统进入停止状态。2 s 后 M4 自动启动，接着重复以上过程。在运行过程中按下停止按钮 SB2，系统按上述过程顺序停止。

三、任务实施

1. 所需要的工具、设备、材料

所需要的工具、设备、材料如表 4-3 所示。

表 4-3 所需要的工具、设备、材料

序号	名称	型号与规格	数量	备注
1	可编程控制器实训装置	THPFSM-1/2	1 台	
2	实训挂箱	A16	1 个	
3	导线	3 号	若干根	
4	PC/PPI 通信电缆		1 根	西门子
5	计算机		1 台	自备

2. I/O 点的分配

根据被控对象对 PLC 系统的动能要求和需要输入、输出的点数选择适当类型的 PLC，并分配输入、输出点，如表 4-4 所示。

表 4-4 I/O 点分配表

输入(I)			输出(O)		
电气符号（面板端子）	功能	信号地址	电气符号（面板端子）	功能	信号地址
SB1	启动按钮	I0.0	M1	M1 指示灯	Q0.0
SB2	停止按钮	I0.1	M2	M2 指示灯	Q0.1
			M3	M3 指示灯	Q0.2
			M4	M4 指示灯	Q0.3
			YO	YO 指示灯	Q0.4

3. I/O 接线图

本任务的 PLC 外部 I/O 接线图如图 4-17 所示，实验设备端子图如图 4-18 所示。

4. 程序设计

根据被控对象的工艺条件和控制要求，如果某些输出在连续的几步中均为 ON，可以用置位与复位指令进行控制，设计顺序功能图，如图 4-19 所示。然后参考顺序功能图绘制梯形图，如图 4-20 所示。

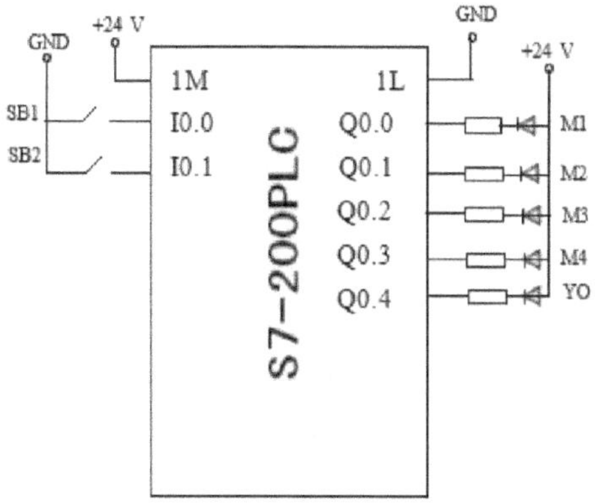

图 4-17　全自动皮带运输机控制的 PLC 外部 I/O 接线图

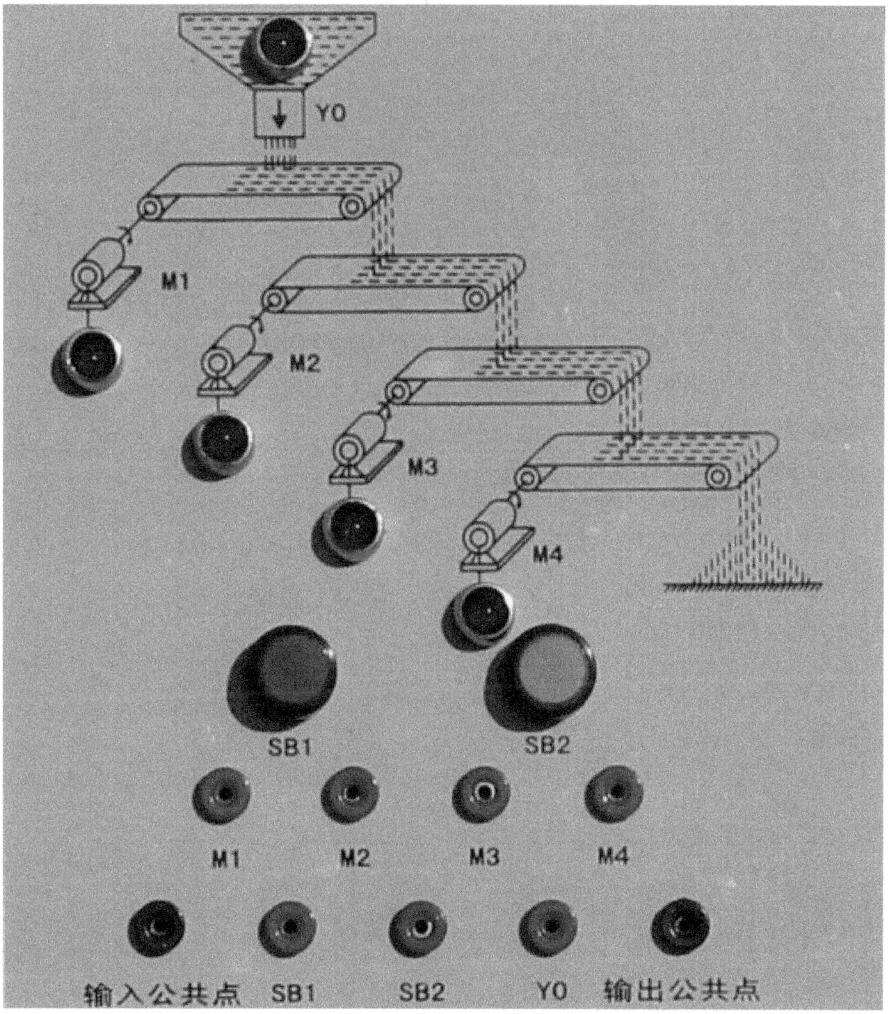

图 4-18　全自动皮带运输机控制的实验设备端子图

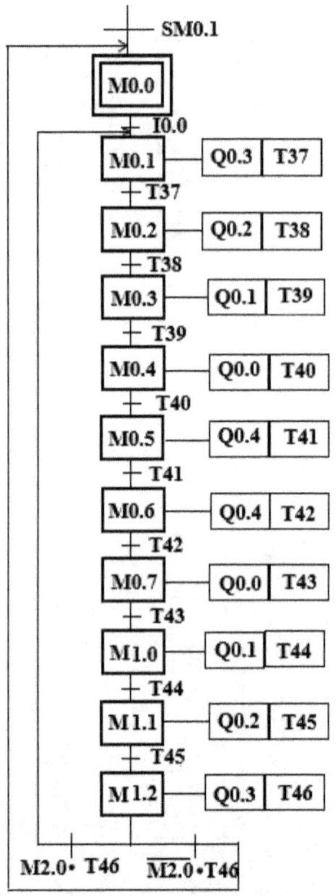

图 4-19 全自动皮带运输机控制的顺序功能图

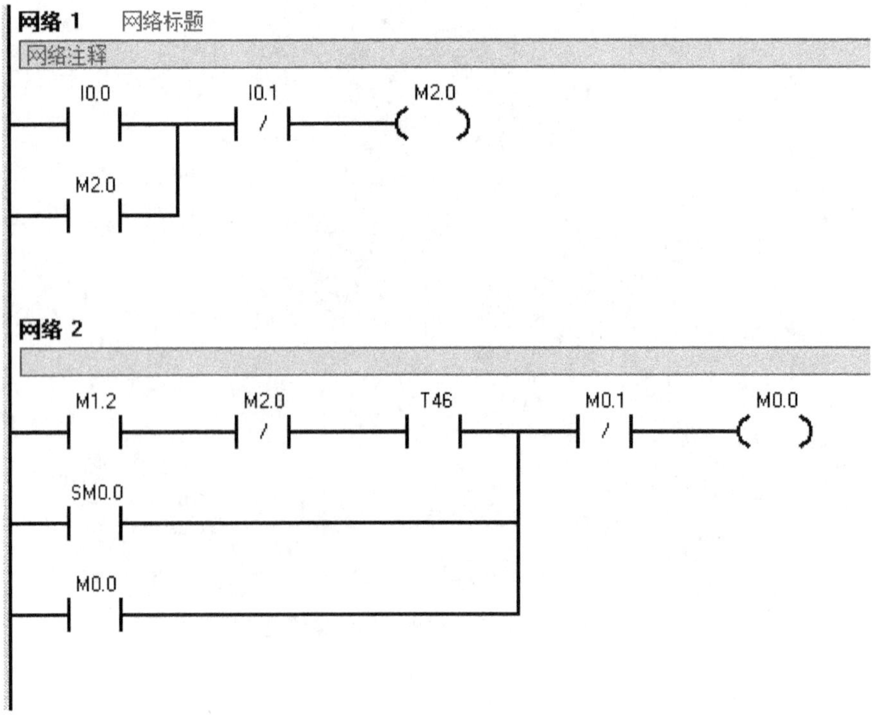

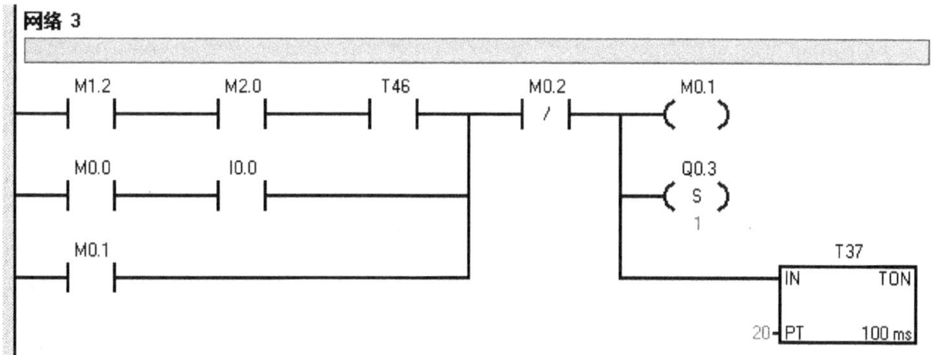
网络 3
M1.2
M2.0
T46
M0.2
M0.1
M0.0
I0.0
Q0.3
S
1
M0.1
T37
IN
TON
20
PT
100 ms

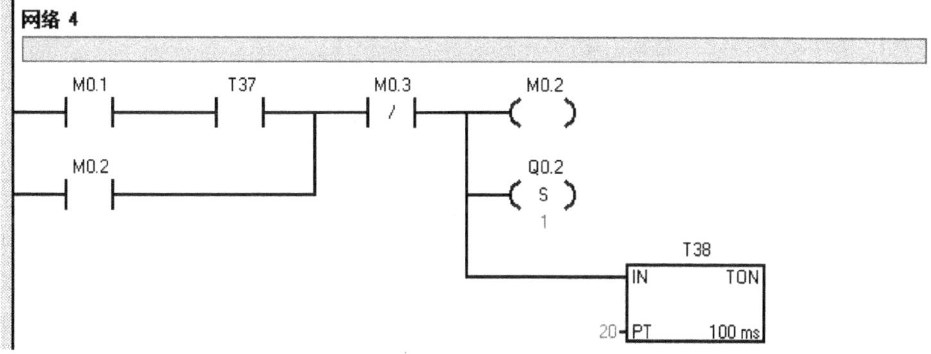
网络 4
M0.1
T37
M0.3
M0.2
M0.2
Q0.2
S
1
T38
IN
TON
20
PT
100 ms

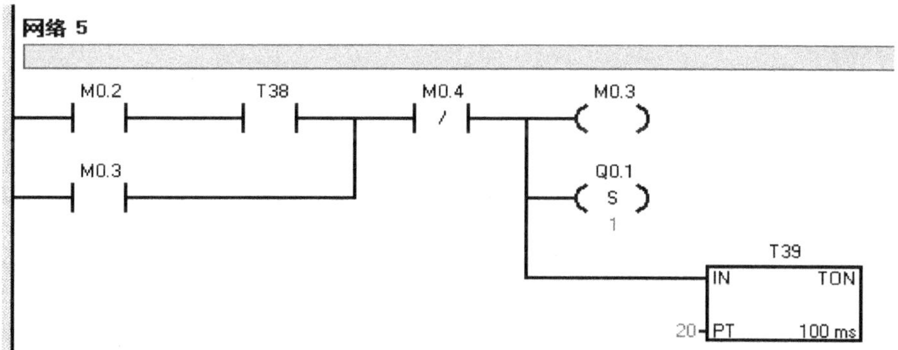
网络 5
M0.2
T38
M0.4
M0.3
M0.3
Q0.1
S
1
T39
IN
TON
20
PT
100 ms

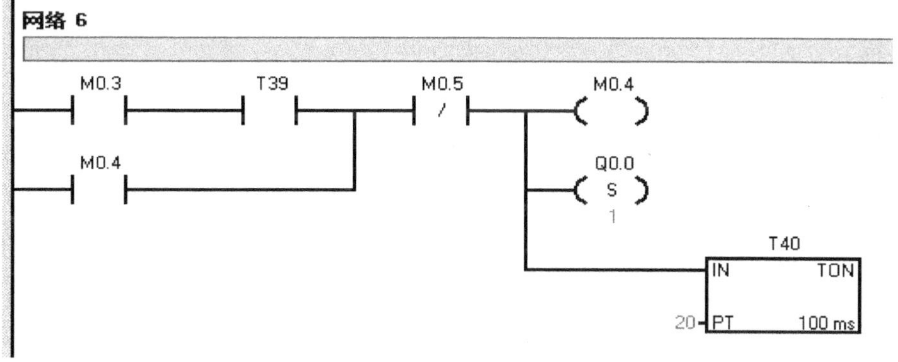
网络 6
M0.3
T39
M0.5
M0.4
M0.4
Q0.0
S
1
T40
IN
TON
20
PT
100 ms

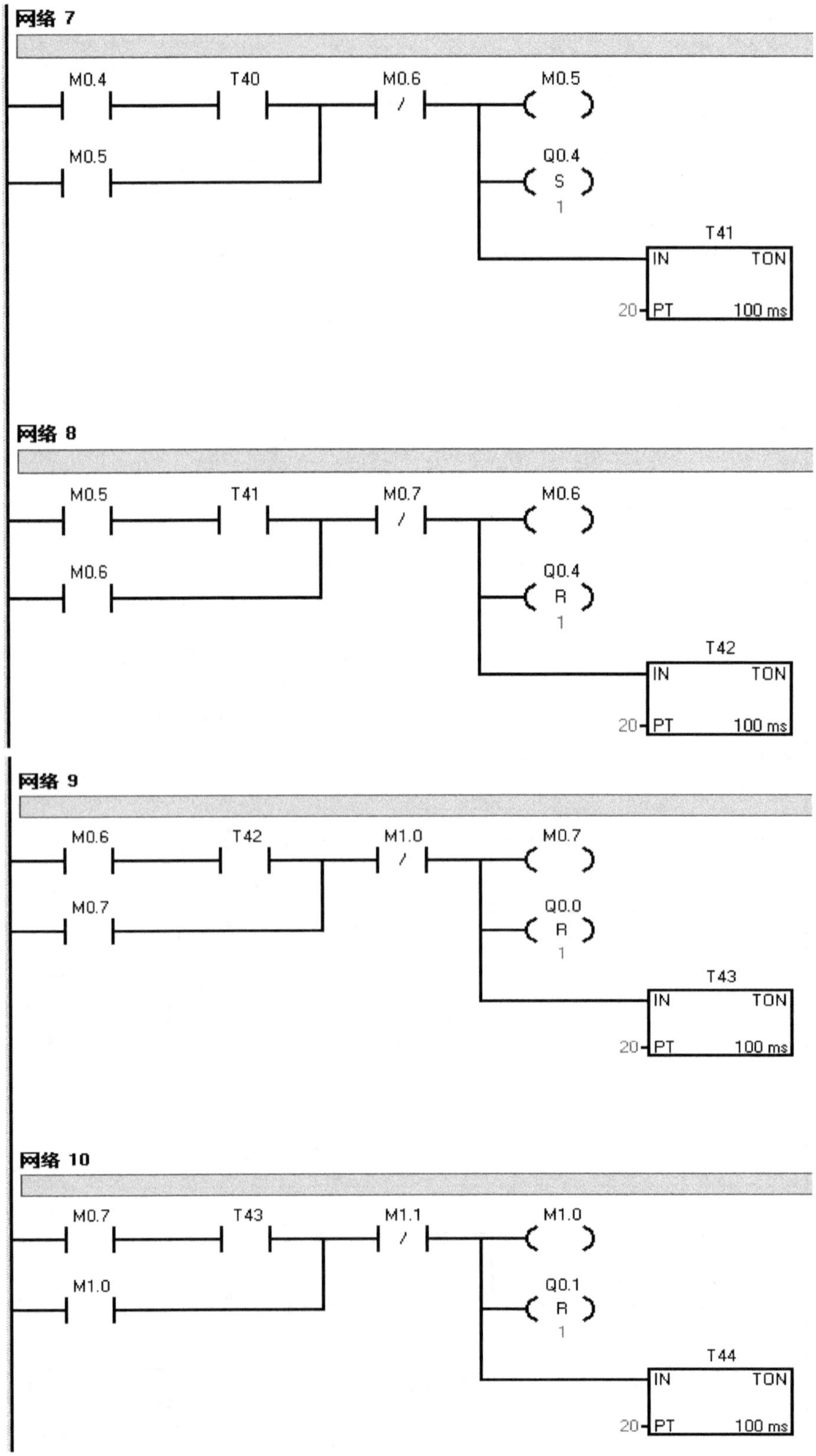
网络 7
M0.4
T40
M0.6
M0.5
M0.5
Q0.4
S
1
T41
IN
TON
20
PT
100 ms
网络 8
M0.5
T41
M0.7
M0.6
M0.6
Q0.4
R
1
T42
IN
TON
20
PT
100 ms
网络 9
M0.6
T42
M1.0
M0.7
M0.7
Q0.0
R
1
T43
IN
TON
20
PT
100 ms
网络 10
M0.7
T43
M1.1
M1.0
M1.0
Q0.1
R
1
T44
IN
TON
20
PT
100 ms

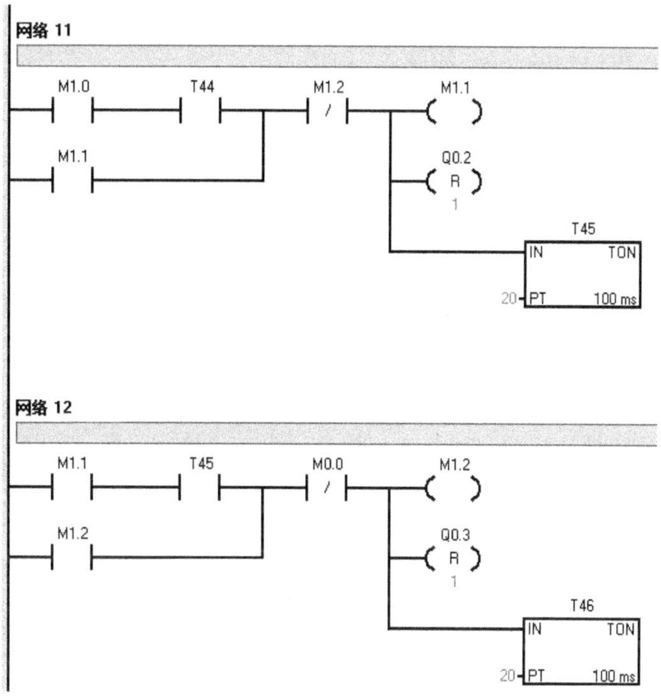

图 4-20　全自动皮带运输机控制的梯形图

5. 编写、下载、调试程序

编写梯形图程序，在 STEP 7-Micro/WIN 软件中进行程序的检查、调试与仿真，确认无误后写入 PLC。

6. 任务总结与考核

（1）思考：任务完成得怎么样？有何收获和体会？有没有需要完善和改进的地方？对自己有何评价？

（2）行动：按照任务要求，与同学、教师共同完成本任务的考核工作；整理所编写的材料，完成实训报告。

四、知识链接

用“启-保-停”电路的顺序功能图画出梯形图。

1. 步的处理

用位存储器代表步，某一步为活动步时，对应的辅助继电器为 ON，某一转换实现时，该转换的后续步变为活动步，前级步变为非活动步。由于很多转换条件都是短信号，即它存在的时间比它激活后续步为活动步的时间短，因此，应使用有记忆（或称保持）功能的电路（如“启-保-停”电路和置位/复位指令组成的电路）来控制代表步的位存储器。

2. 动作的处理

如果某一输出量仅在某一步中为 ON，可以将它们的线圈分别与对应步的位存储器的线圈并联。

如果某一输出继电器在几步中都为 ON,应将代表各有关步的辅助继电器的常开触点并联后,驱动该输出继电器的线圈,如图 4-21 所示。

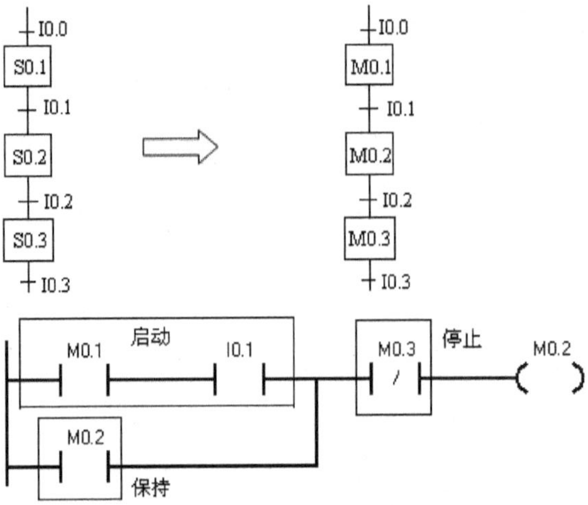

图 4-21 "启-保-停"电路梯形图

3. 利用"启-保-停"电路画出单流程的顺序功能图的梯形图

注意:关键是找出其启动条件和停止条件。

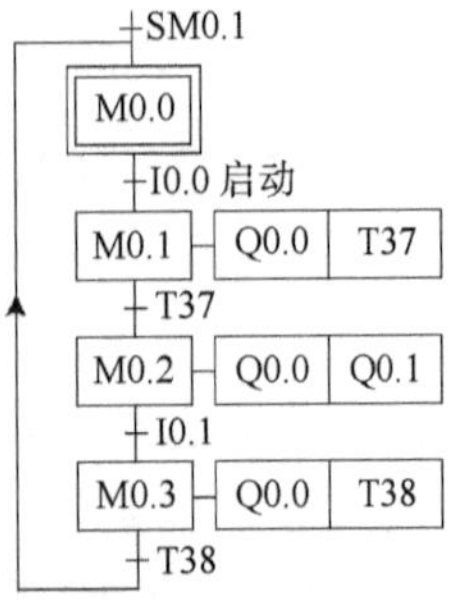

图 4-22 顺序功能图

如图 4-22 所示,转换实现的条件是它的前级步为活动步,并且满足相应的转换条件,如果步 M0.1 要变为活动步,条件是它的前级步 M0.0 为活动步,且转换满足转换条件 I0.0。在"启-保-停"电路中,将代表前级步的 M0.0 的常开触点和代表转换条件的 I0.0 的常开触点串联,作为控制 M0.1 的启动电路。

当步 M0.1 为活动步且满足转换条件 T37 时,步 M0.2 变为活动步,这时步 M0.1 变为非活动步,因此可以将 M0.2 为 1 作为使步 M0.1 变为非活动步的停止条件。

同时在程序中将 M0.0 的常开触点与启动电路并联作为保持条件,梯形图如图 4-23 所示。

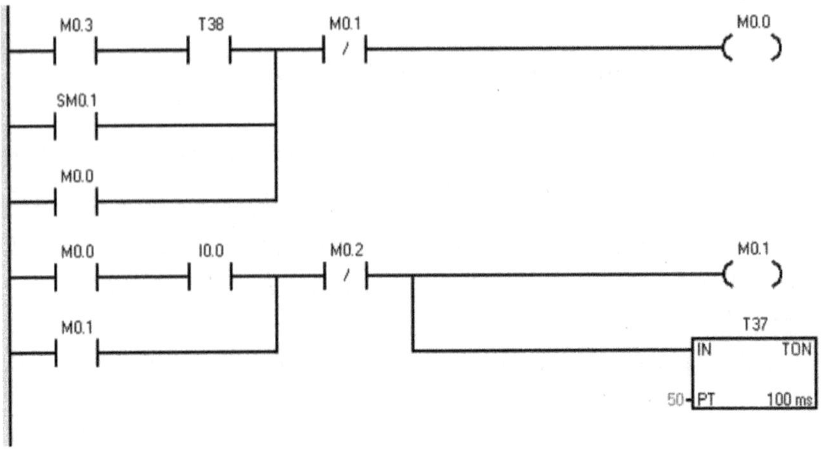

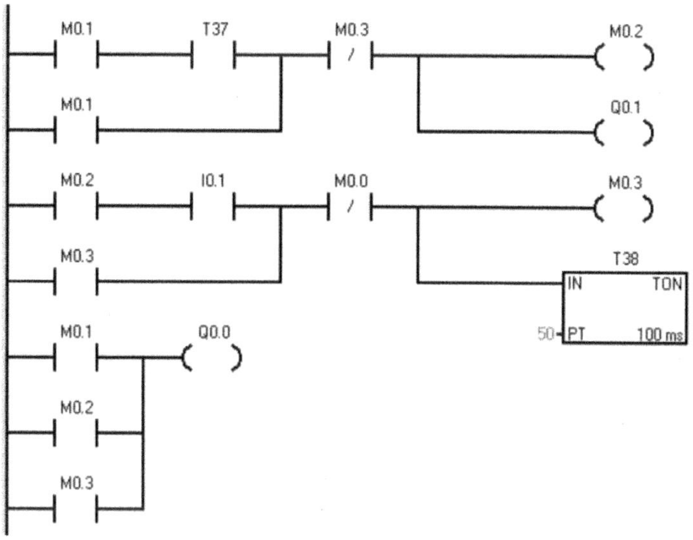

图 4-23 梯形图

4. 使用“启-保-停”电路实现选择序列与并行序列的顺序功能图转换梯形图

使用“启-保-停”电路实现选择序列与并行序列的顺序功能图到梯形图的转换，如图4-24、图 4-25 所示。步 M0.0 后有一个选择序列的分支，当 M0.0 为活动步，满足 I0.0 的转换条件时，步 M0.1 变为活动步，满足 I0.2 的转换条件时步 M0.2 变为活动步，无论其哪个后续步变为活动步，M0.0 都变为非活动步，所以应将 M0.1 和 M0.2 的常闭触点与 M0.0 的线圈串联作为其停止条件。步 M0.2 之前是选择序列的合并，当步 M0.1 为活动步并且满足 I0.1 的转换条件或者步 M0.0 为活动步且满足 I0.2 的转换条件时，步 M0.2 都能变为活动步，所以，步 M0.2 的启动条件为 M0.1·I0.1 与 M0.0·I0.2 并联构成。

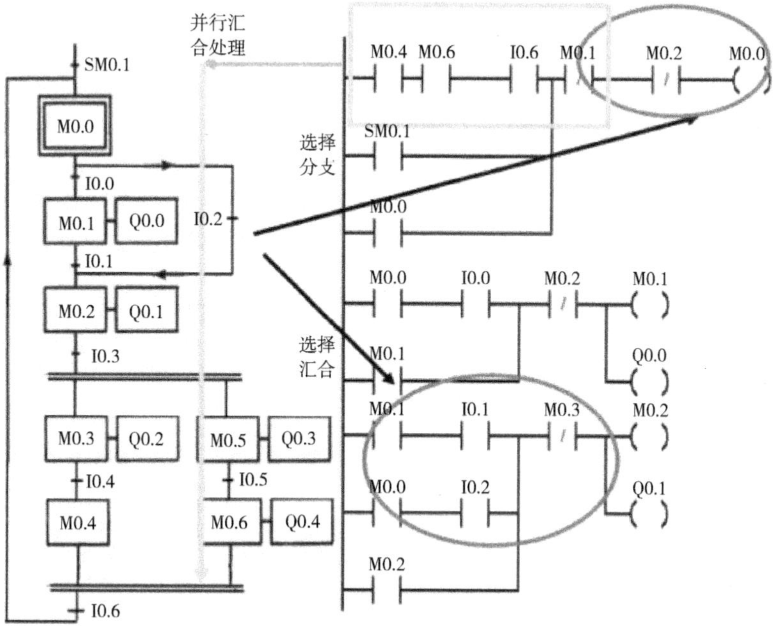

图 4-24 选择序列与并行序列的顺序功能图转换为梯形图

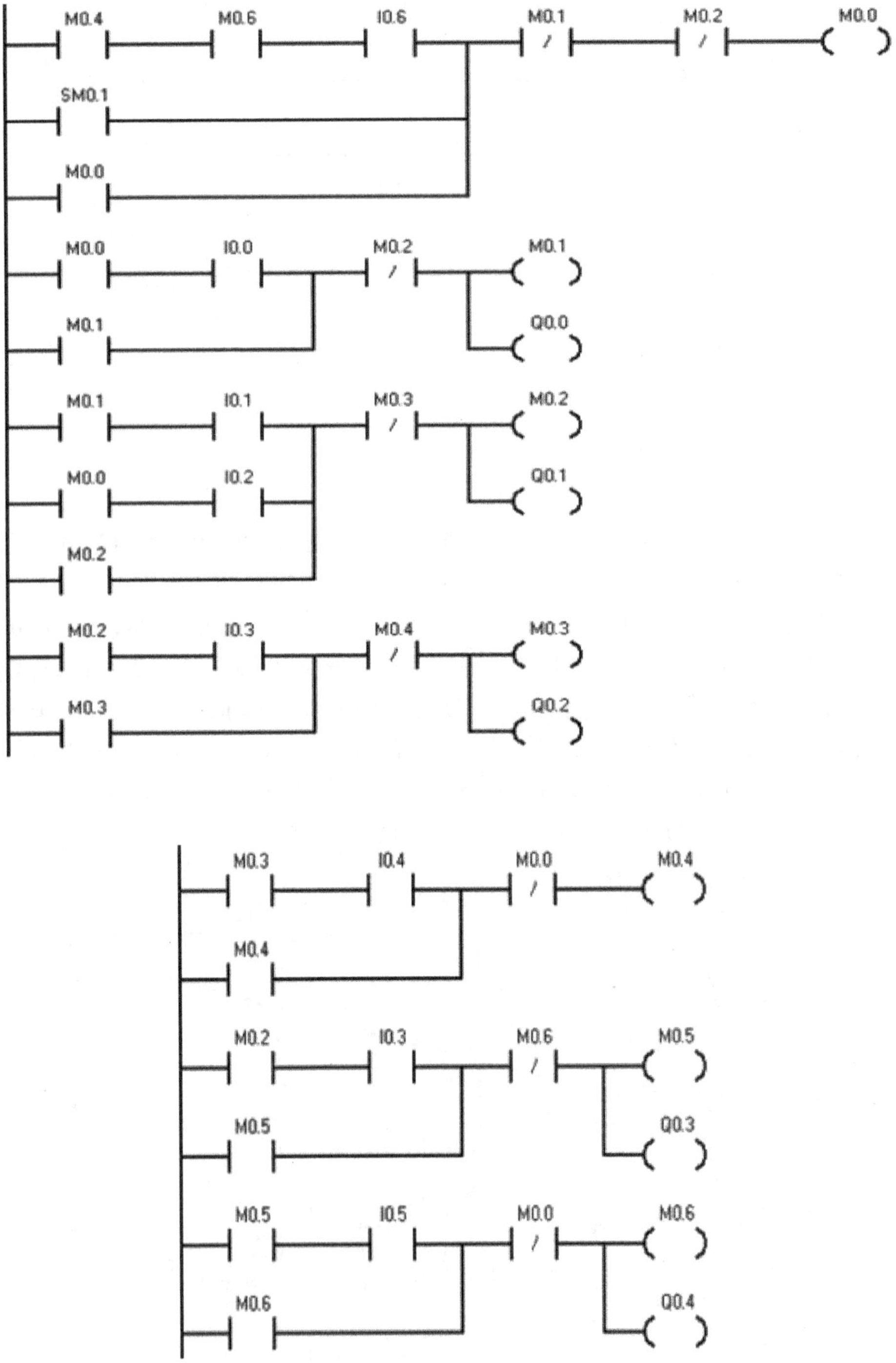

图 4-25 梯形图

仅有两步的闭环选择序列的处理如图 4-26 所示。

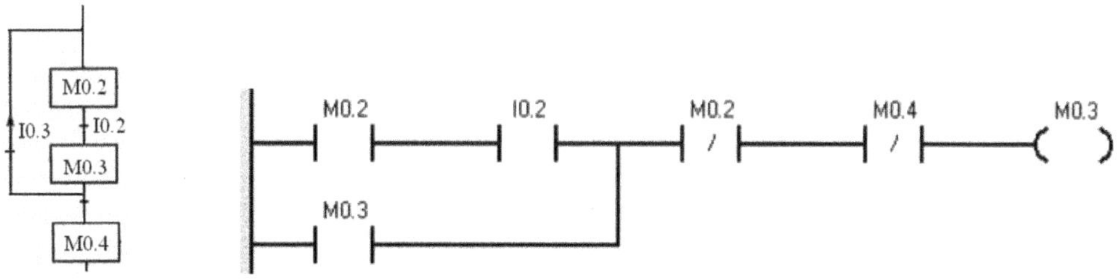

图 4-26　闭环选择序列顺序功能图转换为梯形图

【例 4-2】PLC 控制 3 台交流异步电动机 M1、M2 和 M3 顺序启动，按下启动按钮 SB1 后，3 台电动机顺序自动启动，间隔时间为 5 s，完成相关工作后按下停止按钮 SB2，3 台电动机逆序自动停止，间隔时间为 10 s。在启动过程中，如果按下停止按钮，则立即停止启动过程，对已经启动运行的电动机，立即反方向逆序停止，直到全部结束。

解：(1)画出顺序功能图，如图 4-27 所示。

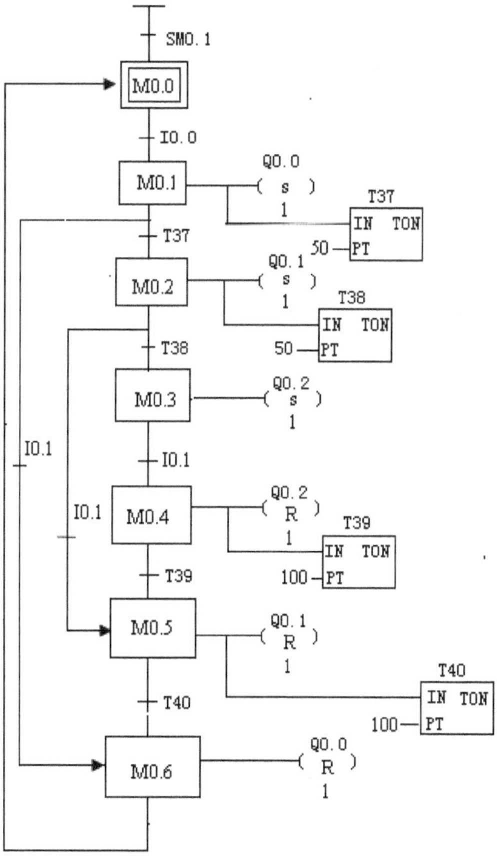

图 4-27　电动机顺序启停控制顺序功能图

(2)将图 4-27 转化为梯形图，如图 4-28 所示。

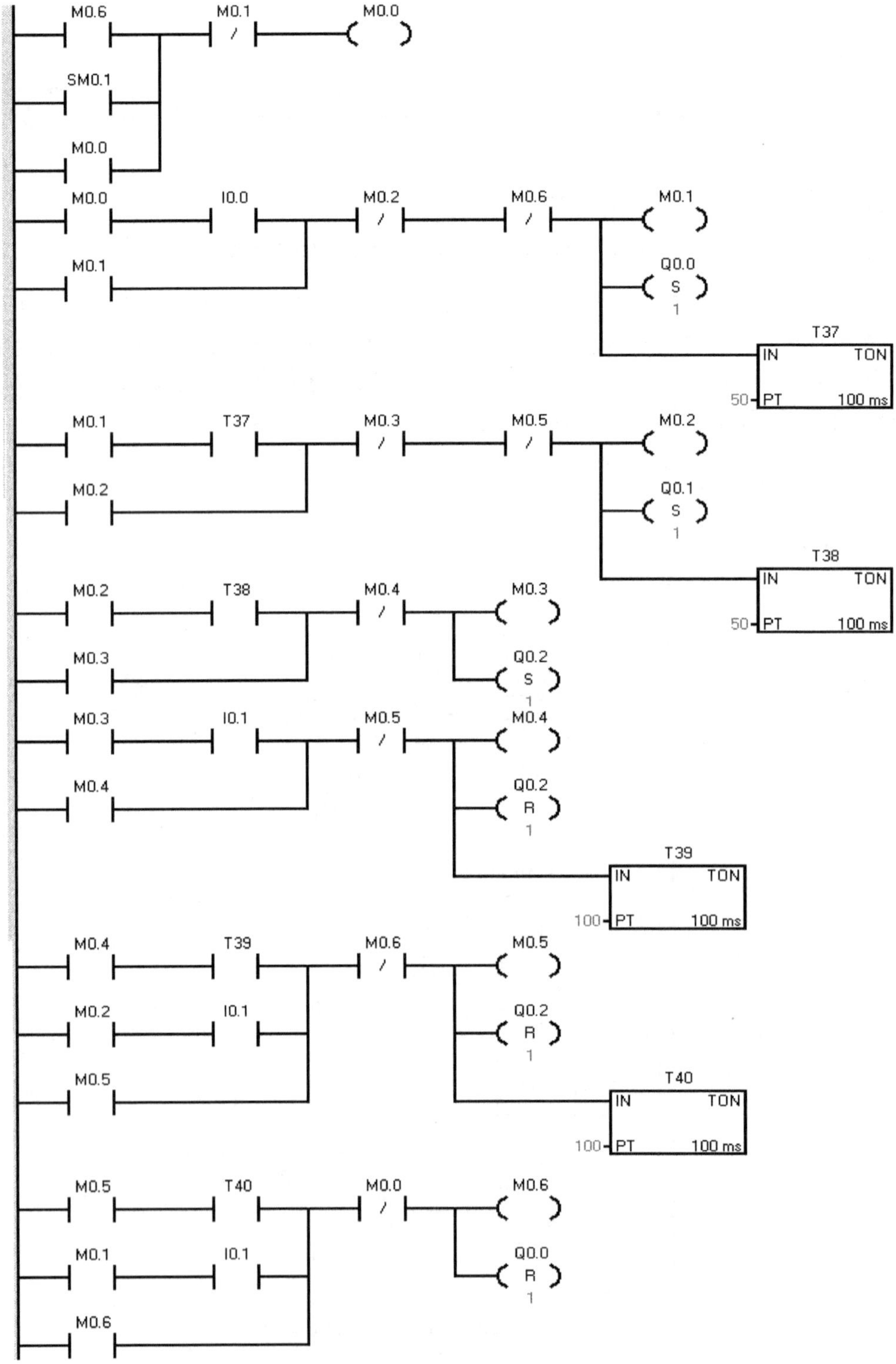

图 4-28 电动机顺序启停控制梯形图

任务三　三种液体混合控制

一、任务目标

（1）熟悉 SCR 顺序指令。
（2）掌握三种液体混合控制梯形图的基本编程规则。
（3）掌握三种液体混合控制系统的接线、调试、操作。
（4）掌握 SCR 顺序指令的顺序控制梯形图的设计方法。

二、任务描述

初始状态时，容器为空，电磁阀 Y1、Y2、Y3、Y4，搅拌机 M 与电炉 H 均为 OFF，液面传感器 L1、L2、L3 和温度传感器 T 均为 OFF。按下启动按钮，电磁阀 Y1 闭合，液体 A 流入容器，当液面高度达到 L2 时，关闭电磁阀 Y1，液体 A 停止注入；同时，开启电磁阀 Y2 和 Y3，注入液体 B 和 C，当液面升至 L1 时，关闭电磁阀 Y2 和 Y3，液体 B 和 C 停止注入；然后开启搅拌机 M，搅拌 10 s，停止搅拌，启动电炉 H 加热，当温度达到设定值时，停止加热，同时电磁阀 Y4 打开放出混合液体，当液面高度降为 L3 时，再经过 5 s 延时，液体可以全部放完，这时关闭电磁阀 Y4，打开电磁阀 Y1，又开始下一周期的操作。按停止按钮后，要等当前工作周期完全结束后才能停止，系统停止在初始状态。

三、任务实施

1. 所需要的工具、设备、材料

所需要的工具、设备、材料如表 4-5 所示。

表 4-5　所需要的工具、设备、材料

序号	名称	型号与规格	数量	备注
1	可编程控制器实训装置	THPFSM-1/2	1 台	
2	实训挂箱	A16	1 个	
3	导线	3 号	若干根	
4	PC/PPI 通信电缆		1 根	西门子
5	计算机		1 台	自备

2. I/O 点的分配

根据被控对象对 PLC 系统的动能要求和需要输入、输出的点数选择适当类型的 PLC，并分配输入、输出点，如表 4-6 所示。

表4-6 I/O点分配表

输入(I)			输出(O)		
电气符号(面板端子)	功能	信号地址	电气符号(面板端子)	功能	信号地址
L2	液面传感器L2	I0.0	Y1	电磁阀Y1	Q0.0
L1	液面传感器L1	I0.1	Y2	电磁阀Y2	Q0.1
L3	液面传感器L3	I0.2	Y3	电磁阀Y3	Q0.2
T	温度传感器T	I0.3	M	搅拌机M	Q0.3
SB1	启动按钮SB1	I0.4	H	电炉H	Q0.4
SB2	停止按钮SB2	I0.5	Y4	电磁阀Y4	Q0.5

3. I/O接线图

本任务的PLC外部I/O接线图如图4-29所示，实验设备端子图如图4-30所示。

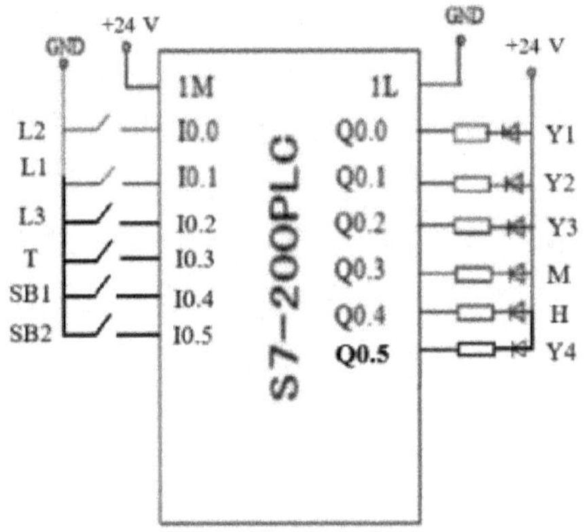

图4-29 三种液体混合控制的PLC外部I/O接线图

4. 程序设计

根据被控对象的工艺条件和控制要求设计顺序功能图，如图4-31所示。然后参考顺序功能图设计梯形图，如图4-32所示。

5. 编写、下载、调试程序

编写梯形图程序，在STEP 7-Micro/WIN软件中进行程序的检查、调试与仿真，确认无误后写入PLC。

6. 任务总结与考核

(1)思考：三种液体混合控制如何用“启-保-停”电路、“以转换为中心”的方法设计顺序控制梯形图？任务完成得怎么样？有何收获和体会？有没有需要完善和改进的地方？对自己有何评价？

(2)行动：按照任务要求，与同学、教师共同完成本任务的考核工作；整理所编写的材料，完成实训报告。

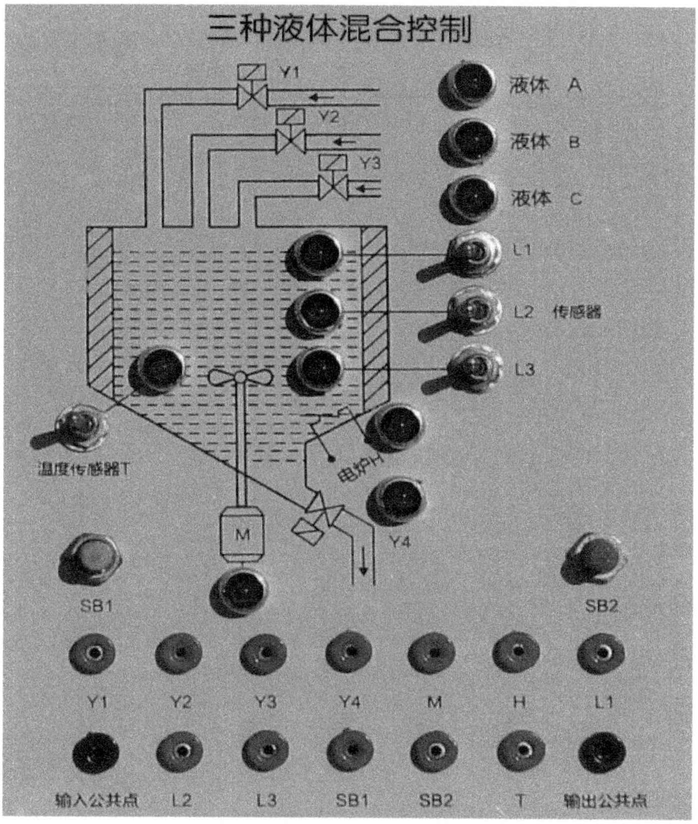

图 4-30　三种液体混合控制的实验设备端子图

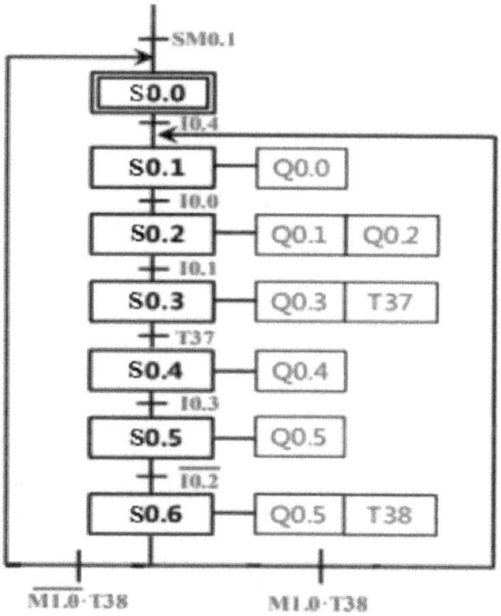

图 4-31　三种液体混合控制的顺序功能图

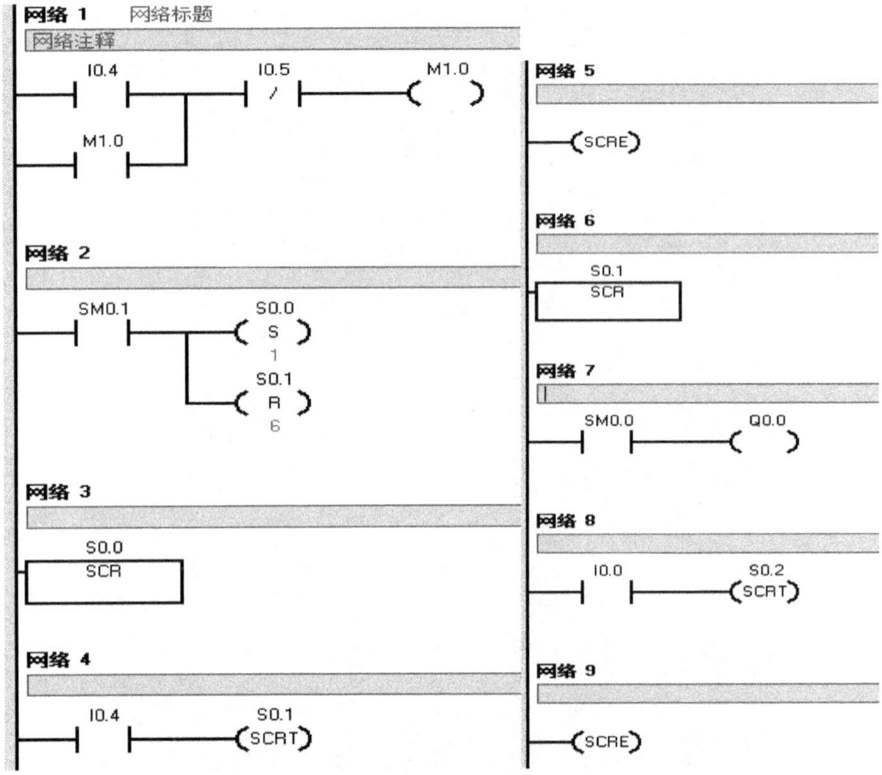
网络 1
网络标题
网络注释
I0.4
I0.5
M1.0
M1.0
网络 2
SM0.1
S0.0
S
1
S0.1
R
6
网络 3
S0.0
SCR
网络 4
I0.4
S0.1
SCRT
网络 5
SCRE
网络 6
S0.1
SCR
网络 7
SM0.0
Q0.0
网络 8
I0.0
S0.2
SCRT
网络 9
SCRE

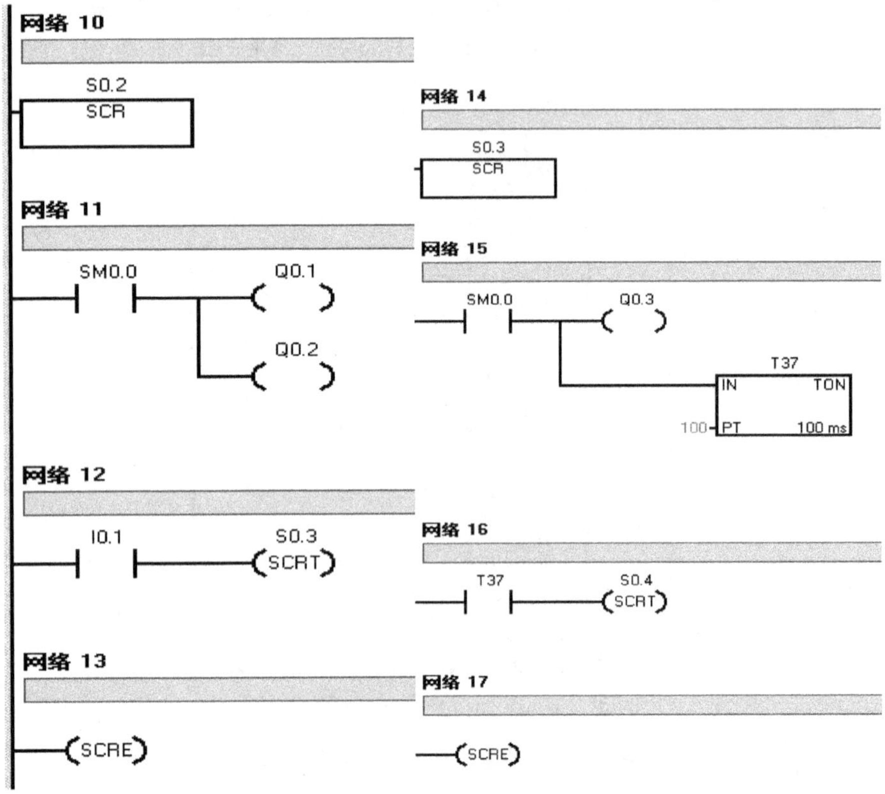
网络 10
S0.2
SCR
网络 11
SM0.0
Q0.1
Q0.2
网络 12
I0.1
S0.3
SCRT
网络 13
SCRE
网络 14
S0.3
SCR
网络 15
SM0.0
Q0.3
T37
IN
TON
100
PT
100 ms
网络 16
T37
S0.4
SCRT
网络 17
SCRE

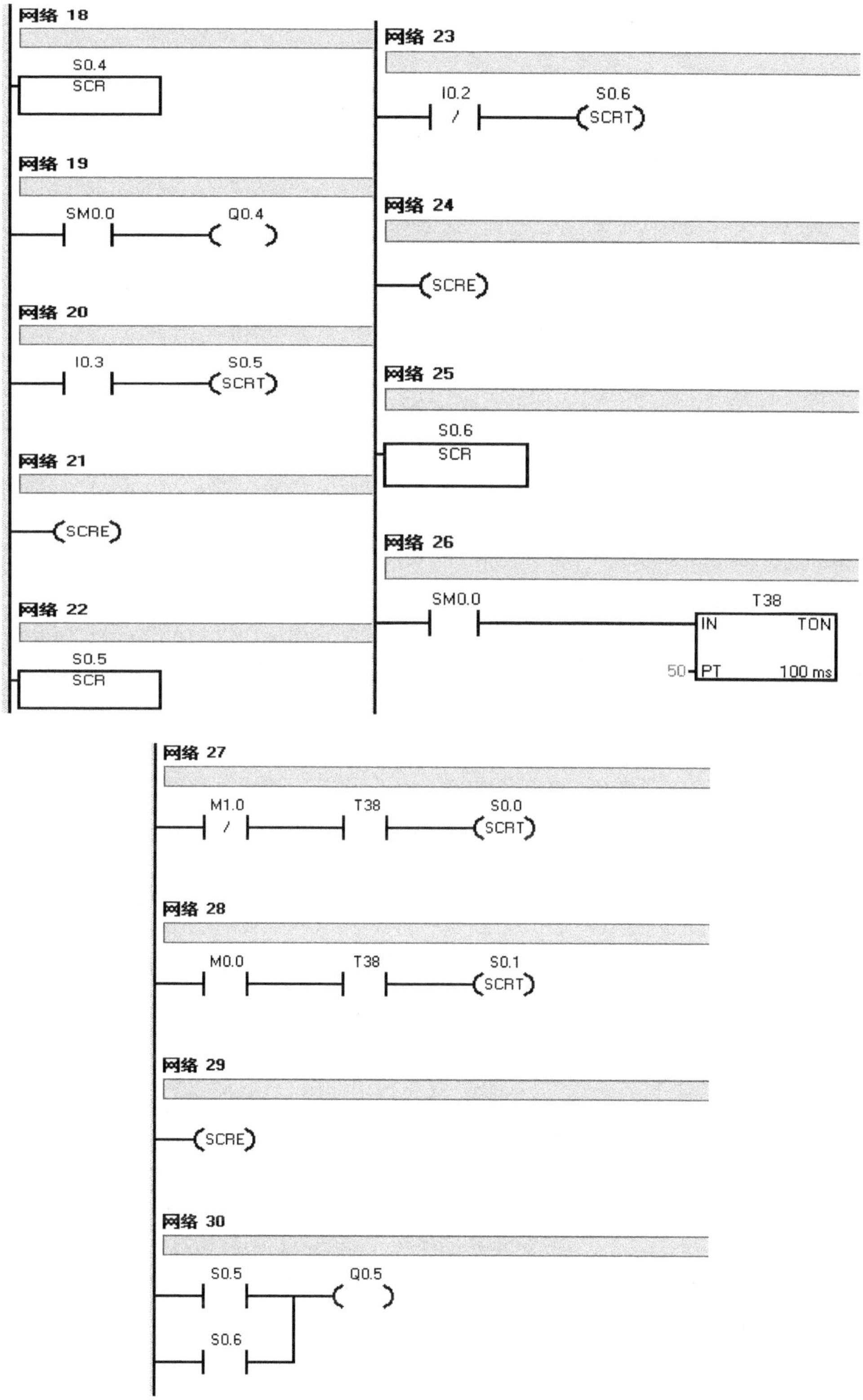

图 4-32　三种液体混合控制的梯形图

四、知识链接

1. SCR 顺序指令

顺序功能图中除了使用位存储器 M 代表各步外，还可以使用顺控继电器 S 代表各步，使用以 S 代表各步的顺序功能图设计梯形图程序时，需要使用 SCR 顺序指令，如图 4-33 所示。

类型	梯形图	语句表	功能
SCR装载指令	bit SCR	LSCR bit	表示SCR段的开始
SCR传送指令	bit —(SCRT)	SCRT bit	表示SCR段间的转换
SCR结束指令	—(SCRE)	SCRE	表示SCR段的结束

图 4-33　顺控继电器指令

顺控继电器指令的说明如下。

（1）步进控制指令 SCR 只对状态元件 S 有效。为了保证程序的可靠运行，驱动状态元件 S 的信号应采用短脉冲。

（2）顺控继电器是 S7-200 系列 PLC 的一个存储区，用“S”表示，共 256 位，采用 8 进制（S0.0~S0.7，⋯，S31.0~S31.7）。

（3）顺控继电器装载指令 LSCR 用来表示一个状态的开始，结束指令 SCRE 用来表示一个状态的结束。

（4）顺控继电器传送指令 SCRT 用来表示状态的转移。

（5）同一个 S 位不能用于不同的程序中。例如：如果在主程序中使用了 S0.1，在子程序中就不能再使用它。

（6）在 SCR 段之间不能使用 JMP 和 LBL 指令，即不允许在 SCR 段之间跳入、跳出，但可以在 SCR 段附近使用 JMP 和 LBL 指令或者在段内跳转。

（7）不能在 SCR 段中使用 FOR、NEXT 和 END 指令。

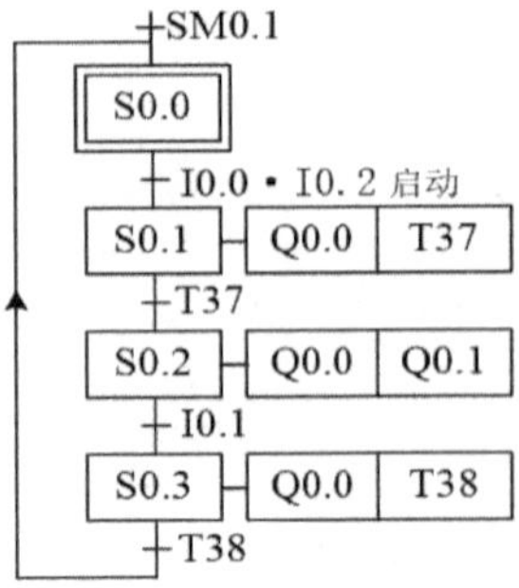

图 4-34　SCR 顺序指令的顺序功能图

2. 用 SCR 顺序指令设计顺序功能图

SCR 顺序指令的顺序功能图主要由步、有向连线、转换、转换条件和动作（或命令）组成，如图 4-34 所示。

3. 将 SCR 顺序指令顺序功能图转化为梯形图程序

程序编写方法：装载指令 LSCR →输出→传送指令 SCRT →结束指令 SCRE，注意多步输出放在程序最后，如图 4-35 所示。

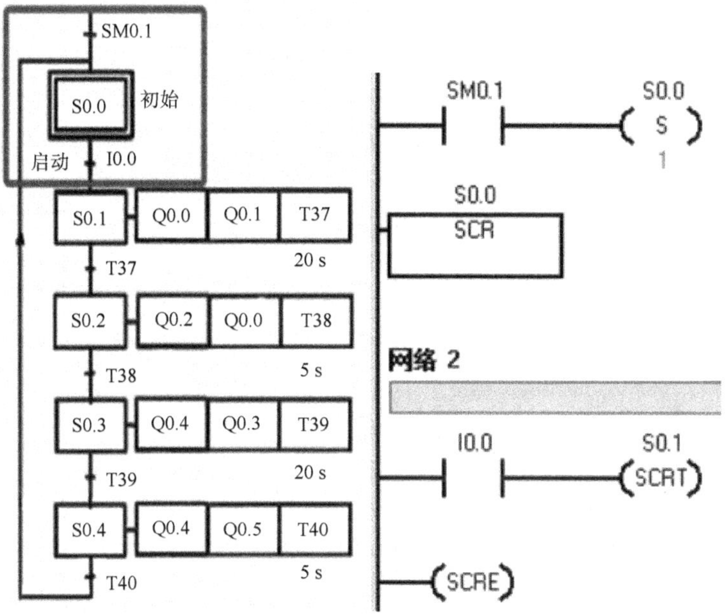
SM0.1
S0.0
初始
启动
I0.0
S0.1
Q0.0
Q0.1
T37
20 s
T37
S0.2
Q0.2
Q0.0
T38
5 s
T38
S0.3
Q0.4
Q0.3
T39
20 s
T39
S0.4
Q0.4
Q0.5
T40
5 s
T40
SM0.1
S0.0
S
1
S0.0
SCR
网络 2
I0.0
S0.1
SCRT
SCRE

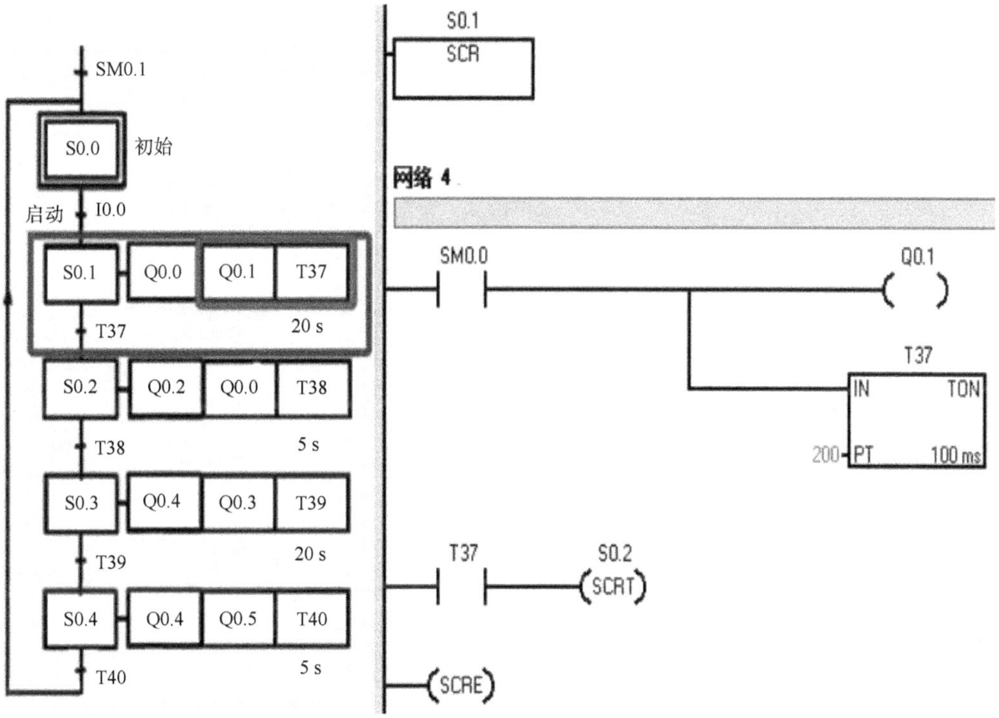
SM0.1
S0.0
初始
启动
I0.0
S0.1
Q0.0
Q0.1
T37
20 s
T37
S0.2
Q0.2
Q0.0
T38
5 s
T38
S0.3
Q0.4
Q0.3
T39
20 s
T39
S0.4
Q0.4
Q0.5
T40
5 s
T40
S0.1
SCR
网络 4
SM0.0
Q0.1
T37
IN
TON
200
PT
100 ms
T37
S0.2
SCRT
SCRE

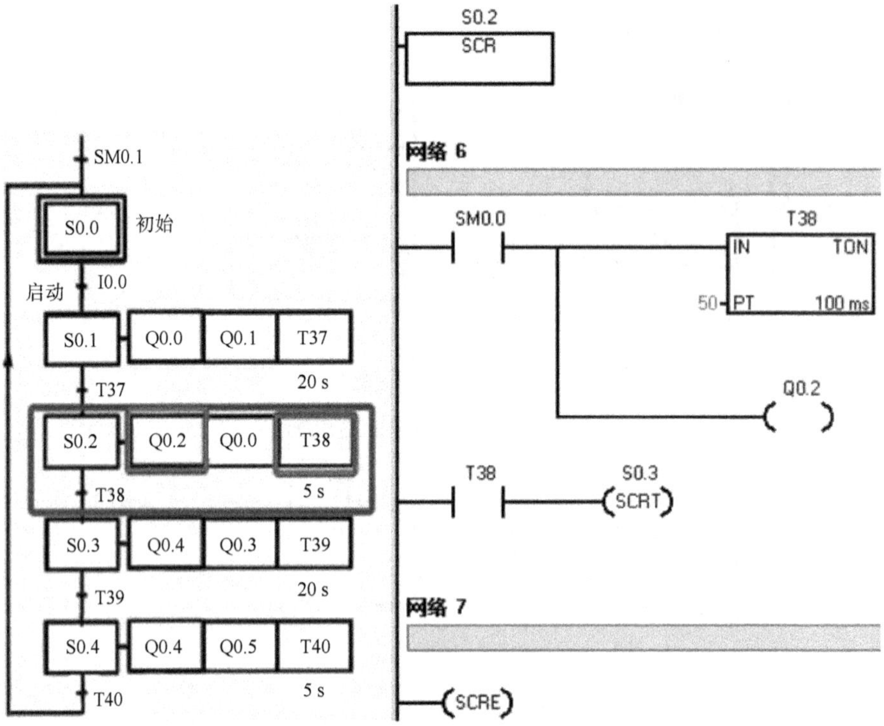

SM0.1
S0.0
初始
启动
I0.0
S0.1
Q0.0
Q0.1
T37
20 s
T37
S0.2
Q0.2
Q0.0
T38
T38
5 s
S0.3
Q0.4
Q0.3
T39
20 s
T39
S0.4
Q0.4
Q0.5
T40
5 s
T40
S0.2
SCR
网络 6
SM0.0
T38
IN TON
50 PT 100 ms
Q0.2
T38
S0.3
SCRT
网络 7
SCRE

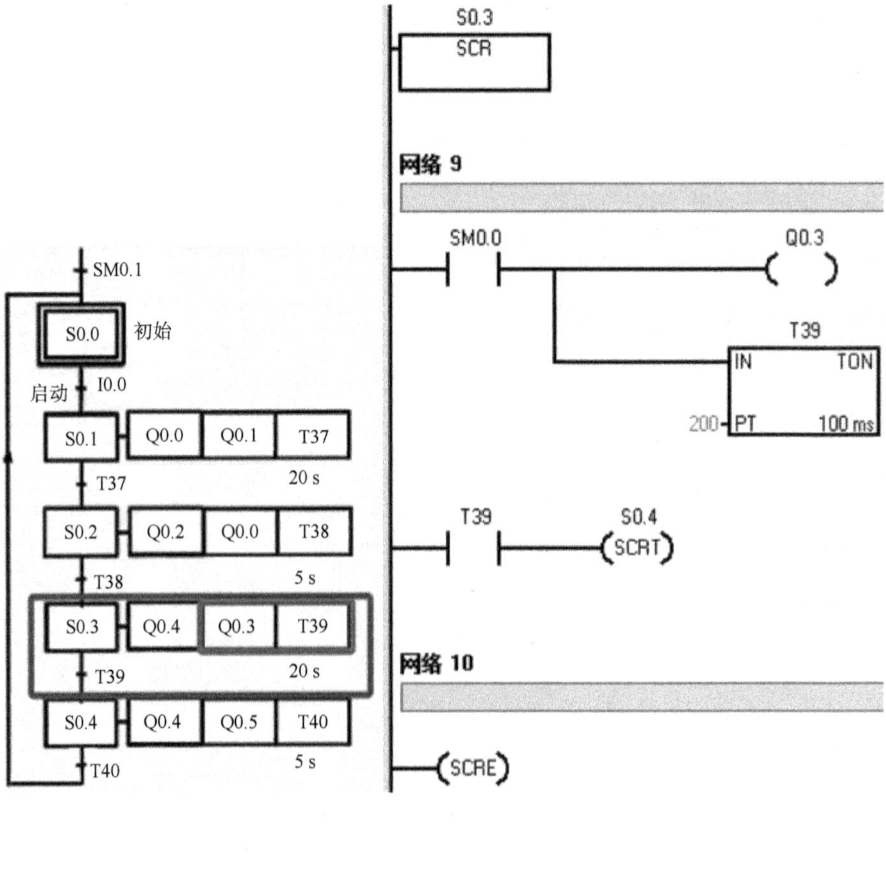

SM0.1
S0.0
初始
启动
I0.0
S0.1
Q0.0
Q0.1
T37
20 s
T37
S0.2
Q0.2
Q0.0
T38
T38
5 s
S0.3
Q0.4
Q0.3
T39
20 s
T39
S0.4
Q0.4
Q0.5
T40
5 s
T40
S0.3
SCR
网络 9
SM0.0
Q0.3
T39
IN TON
200 PT 100 ms
T39
S0.4
SCRT
网络 10
SCRE

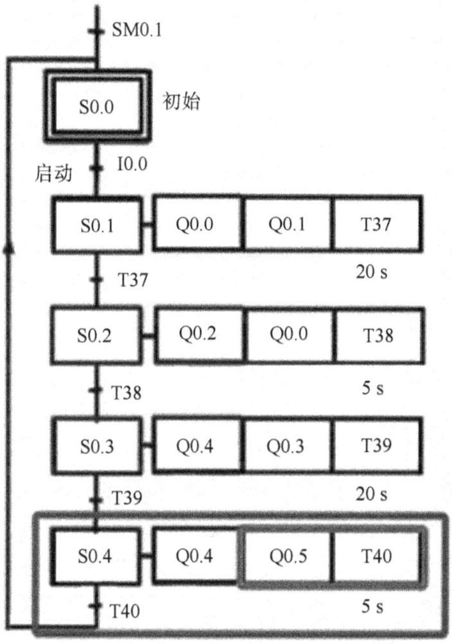
SM0.1
S0.0
初始
启动
I0.0
S0.1
Q0.0
Q0.1
T37
T37
20 s
S0.2
Q0.2
Q0.0
T38
T38
5 s
S0.3
Q0.4
Q0.3
T39
T39
20 s
S0.4
Q0.4
Q0.5
T40
T40
5 s

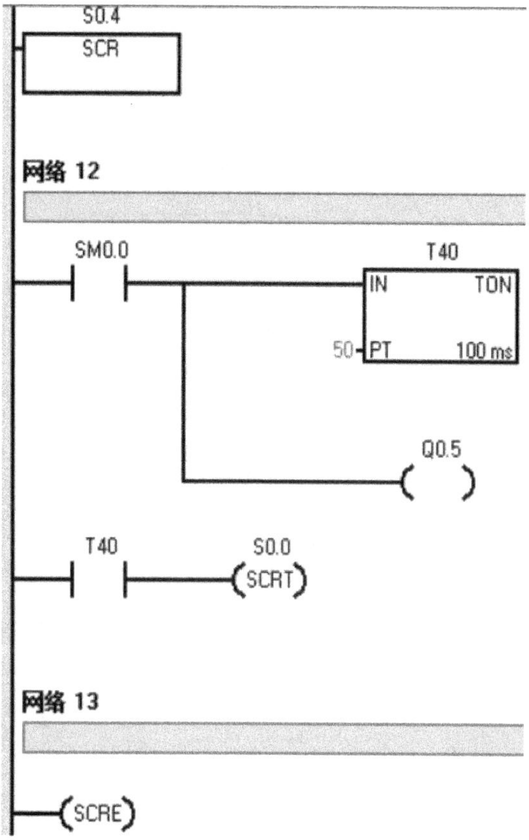
S0.4
SCR
网络 12
SM0.0
T40
IN
TON
50
PT
100 ms
Q0.5
T40
S0.0
SCRT
网络 13
SCRE

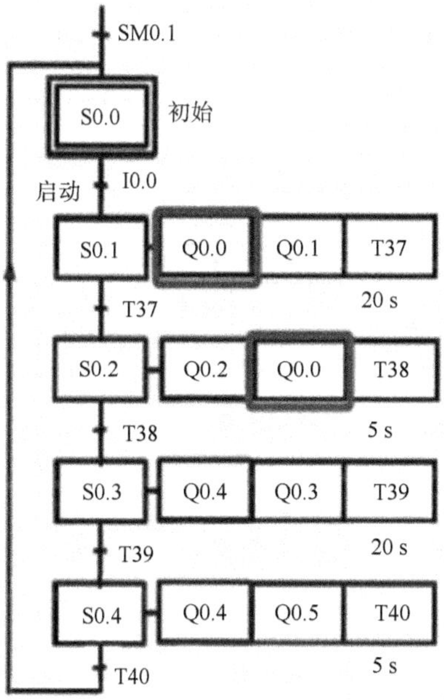
SM0.1
S0.0
初始
启动
I0.0
S0.1
Q0.0
Q0.1
T37
T37
20 s
S0.2
Q0.2
Q0.0
T38
T38
5 s
S0.3
Q0.4
Q0.3
T39
T39
20 s
S0.4
Q0.4
Q0.5
T40
T40
5 s

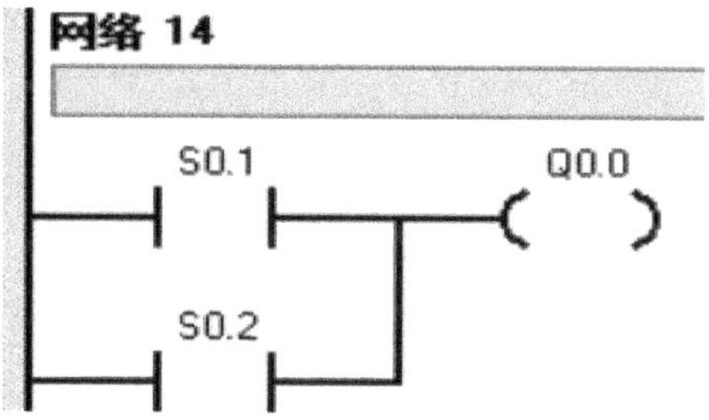
网络 14
S0.1
Q0.0
S0.2

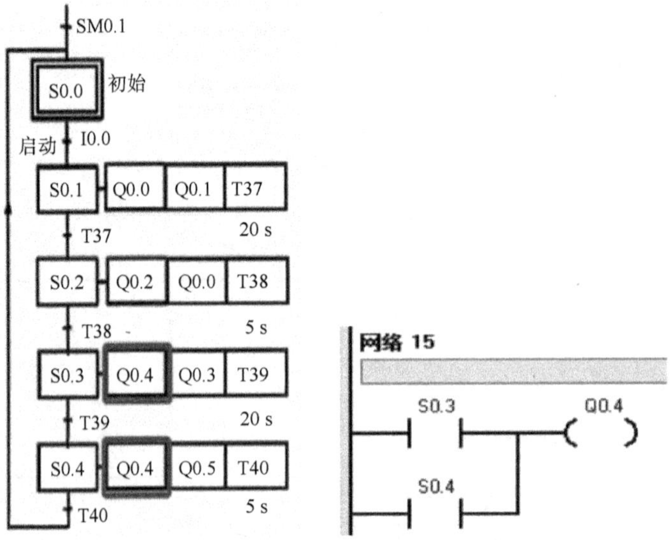

图 4-35 顺序指令 SCR 顺序功能图的梯形图程序

4. 带有分支的顺序功能图转化为梯形图的编程原则与编程方法

(1)编程原则:先集中进行分支状态处理,再集中进行汇合状态处理。

(2)编程方法:分支状态处理时,应先进行分支状态的驱动处理,再按分支的顺序进行转移处理;汇合状态处理时,应先进行汇合前状态(分支状态—汇合状态之间的中间状态)的处理(含这些状态的驱动和转移),再依分支顺序进行由各分支到汇合状态的转移(各分支最后一个状态到汇合状态的转移)。

(3)用带有分支的顺序功能图编写梯形图程序举例。

①图 4-36、图 4-37 所示为选择序列 。

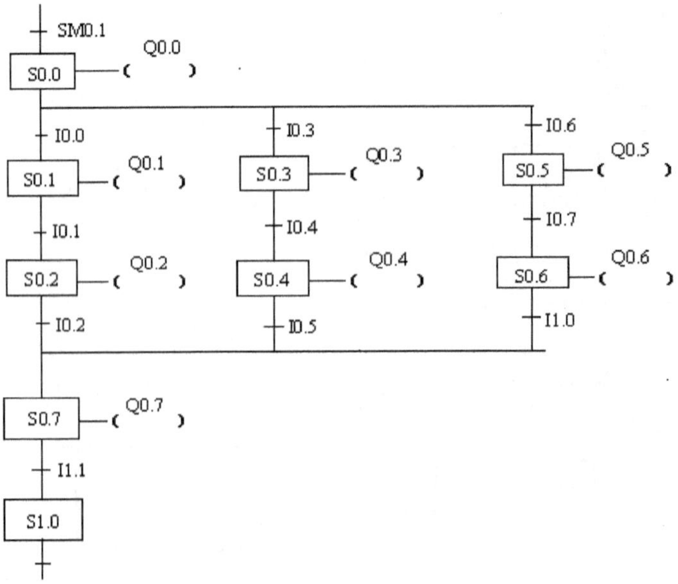

图 4-36 选择序列顺序功能图

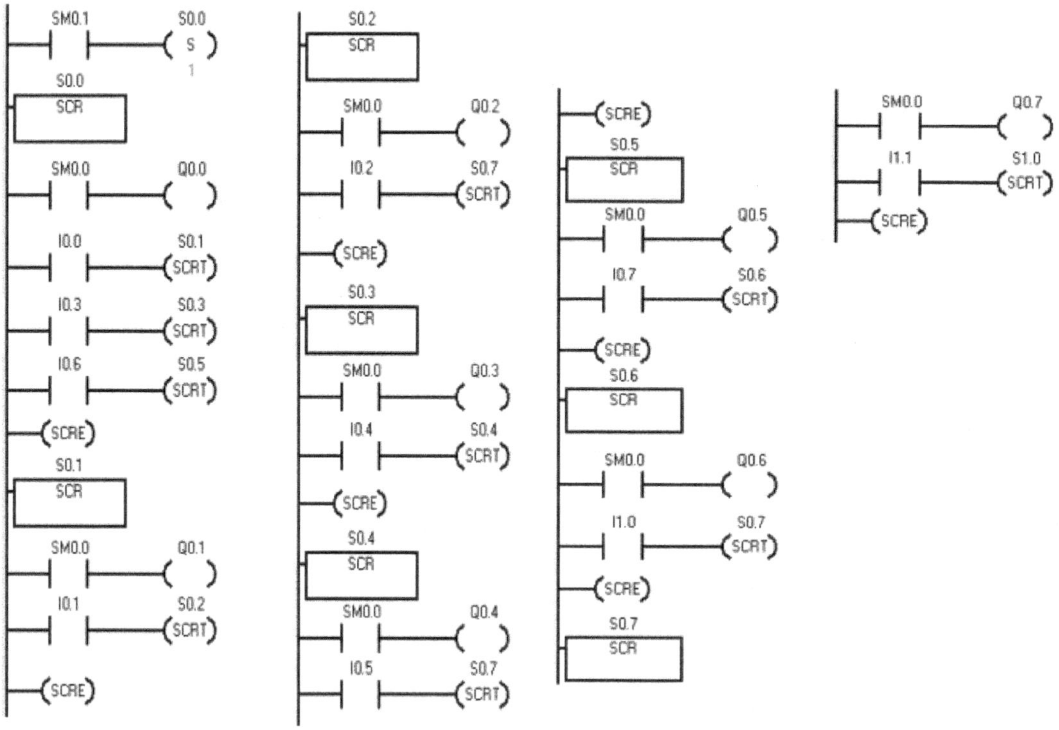

图 4-37　选择序列梯形图

②图 4-38、图 4-39 所示为并行序列。

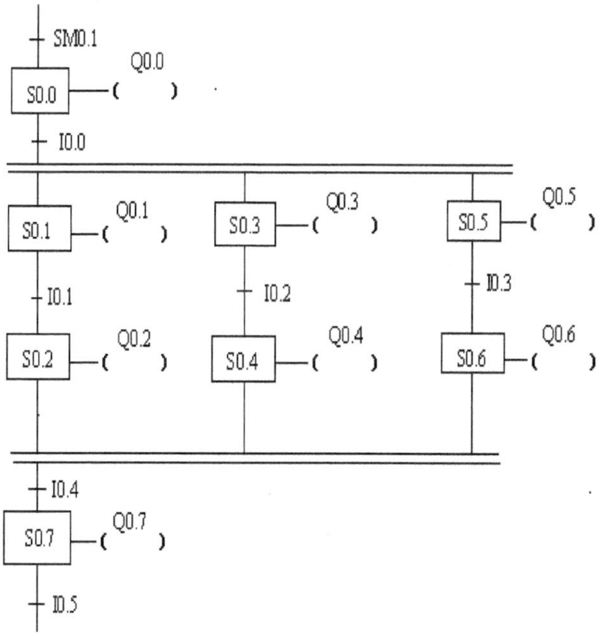

图 4-38　并行序列顺序功能图

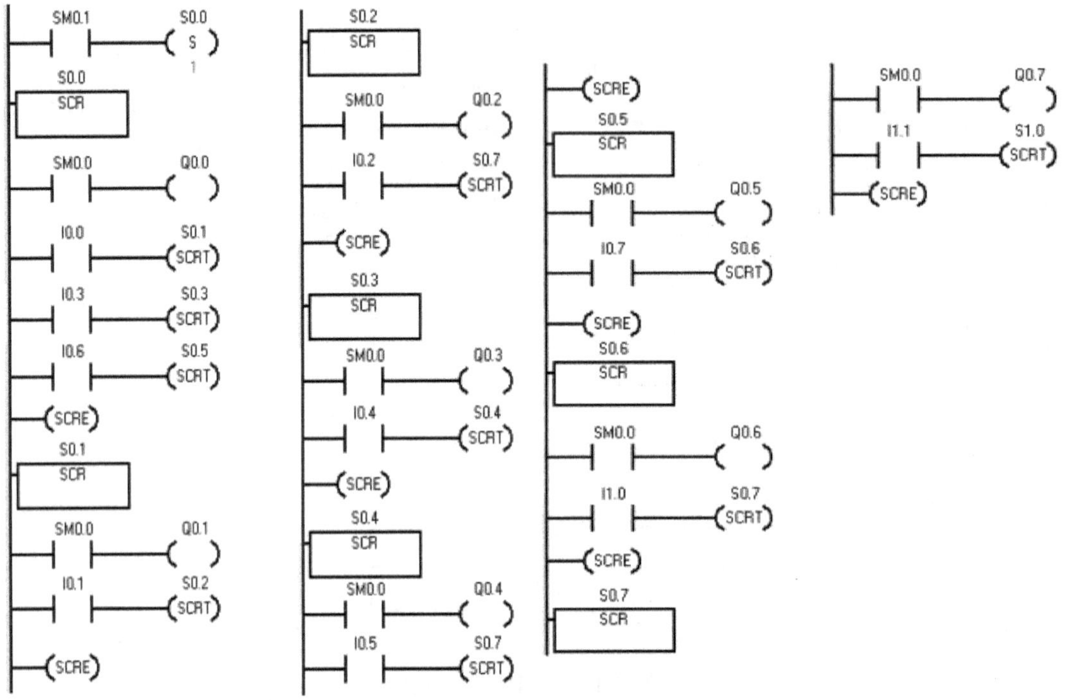

图 4-39 并行序列梯形图

☑ 项目小结

本项目主要介绍了顺序控制,顺序功能图的概念、组成、类别与绘制方法,顺序功能图到梯形图的转换,顺序指令的应用。

顺序控制是针对顺序控制系统的一种专门的设计方法。这种设计方法很容易被初学者接受,程序的调试、修改和阅读也很方便,对于有经验的工程师,可提高设计的效率。

顺序控制设计法的设计步骤:

(1)步的划分;

(2)确定每个阶段要完成的动作;

(3)转换条件的确定;

(4)功能表图的绘制;

(5)梯形图的编制。

顺序功能图又称作状态转移图,它是描述控制系统的控制过程、功能和特性的一种图形。它主要由步、有向连线、转换、转换条件和动作(或命令)组成。顺序功能图的基本结构:单序列、选择序列和并行序列。

顺序功能图转换的基本原则如下。①转换实现的条件:该转换所有的前级步都是活动步;相应的转换条件得到满足。②转换实现的操作:使所有由有向连线和转换条件相连的后续步都变为活动步;使所有由有向连线和转换条件相连的前级步都变为非活动步。

顺序功能图到梯形图的转换有三种方式:①为“以转换为中心”的编程方法,置位后续步对应的位存储器,复位前级步对应的位存储器,实现到梯形图的转化;②利用 SCR 顺序指令的顺序控制梯形图的设计方法;③用“启-保-停”电路找出其启动条件和停止条件,实现顺序功能图到普通梯形图的转化。

SCR 顺序指令:顺序功能图中除了使用位存储器 M 代表各步外,还可以使用顺控继电器 S 代表各步,使用以 S 代表各步的顺序功能图设计梯形图程序时,需要使用 SCR 顺序指令。

项目五　PLC 通信与网络应用

☑ 项目目标

随着工厂自动化网络得到迅速发展，企业大量应用可编程设备，如 PLC、工业控制计算机、变频器、机器人、柔性制造系统等。因此将不同厂家生产的这些设备连在一个网络上，使其相互之间进行数据通信并集中管理，成为首要任务。本项目主要介绍有关 PLC 的通信与工厂自动化通信网络方面的初步知识。

☑ 项目任务

1. PPI 通信及其应用。
2. USS 通信及其应用。
3. Ethernet 通信及其应用。

任务一　PPI 通信及其应用

PPI 协议是西门子为 S7-200 专门开发的通信协议，是交换信息的专用协议。PPI 协议是一种点对点协议，是不开放的协议。CPU 自带的两个通信口（Port0、Port1）均支持该协议，S7-200 的一些通信模块也支持 PPI 协议。编程软件 STEP 7-Micro/WIN 与 CPU 进行编程通信使用 PPI 协议，编程下载必须使用配套的 PPI 线缆。PPI 是一种主从协议，CPU 既可以做主站，又可以做从站，如图 5-1 所示。主站靠 PPI 协议管理与从站的通信。所有的通信程序运行在主 CPU 上，从站设备不需要专门的通信代码，根据主站的请求做出对应响应，实现 CPU 之间的数据交换。

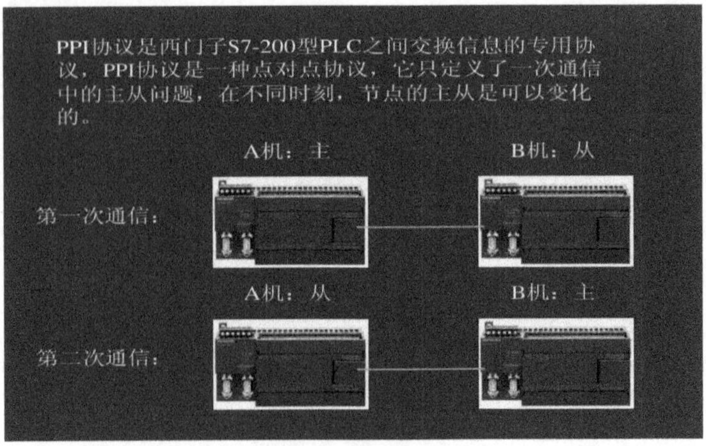

图 5-1　PPI 协议

采用 PPI 协议可以设置由单主站、多从站构成简单的 PPI 网络，也可以设置由多主站和若干从站构成复杂的通信网络，主站数量一般不超过 32 个。S7-200 CPU 的 PPI 网络通信建立在 RS-485 的硬件基础上，其连接属性和硬件设备与其他 RS-485 网络一致，即通过一对双绞线直接连接，非常方便。

一、任务目标

(1)掌握 PPI 协议的概念及特点。
(2)掌握 PPI 通信指令向导设置的方法。
(3)掌握用网络读写 NETR/NETW 指令。

二、任务描述

两台 PLC 进行 PPI 通信，一台作为主站，设地址为 2；另一台作为从站，设地址为 3。要求：主站上的 IB0 控制从站上的 QB0；从站上的 IB0 控制主站上的 QB0。

三、任务实施

1. 方法一

(1)指令向导，首先将主站地址设为 2，从站地址设为 3。
(2)选择网络读写指令条数(图 5-2)。

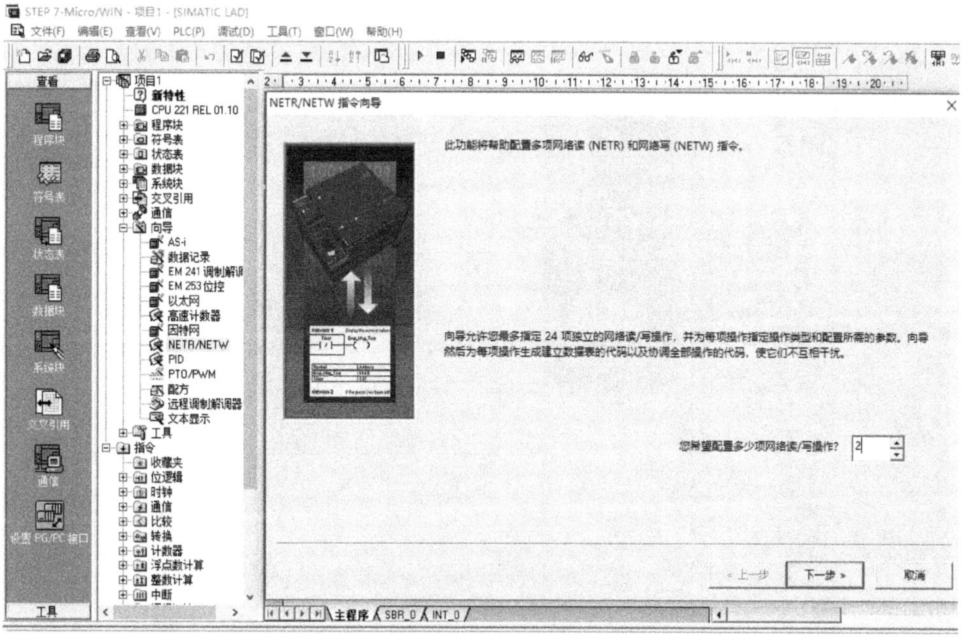

图 5-2　步骤(2)

(3)选择通信端口(图 5-3)。

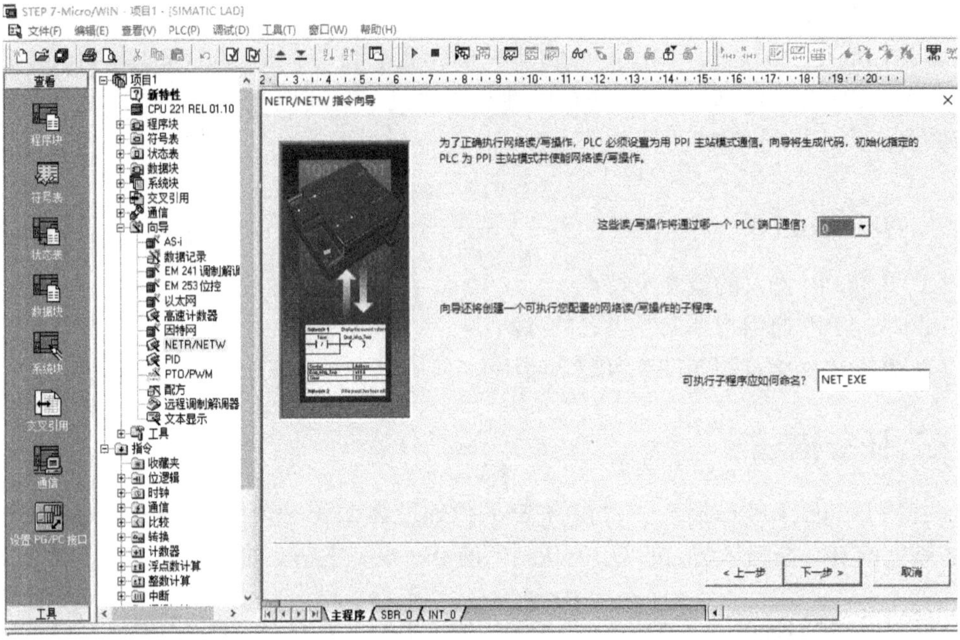

图 5-3　步骤(3)

(4)读从站地址为 3 的 VB0 的数据，将其存储在主站的 VB0 中(依据实际情况调整，图 5-4)。

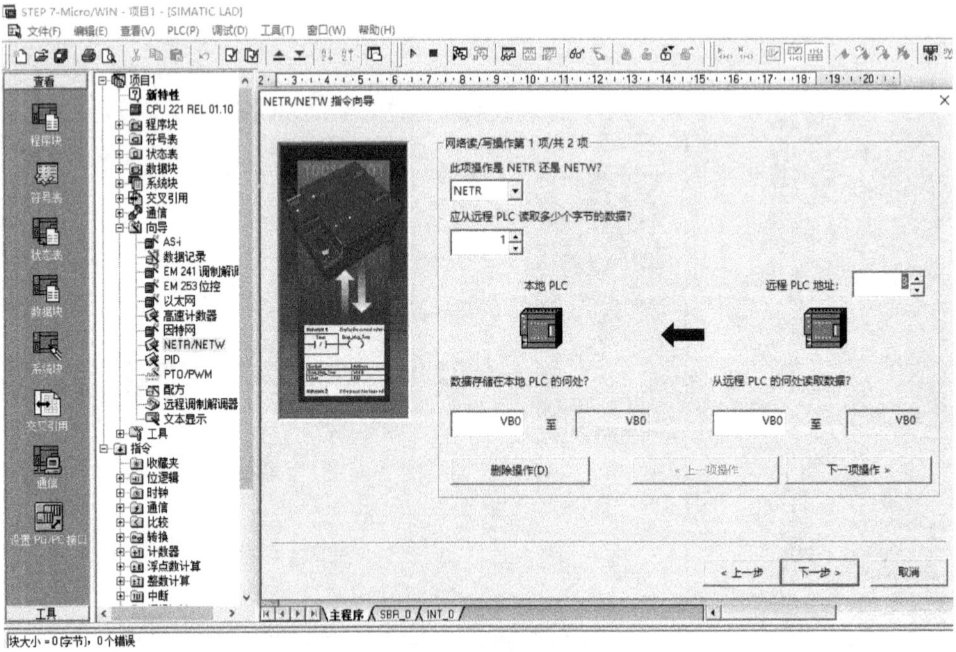

图 5-4　步骤(4)

(5)将主站 VB0 的数据写入从站地址为 2 的 VB0 中(依据实际情况调整，图 5-5)。

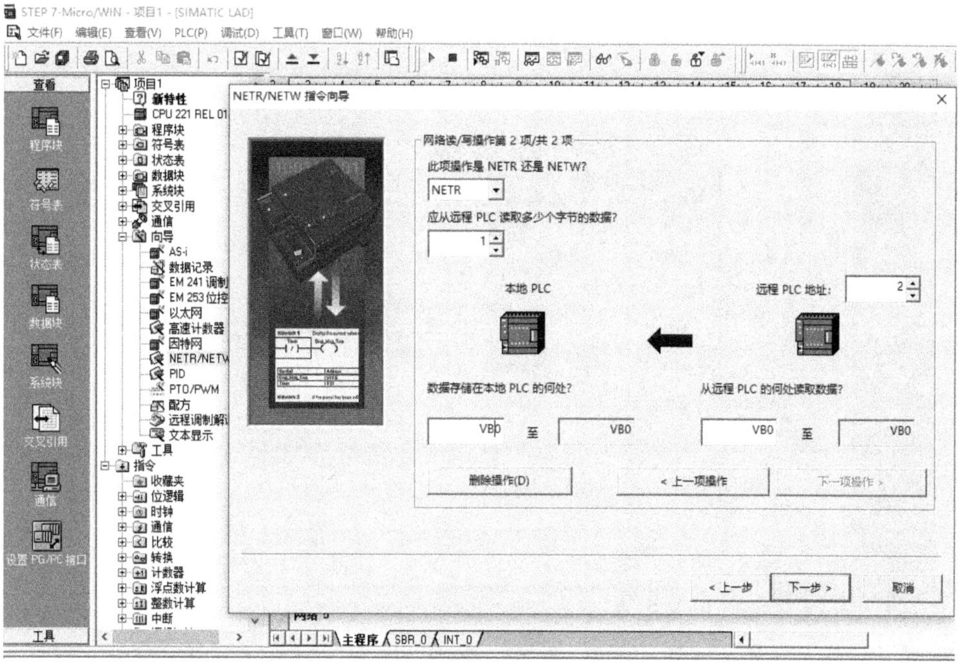

图 5-5　步骤(5)

(6)分配存储区地址(图 5-6)。

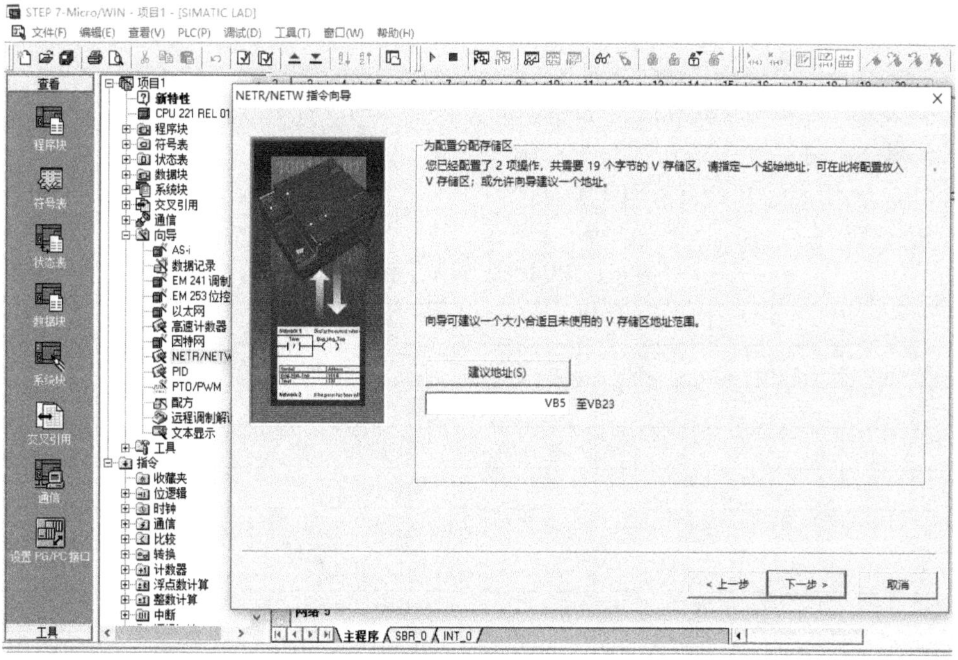

图 5-6　步骤(6)

(7)生成子程序和符号表(图 5-7)。

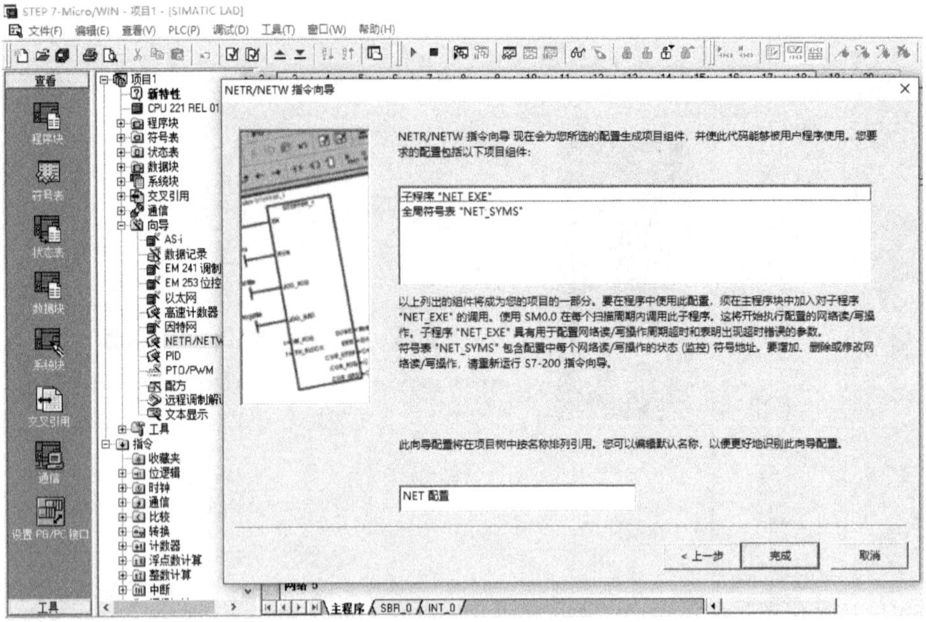

图 5-7 步骤(7)

2. 方法二

用网络读写 NETR/NETW 指令。

(1)规划本地和远程通信站的数据缓冲区。

(2)写控制字 SMB30(或 SMB130),将通信口设置为 PPI 主站。

(3)装入远程站(通信对象)地址。

(4)装入远程站相应的数据缓冲区(无论是要读入的或者是写出的)地址。

(5)装入数据字节数。

(6)执行网络读写(NETR/NETW)指令。

网络读取/写入 TBL 的定义如表 5-1 所示。

表 5-1 网络读取/写入 TBL 的定义

	7				0
0	D	A	E	0	错误代码
1	远程站地址				
2	指针指向				
3	数据区				
4	远程站				
5	(I,Q,M,orV)				
6	数据长度				
7	数据字节 0				
8	数据字节 1				
	…				
22	数据字节 15				

表5-1中各字符的含义如下。

D:完成(功能完成),0=未完成,1=完成。

A:现用(功能入队),0=非现用,1=现用。

E:错误,0=无错,1=错误。

远程站地址:存取数据的PLC地址。

指针指向:数据指针(指向PLC中数据的间接指针)的指向。

数据长度:存取的数据字节数目(1~16)。

数据字节0~15:接收或传输数据区域,为数据保留的1~16个字节(由数据长度指定)。对NETR,该数据区域指执行NETR之后从远程站读取的数值存储的区域。对NETW,该数据区域指执行NETW之前发送至远程站的数值存储的区域。

案例:直接写入参数内容(图5-8)。

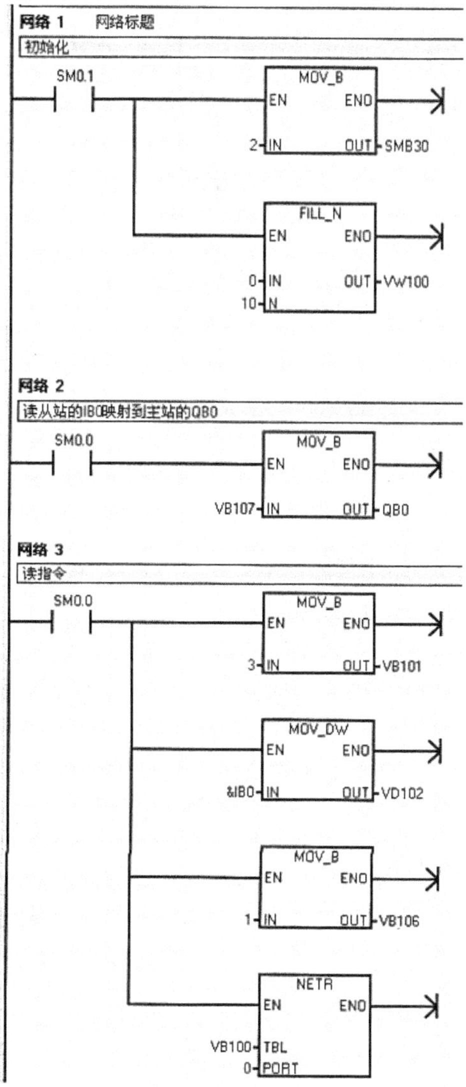

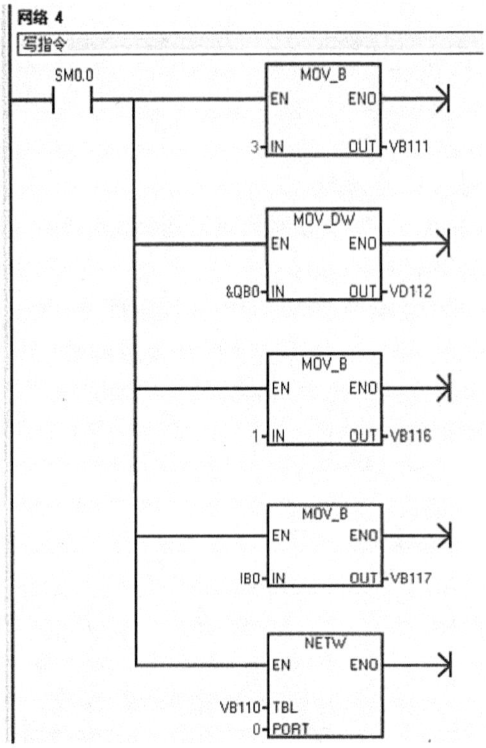

图 5-8 直接写入参数内容

四、技能实训

(一)PPI 网络的组建

1. 实训目的

(1)了解西门子 PPI 网络的组建方法。

(2)掌握网络读写指令的编程应用。

2. 实训设备

所需要的工具、设备、材料如表 5-2 所示。

表 5-2 所需要的工具、设备、材料

序号	名称	型号与规格	数量	备注
1	可编程控制器实训装置	THPFSM-2	2 台	
2	总线电缆		若干根	
3	PC/PPI 通信电缆		1 根	西门子
4	计算机		1 台	自备

3. 网络结构图

网络结构图如图 5-9 所示。

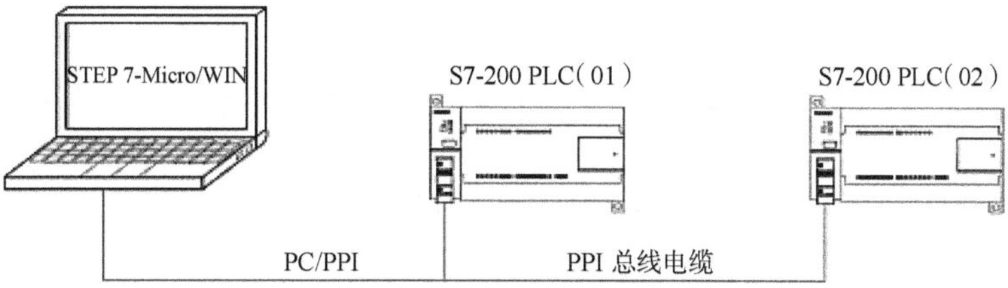

图 5-9　网络结构图

4. 控制要求

(1)一号 S7-200 PLC 作为 PPI 网络主站,能够对二号 S7-200 PLC(PPI 网络从站)中的数据进行采集及控制。

(2)一号 S7-200 PLC 将二号 S7-200 PLC 中的 IW0 读至本站的 QW0 中,即二号站的 IW0 控制一号站的 QW0。

(3)一号 S7-200 PLC 将本站中 IW0 的数据写入二号 S7-200 PLC 中的 QW0 中,即一号站的 IW0 控制二号站的 QW0。

5. 功能指令使用及程序流程图

(1)通信口设置(图 5-10)。西门子 S7-200 PLC 中的 SMB30 和 SMB130 为自由端口控制寄存器。其中, SMB30 控制自由端口 0 的通信方式, SMB130 控制自由端口 1 的通信方式。对 SMB30、SMB130 的读、写操作如下所示,这些字节设置自由端口通信的操作方式,并提供自由端口或者系统所支持的协议之间的选择。

Msb7Lsb0

p	p	d	b	b	b	m	m

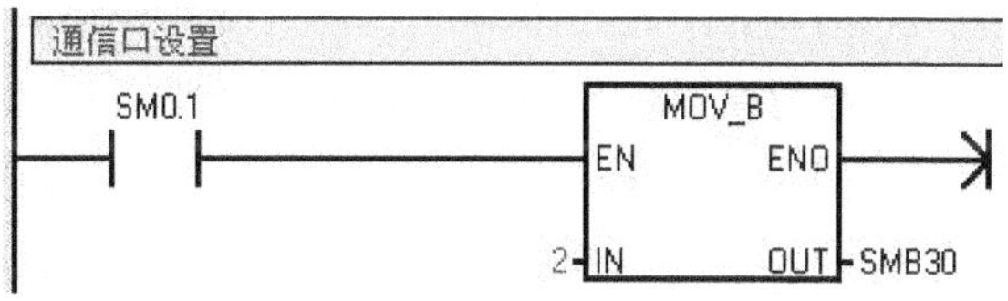

图 5-10　通信口设置

SMB30 控制自由端口 0,SMB130 控制自由端口 1。

pp	校验选择:00=不校验;01=偶校验;10=不校验;11=奇校验
d	字符数据:0=每个字符 8 位;1=每个字符 7 位
bbb	通信速率:000=38 400 bps;001=19 200 bps;010=9 600 bps;011=4 800 bps; 100=2 400 bps;101=1 200 bps;110=115.2 kbps;111=57.6 kbps;
mm	协议选择:00=PPI/从站模式;01=自由口模式;10=PPI/主站模式;11=保留

如上所示，此段程序是将 PLC 的自由端口 0 的通信方式设置为“PPI/主站模式”。

（2）网络读写指令使用（图 5-11）。网络读写指令 NETR/NETW，用于西门子 S7-200 PPI 网络中各 CPU 之间的少量数据通信。网络读写指令只能由在网络中充当 PPI 主站的 CPU 执行，从站 CPU 不必专门编译通信程序，只需将和主站通信的数据放入数据缓冲区即可。此种通信方式中的主站 CPU 可以对 PPI 网络中其他任何 CPU 进行网络读写操作。

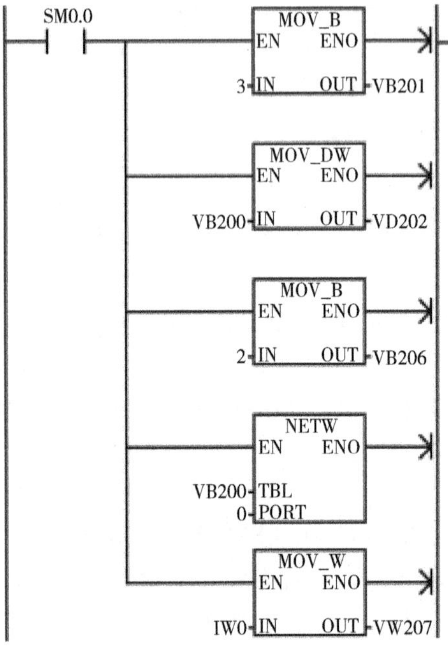

图 5-11　网络读写指令使用

NETR 指令：网络“读”指令，用于主站 CPU 通过指定的通信口从其他从站 CPU 中指定的数据区读取以字节为单位的数据，存入本站 CPU 中指定地址的数据区中，读取的最大数据量为 16 个字节。

NETW 指令：网络“写”指令，用于主站 CPU 通过指定的通信口将本站 CPU 指定地址的数据区中的以字节为单位的数据写入其他从站 CPU 中指定的数据区中，写入的最大数据量为 16 个字节。

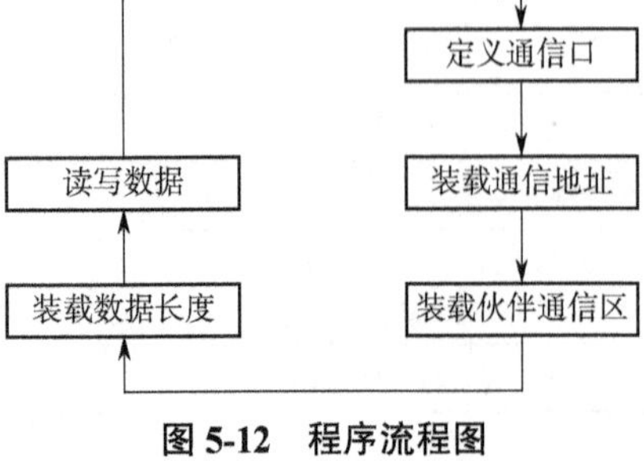

图 5-12　程序流程图

如图 5-11 中的左图所示，此段程序的作用是将从站 VW100 中的数据读至本站中的 VW100 中，进而写入 QW0 中；如图 5-11 中的右图所示，此段程序的作用是将本站中的 VW200 中的数据写至从站 VW200 中，进而将本站中的 IW0 写入从站中的 VW200 中。

（3）程序流程图如图 5-12 所示。

6. 操作步骤

（1）按网络结构图连接控制回路。

（2）将编译无误的控制程序下载至 PLC 中，并将模式选择开关拨至 RUN 状态。
（3）分别将主站及从站的输入点置位为 1，观察另外站点的输出点的状态。
（4）尝试编译新的控制程序，实现不同于示例程序的控制效果。

7. 实训总结

尝试分析 PPI 通信及数据读写的工作过程。

（二）PPI 网络的 MCGS 组态监控

1. 实训目的

（1）了解西门子 PPI 网络数据采集的方法。
（2）掌握 MCGS 组态软件的 PPI 网络驱动通道参数设置。

2. 实训设备

所需要的工具、设备、材料如表 5-3 所示。

表 5-3　所需要的工具、设备、材料

序号	名称	型号与规格	数量	备注
1	可编程控制器实训装置	THPFSM-2	2 台	
2	总线电缆		若干根	
3	PC/PPI 通信电缆		1 根	西门子
4	计算机		1 台	自备

3. 网络结构图

网络结构图如图 5-13 所示。

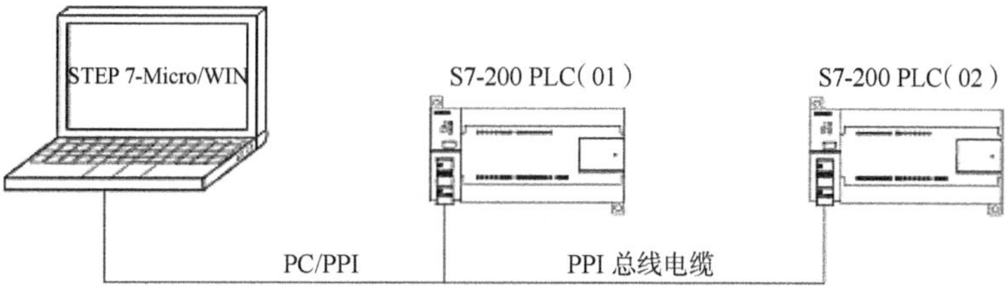

图 5-13　网络结构图

4. 控制要求

（1）PPI 主站能将从站输入、输出点状态采集至本站。
（2）MCGS 能对 PLC 中的数据进行采集及控制。

5. MCGS 软件参数设置操作步骤

（1）打开 MCGS 软件，点击“文件”— “新建工程”，新建项目，如图 5-14 所示。

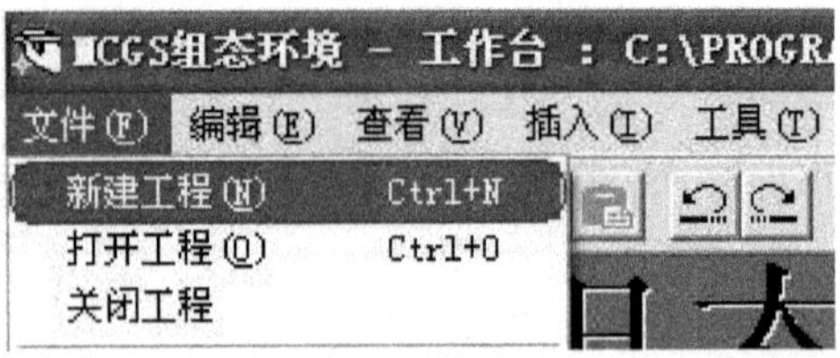

图 5-14 步骤(1)

(2)选择“实时数据库”标题栏,双击“增加对象”图标,添加 MCGS 内部数据,添加成功后,双击添加的数据图标,在弹出的对话框中对该数据进行属性设置,设置完毕后,进而添加定义其他数据,如图 5-15 所示。

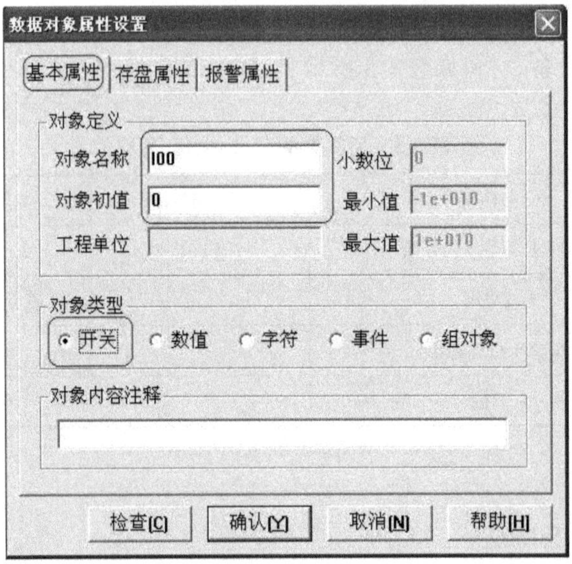

图 5-15 步骤(2)

(3)选择“设备窗口”标题栏,双击“设备窗口”图标,进入通信通道组态窗口,如图 5-16 所示。

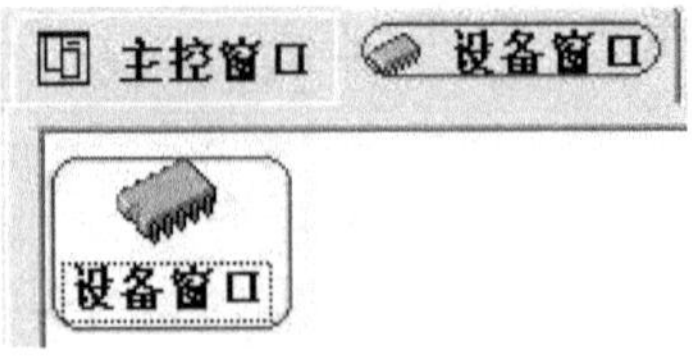

图 5-16 步骤(3)

(4)点击“设备工具箱”快捷按钮,单击“设备管理”进行设备添加,从“可选设备”中将需要的通信组件添加至右侧的“选定设备”中,添加完毕后,点击“确定”,退出设备管理添加窗口,如图 5-17 所示。

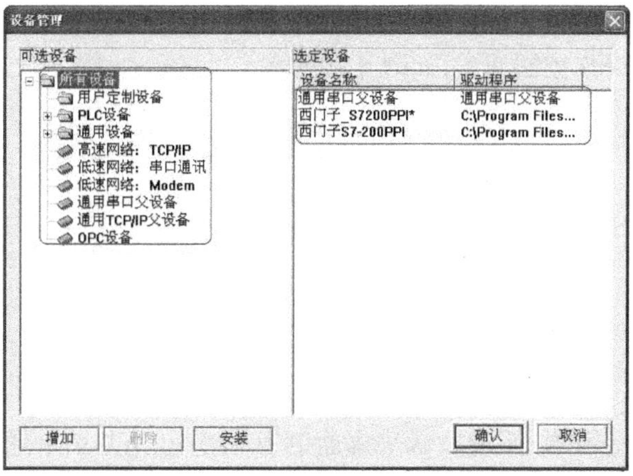

图 5-17　步骤（4）

（5）在“设备窗口”中，点击“设备管理”中的通信组件，将其添加至“设备窗口”下（包含通信父设备及子设备），如图 5-18 所示。

图 5-18　步骤（5）

（6）点击“通信父设备”及“通信子设备”，在弹出的对话框中组态通信设备的通信参数，如图 5-19 所示。

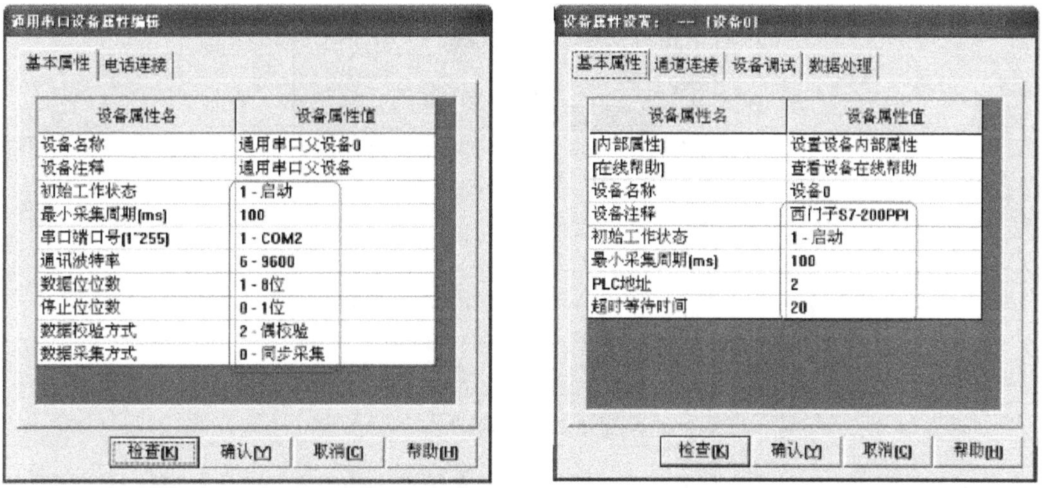

图 5-19　步骤（6）

（7）点击“通信子设备”，在弹出的对话框中选择“基本属性”“设置设备内部属性”，组态通信子设备的数据采集控制通道，如图 5-20 所示。

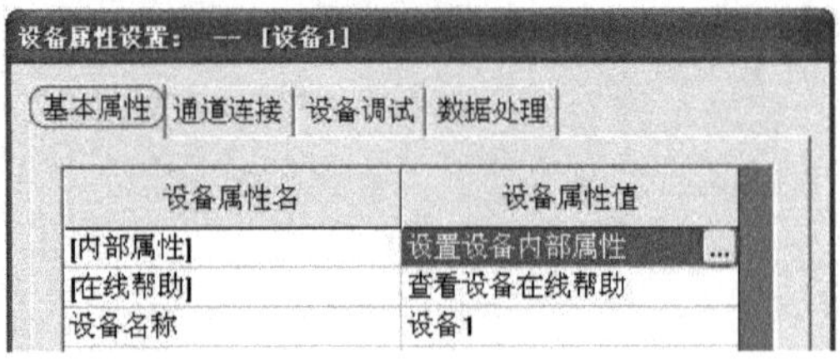

图 5-20 步骤（7）

（8）在弹出的对话框中，系统默认采集通道为 I0.0~I0.7，共 8 个通道，如果想采集控制 PLC 内部其他地址的信息，可以点击“增加通道”，在弹出的对话框中定义通道，如图 5-21 所示。

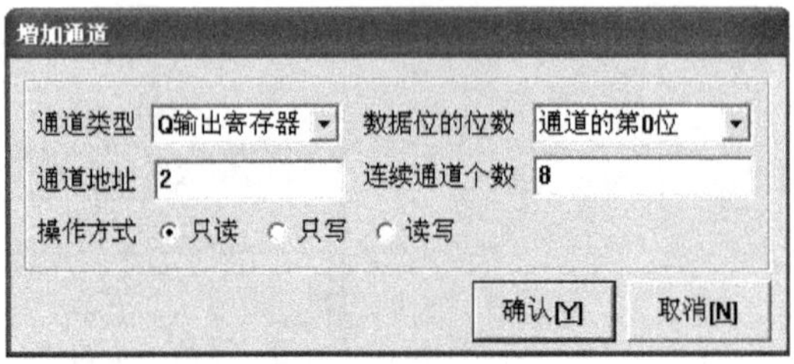

图 5-21 步骤（8）

（9）通道定义完毕后，将第（2）步中定义的内部数据与各通道进行一一对应，如图 5-22 所示。

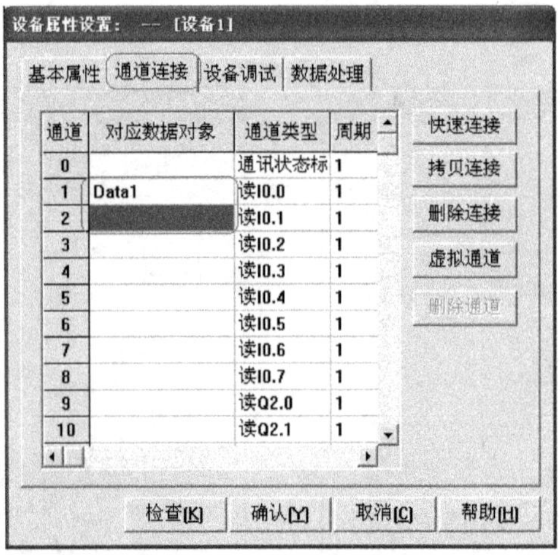

图 5-22 步骤（9）

（10）通道定义并对应完毕后，可以新建画面，在画面中组态不同的按钮及指示单元，检验组态结果的正确性。另外，也可以通过“设备调试”“通信状态标志位”的状态确定通信组态的正确性(通信状态标志位=0 表示通信良好;通信状态标志位=其他表示通信中断),如图 5-23 所示。

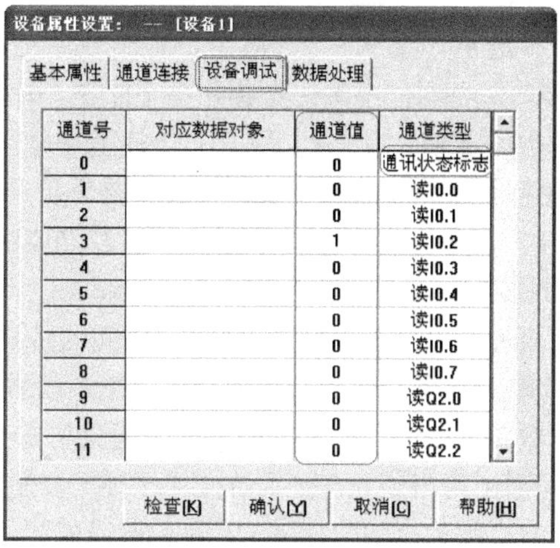

图 5-23　步骤(10)

组态流程图如图 5-24 所示。

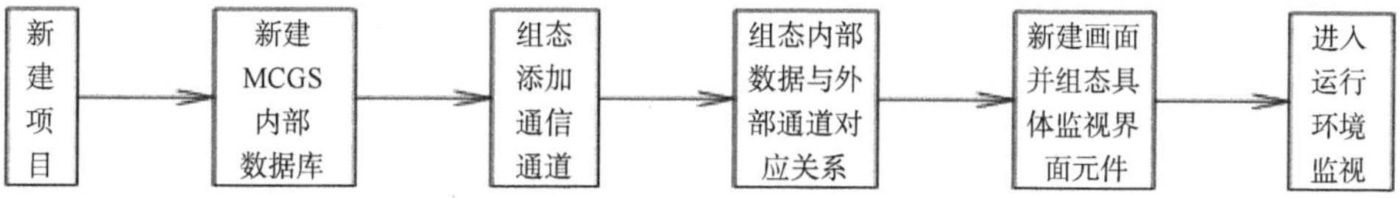

图 5-24　组态流程图

6. 实训总结

尝试组态一个新工程,在画面中新建数值显示框,采集 PLC 内部 VW10 中的数据并将其实时显示于监视界面。

五、知识链接

1. PLC 通信基础

当任意两台设备之间有信息交换时,它们之间就产生了通信。PLC 通信是指 PLC 与 PLC、PLC 与计算机、PLC 与现场设备或远程 I/O 之间的信息交换。PLC 通信的任务是将地理位置不同的 PLC、计算机、各种现场设备等,通过通信介质连接起来,按照规定的通信协议,以某种特定的通信方式高效率地完成数据的传送、交换和处理。

2. 通信方式

(1)并行通信与串行通信。数据通信主要有并行通信和串行通信两种方式。并行通信是以字节或字为单位的数据传输方式,除了 8 根或 16 根数据线、1 根公共线外,还需要数据通信联络用的控制线。并行通信的传送速度快,但是传输线的根数多,成本高,一般用于近距离的数据传送。并行通信一般用于 PLC 的内部,如 PLC 内部元件之间、PLC 主机与扩展模块之间或近距离智能模块之间的数据通信。串行通信是以二进制的位(bit)为单位的数据传输方式,每次只传送一位,除了地线外,在一个数据传输方向上只需要 1 根数据线,这根线既作为数据线又作为通信联络控制线,数据和联络信号在这根线上按位进行传送。串行通信需要的信号线少,最少的只需要两三根,适用于距离较远的数据传送。计算机和 PLC 都备有通用的串行通信接口,工业控制中一般使用串行通信。串行通信多用于 PLC 与计算机之间、多台 PLC 之间的数据通信。在串行通信中,传输速率常用比特率(每秒传送的二进制位数)表示,其单位是比特/秒(bit/s)或 bps。传输速率是评价通信速度的重要指标。常用的标准传输速率有 300、600、1 200、2 400、4 800、9 600 和 19 200 bps 等。不同的串行通信的传输速率差别极大,有的只有数百 bps,有的可达 100 Mbps。

(2)单工通信与双工通信。串行通信按信息在设备间的传送方向又分为单工、双工两种方式。单工通信只能沿单一方向发送或接收数据。双工通信方式的信息可沿两个方向传送,每一个站既可以发送数据,也可以接收数据。双工通信又分为全双工和半双工两种方式。数据的发送和接收分别由两根或两组不同的数据线传送,通信的双方能在同一时刻接收和发送信息,这种传送方式称为全双工方式;用同一根线或同一组线接收和发送数据,通信的双方在同一时刻只能发送数据或接收数据,这种传送方式称为半双工方式。在 PLC 通信中常采用半双工和全双工通信。

(3)异步通信与同步通信。在串行通信中,通信的速率与时钟脉冲有关,接收方和发送方的传送速率应相同,但是实际的发送速率与接收速率之间总是有一些微小的差别,如果不采取一定的措施,在连续传送大量的信息时,将会因积累误差造成错位,使接收方收到错误的信息。为了解决这一问题,需要使发送和接收同步。按同步方式,串行通信分为异步通信和同步通信。

异步通信发送的数据字符由 1 个起始位、7~8 个数据位、1 个奇偶校验位(可以没有)和停止位(1、1.5 或 2 位)组成。通信双方需要对所采用的信息格式和数据的传输速率作相同的约定。接收方检测到停止位和起始位之间的下降沿后,将它作为接收的起始点,在每一位的中点接收信息。由于一个字符中包含的位数不多,即使发送方和接收方的收发频率略有不同,也不会因两台机器之间的时钟周期的积累误差而导致错位。异步通信传送附加的非有效信息较多,它的传输效率较低,一般用于低速通信,PLC 一般使用异步通信。

同步通信以字节(一个字节由 8 位二进制数组成)为单位,每次传送 1~2 个同步字符、若干个数据字节和校验字符。同步字符起联络作用,用它来通知接收方开始接收数据。在同步通信中,发送方和接收方要保持完全同步,这意味着发送方和接收方应使用同一时钟脉冲。在近距离通信时,可以在传输线中设置一根时钟信号线。在远距离通信时,可以在数据流中提取同步信号,使接收方得到与发送方完全相同的接收时钟信号。同步通信方式不需要在每个数据字符中加起始位、停止位和奇偶校验位,只需要在数据块(往往很长)之前加一两个同步字符,所以传输效率高,但是它对硬件的要求较高,一般用于高速通信。

(4)基带传输与频带传输。基带传输是按照数字信号原有的波形(以脉冲形式)在信道上直接传输,它要求信道具有较宽的通频带。基带传输不需要调制解调,设备花费少,适用于较小范围的数据传输。基带传输时,通常对数字信号进行一定的编码,常用编码方法有非归零码(NRZ)、曼彻斯特编码和差动曼彻斯特编码等。后两种编码不含直流分量,包含时钟脉冲,便于双方自同步,应用广泛。

频带传输是一种采用调制解调技术的传输形式。发送端采用调制手段,对数字信号进行某种变换,将代表数据的二进制“1”和“0”变换成具有一定频带范围的模拟信号,以适应在模拟信道上传输;接收端通过解调手段进行相反变换,把模拟的调制信号复原为“1”或“0”。常用的调制方法有频率调制、振幅调制和相位调制。具有调制、解调功能的装置称为调制解调器(Modem)。频带传输较复杂,传送距离较远,若通过市话系统配备 Modem,则传送距离可不受限制。

在 PLC 通信中,基带传输和频带传输两种传输形式都有采用,但多采用基带传输。

3. 通信介质

通信介质就是在通信系统中位于发送端与接收端之间的物理通路。通信介质一般可分为导向性介质和非导向性介质两种。导向性介质有双绞线、同轴电缆和光纤等,这种介质将引导信号的传播方向;非导向性介质一般通过空气传播信号,它不为信号引导传播方向,如短波、微波和红外线通信等。

4. PLC 常用通信接口

PLC 通信主要采用串行异步通信,其常用的串行通信接口标准有 RS-232 C、RS-422 A 和 RS-485 等。

任务二 USS 通信及其应用

USS 协议是西门子公司的专用通信协议,它是一种基于串行总线进行的数据通信协议。USS 协议是一种主从通信协议,可以有 1 个主站和最多 31 个从站。

硬件配置:选用 CPU224XP 或 CPU226、MM 系列变频器等,此处选用 MM 420 变频器和 CPU226 进行通信,如图 5-25 所示。

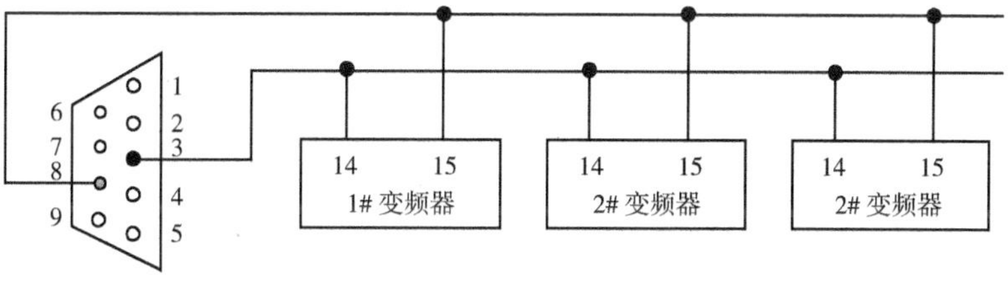

图 5-25 硬件配置示意

通过本任务的学习与训练,使学生在了解自由口通信模式、USS 协议、自由口通信指令、USS 指令库的基础上,通过简单的实例训练,最终能够独立完成 S7-200 与 MM4 系列变频器的 USS 通信连接、参数设置、系统调试、故障诊断等任务。

一、任务目标

(1)了解 S7-200 PLC 自由口通信模式,掌握 USS 协议的特点及应用情况,知道西门子有哪些设备支持 USS 协议;理解 S7-200 PLC 的自由口通信协议控制字(SMB30 和

SMB130）各位的意义，知道如何将 S7-200 PLC 的通信端口设置为 USS 方式；知道如何设置 MM4 系列变频器的相关参数，使其能够通过 USS 协议与 S7-200 PLC 建立通信连接；理解 USS 通信指令的功能，掌握 USS 通信指令的使用步骤。

（2）能够熟练使用 S7-200 PLC 的发送指令（XMT）、接收指令（RCV）或 USS 指令（USS_INT、USS_CTRL、USS_RPM_x、USS_WPM_x），通过合理设置通信端口的自由口通信模式，建立 S7-200 PLC 与西门子变频器之间的通信连接，编写设备调试程序，最终实现用 S7-200 PLC 的通信端口控制变频器的运行、停止，改变输出频率等。

二、任务描述

基于 PLC 通信方式的变频开环调速。

三、任务实施

1. 实训目的

（1）掌握 USS 通信指令的使用及编程。

（2）掌握变频器 USS 通信系统的接线、调试、操作。

2. 实训设备

所需要的工具、设备、材料如表 5-4 所示。

表 5-4 所需要的工具、设备、材料

序号	名称	型号与规格	数量	备注
1	可编程控制器实训装置	THPFSM-2	1 台	
2	实训挂箱	C10	1 个	
3	导线	3 号、4 号	若干根	
4	PC/PPI 通信电缆		1 根	西门子
5	电机	WDJ26	1 台	
6	计算机		1 台	自备

3. 控制要求

（1）总体控制要求：PLC 根据输入端的控制信号，经过程序运算后由通信端口控制变频器运行。

（2）打开启动开关，变频器开始运行。

（3）打开加速开关，变频器加速运行。

（4）打开减速开关，变频器减速运行。

（5）打开反转开关，变频器反转运行。

（6）打开停止开关，变频器停止运行。

（7）打开急停开关，变频器紧急停止。

（8）打开全速开关，变频器全速运行。

（9）打开归零开关，变频器频率归零。

4. 功能指令使用及程序流程图

1）USS_INIT 指令（图 5-26（a））

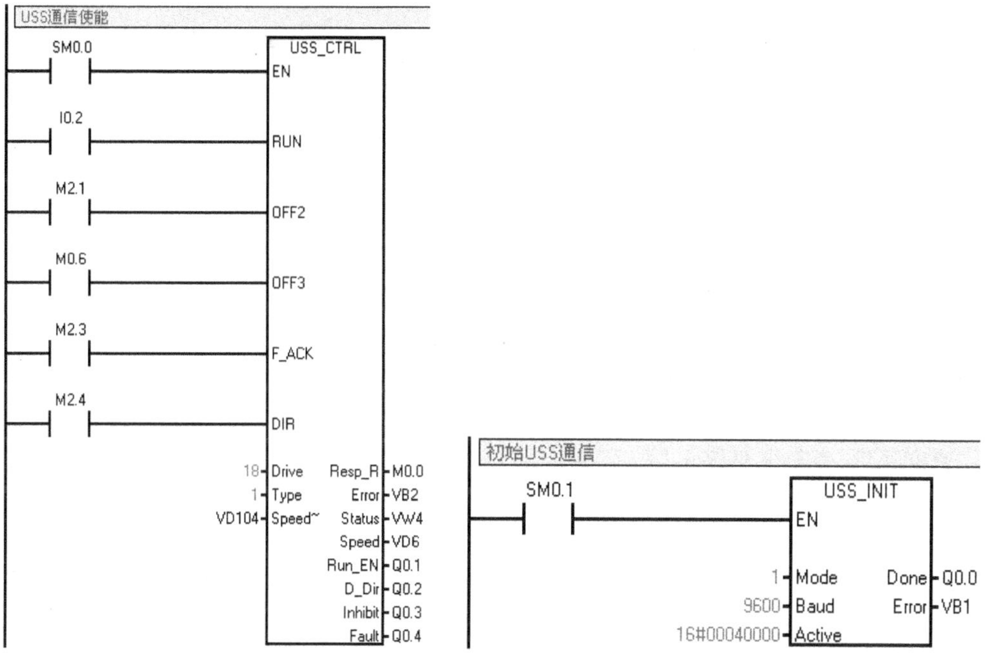

（a）　　　　（b）

图 5-26　USS 指令

（a）USS_INIT 指令　（b）USS_CTRL 指令

USS_INIT 指令：用于启用和初始化或禁止 MicroMaster 驱动器通信。在使用任何其他 USS 协议指令之前，必须先执行 USS_INIT 指令，才能继续执行下一条指令。

（1）EN（使能）：输入打开时，每次扫描都执行该指令。仅限为通信状态的每次改动执行一次 USS_INIT 指令。使用边缘检测指令，以脉冲方式打开 EN 输入。欲改动初始化参数，需执行一条新 USS_INIT 指令。

（2）Mode（模式）：输入值为 1 时将端口 0 分配给 USS 协议，并启用该协议；输入值为 0 时将端口 0 分配给 PPI，并禁用 USS 协议。

（3）Baud（波特率）：将波特率的值设为 1 200、2 400、4 800、9 600、19 200、38 400、57 600 或 115 200。

（4）Active（激活）：表示激活的驱动器。

站点号具体计算如表 5-5 所示。

表 5-5　站点号具体计算

D31	D30	D29	D28	…	D19	D18	D17	D16	…	D3	D2	D1	D0
0	0	0	0	…	0	1	0	0	…	0	0	0	0

其中，D0~D31 代表 32 台变频器，4 台为一组,共分成 8 组。如果要激活某台变频器,就使该位为 1,现在激活 18 号变频器,如表 5-5 所示。构成 16 进位数,得出 Active 为 0004000。

若同时有 32 台变频器需激活,则 Active 为 16 # FFFFFFFF,此外还有一条指令用到站点号，USS-CTRL 中的 Drive 驱动站号不同于 USS-INIT 中的 Active 激活号，Active 激活号指定哪几台变频器需要激活,而 Drive 驱动站号是指先激活后的那台电机驱动,因此程序中可以有多个 USS-CTRL 指令。

2)USS_CTRL 指令(图 5-26(b))

USS_CTRL 指令:用于已在 USS_INIT 指令中激活(Active)的驱动器,且仅限 1 台驱动器。

(1)EN(使能):打开此端口,才能启用 USS_CTRL 指令,且该指令应当始终启用。

(2)RUN(运行):表示驱动器是打开(1)还是关闭(0)状态。当 RUN(运行)位打开时,驱动器收到一条命令,按指定的速度和方向开始运行。为了使驱动器运行,必须满足以下条件：Drive(驱动器)在 USS_INIT 中必须被选为 Active(激活)。OFF2 和 OFF3 必须被设为 0。Fault(故障)和 Inhibit(禁止)必须为 0。当 RUN(运行)关闭时,会向驱动器发出一条命令,将速度降低,直至电机停止。

(3)OFF2:用于允许驱动器滑行至停止。

(4)OFF3:用于命令驱动器迅速停止。

(5)F_ACK :用于确认驱动器中的故障,当从 0 变为 1 时,驱动器故障清除。

(6)DIR:表示驱动器应当移动的方向为正转/反转。

(7)Drive(驱动器):指定运行的驱动器号,必须已经在 USS_INIT 中被选为 Active(激活)。

(8)Type(类型):选择驱动器类型,3 系列或更早的为 0,4 系列为 1。

(9)Speed_SP(速度设定值):作为全速百分比的驱动器速度。Speed_SP 为负值会使驱动器反向旋转。Speed_SP 的范围:-200.0%~200.0%。

(10)Resp_R(收到应答):确认从驱动器收到应答。对所有的激活驱动器进行轮询,查找最新驱动器状态信息。每次从驱动器收到应答时，Resp_R 位均会打开,进行一次扫描,所有数值均被更新。

(11)Error(错误):包含对驱动器最新通信请求结果的错误字节。

(12)Status(状态):驱动器返回的状态字原始数值。

(13)Speed(速度):按全速百分比显示驱动器当前速度。Speed 的范围:-200.0%~200.0%。

(14)Run_EN(运行启用):表示驱动器是运行(1)还是停止(0)。

(15)D_Dir:表示驱动器的旋转方向。

(16)Inhibit(禁止):表示驱动器上的禁止位状态(0 表示不禁止，1 表示禁止)。欲清除禁止位,“故障”位必须关闭,RUN(运行)、OFF2 和 OFF3 输入也必须关闭。

(17)Fault(故障):表示故障位状态(0 表示无故障,1 表示有故障)。

5. 端口分配及接线图

1)端口分配及功能

端口分配及功能如表 5-6 所示。

表 5-6　端口分配及功能

序号	PLC 地址（PLC 端子）	电气符号（面板端子）	功能说明
1	I0.0	启动开关	变频器开始运行
2	I0.1	停止开关	变频器停止运行
3	I0.2	急停开关	变频器紧急停止
4	I0.3	复位开关	变频器错误复位
5	I0.4	反转开关	变频器反转运行
6	I0.5	减速开关	变频器减速运行
7	I0.6	加速开关	变频器加速运行
8	I0.7	全速开关	变频器全速运行
9	I1.0	归零开关	变频器频率归零
10	主机 1M、面板 V+接电源+24V		电源正端

2)PLC 外部接线图

PLC 外部接线图如图 5-27 所示。

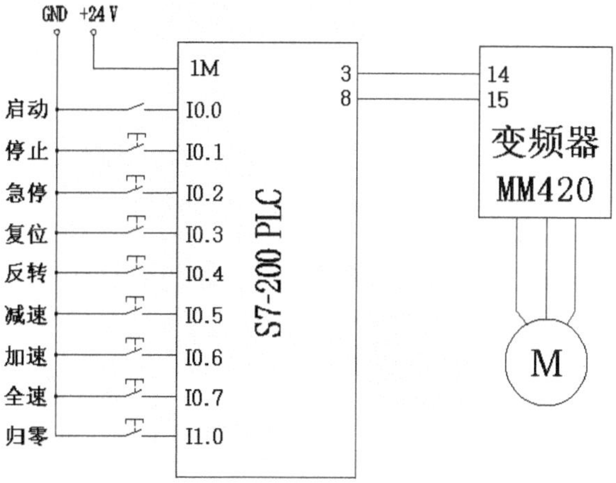

图 5-27　PLC 外部接线图

6. 操作步骤

(1)检查实训设备中的器材及调试程序。

(2)按照 I/O 端口分配表或接线图完成 PLC 与实训模块之间的接线，认真检查，确保正确无误。

(3)打开示例程序或用户自己编写的控制程序进行编译，有错误时根据提示信息修改，直至无误，用 PC/PPI 通信编程电缆连接计算机串口与 PLC 通信口，打开 PLC 主机电源开关，下载程序至 PLC 中，下载完毕后将通信编程电缆从 PLC 通信口取下，再用 USS 通信编程电缆连接变频器通信口与 PLC 通信口，最后将 PLC 的“RUN/STOP”开关拨至“RUN”状态。

(4)设置变频器参数。变频器通电，设置数据，先按“P”按钮，再按“△”按钮，找到

P0010 再按“P”按钮，此时会显示一数字。用“△”和“▽”按钮将此数字改为要求的数字，其他类同。需改动的数据依次为：

恢复出厂设置：P0010=30，P0970=1，断电。

参数设置：P0003=3，P0010=1，P0304=230 V，P0305=1.3 A，P0307=180 W，P0310=50 Hz，P0311=1 395，P0010=0，P0700=5，P1000=5，P2009=0，P2010=6，P2011=程序中的站点（18），P0971=1，P1121=10，设置完成，关电源一次！

（5）打开启动开关，变频器启动，开始运行。

（6）变频器在运行时，按加速开关，变频器提高运行频率。

（7）变频器在运行时，按减速开关，变频器降低运行频率。

（8）变频器在运行时，按反转开关，变频器先停止运行，再反方向运行。

（9）变频器在运行时，按全速开关，变频器在最高频率点运行。

（10）变频器在运行时，按停止开关，变频器惯性停止。

（11）变频器在运行时，按急停开关，变频器紧急停止。

（12）变频器在运行时，按归零开关，变频器频率归零。

（13）变频器在出现错误时，按复位开关，清除错误信号，变频器重新运行。

7. 实训总结

（1）总结 USS 通信指令的使用方法。

（2）总结、记录 PLC 与外部设备的接线过程及注意事项。

四、知识链接

1. USS 协议简介

USS 协议（universal serial interface protocol，通用串行接口协议）是西门子公司为其变频器所开发的通用通信协议，可以支持变频器与 PC 或 PLC 之间的通信连接，是一种基于串行总线进行数据通信的协议。S7-200 PLC 可以将其通信端口设置为自由口模式的 USS 协议，以便实现 PLC 对变频器的控制。

USS 协议是主从结构协议，规定了在 USS 总线上可以有 1 个主站（PLC）和最多 31 个从站（变频器）。总线上的每个从站都有唯一的标识码（站地址，在从站参数中设定），主站依靠标识码识别各个从站；每个从站只对主站发来的报文做出响应并回送报文，从站之间不能直接进行数据通信。另外，还有一种广播通信方式，主站可以同时给所有从站发送报文，从站在接收到报文并做出相应的响应后可不回送报文。

USS 协议的波特率最高可达 187.5 kbps，通信字符格式为 1 位起始位、1 位停止位、1 位偶校验位和 8 位数据位。

USS 通信的刷新周期与 PLC 的扫描周期是不同步的，一般完成一次 USS 通信需要几个 PLC 扫描周期，通信时间和链路上变频器的台数、波特率和扫描周期有关。例如，如果通信的波特率设定为 19.2 kbps，3 台变频器，经实际调试检测通信时间大约为 50 ms。

2.USS 协议的数据报文结构

USS 协议中每一报文都是以字符 STX（=02hex）开始的，接着是长度的说明（LGE）和地址字节(ADR),随后是数据字符 1~n,报文以数据块的检验字符(BCC)结束。

STXLGEADR12……nBCC

STX 区为 1 个字节的 ASCII 字符,固定为 02hex,表示一条信息的开始。

LGE 区为 1 个字节,指明这一条信息中后跟的字节数目。报文的长度是可以变化的,其长度必须在报文的第 2 个字节(即 LGE)中说明。总线上的各个从站节点可以采用不同长度的报文。一条报文的最大长度是 256 个字节。LGE 根据所采用的数据字符数(数量 n)、地址字节(ADR)和数据块检验字符(BCC)确定。显然,实际的报文总长度比 LGE 要多 2 个字节,因为字节 STX 和 LGE 没有计算在 LGE 以内。

ADR 区为一个字节,标志从站地址。Bit0~Bit4 表示变频器的地址,从站地址可以是 0~31。Bit5 是广播位标志位,如果这一位设置为 1,该报文就是广播报文,对串行链路上的所有节点都有效。Bit6 表示镜像报文,如果这一位设置为 1,节点号需要判定,被寻址的从站将未加更改的报文返回给主站。其余不用的位应设置为 0。

3. 使用 USS 协议的优点

传统的 PLC 与变频器之间多采用端口进行控制,依靠 PLC 的数字量输出来控制变频器的启停,依靠 PLC 的模拟输出来控制变频器的速度给定,这样做存在以下问题:①在设计控制系统时需采用很多硬件,价格昂贵;②现场的布线复杂,容易引起噪声和干扰;③ PLC 与变频器之间传输的信息受硬件的限制,交换的信息量很少;④在变频器的启停控制中由于继电器、接触器等硬件的动作时间有延时,影响控制精度;⑤通常变频器的故障状态由一个节点输出,PLC 能得到变频器的故障状态,但不能准确判断是何种故障。

如果使用 USS 协议,所有型号的西门子变频器均可通过网络方式与 PLC 或 PC 机进行信息交换,数字化的信息传递提高了系统的自动化水平及运行的可靠性,解决了模拟信号传输所引起的干扰及漂移问题。USS 协议通信介质采用 RS-485 屏蔽双绞线,最远可达 1 000 m,因此可有效地减少电缆的数量,从而大大减少开发和工程费用,并极大地降低客户的启动和维护成本。另外,通过网络,可以连续地对多台变频器进行监视和控制,实现多台变频器之间的联动控制和同步控制,通过网络还可以实时调整变频器的参数。

4. 常用 USS 设备

西门子变频器都带有一个 RS-485 通信接口, PLC 作为主站,最多允许 31 个变频器作为通信链路中的从站。

USS 主站设备包括 S7-200、S7-1200、CPU31xC-PtP、CP340、CP341、CP440、CP441 等。常用 USS 主站设备性能对比如表 5-7 所示。

表 5-7 常用 USS 主站设备的性能对比

主站设备	通信接口	最大通信波特率
CPU22x	9 芯 D 型插头	115.2 kbps
CPU31xC-PtP	15 芯 D 型插头	19.2 kbps
CP340-C	15 芯 D 型插头	9.6 kbps
CP341-C	15 芯 D 型插头	19.2 kbps

USS 从站设备包括 MM3、MM4、G110、G120、6RA70、6SE70 等变频驱动装置及其他第三方支持 USS 协议的设备。常用 USS 从站设备的性能对比如表 5-8 所示。

表 5-8 常用 USS 从站设备的性能对比

从站设备	PKW 区	PZD 区	Bico	终端电阻	通信接口	最大通信波特率
MM3/ECO	3 固定	2 固定	NO	NO	9 芯 D 型插头或端子	19.2 kbps
MM410/420	0,3,4,127	0~4	YES	NO	端子	57.6 kbps
MM430/440	0,3,4,127	0~8	YES	NO	端子	115.2 kbps
Simoreg 6RA70	0,3,4,127	0~16	YES	YES	9 芯 D 型插头或端子	115.2 kbps
Simovert 6SE70	0,3,4,127	0~16	YES	YES	9 芯 D 型插头或端子	115.2 kbps

任务三 Ethernet 通信及其应用

Ethernet(以太网)属网络低层协议,通常在 OSI 模型的物理层和数据链路层操作。它是总线型协议中最常见的,数据速率为 10 Mbps 的同轴电缆系统。该系统相对比较便宜且容易安装,直接利用每个工作站网卡上的 BNC-T 型连接器,就可以将电缆从一个工作站连接到另一个工作站,完成网络传输控制任务。

一、任务目标

(1)掌握 PC 机与西门子 S7-200 PLC 之间 Ethernet 网络通信的组态方法。

(2)了解西门子工业以太网络数据采集的方法。

(3)掌握 MCGS 组态软件的以太网络驱动通道参数设置。

二、任务描述

(1)学习 PC 机与西门子 S7-200 PLC 之间 Ethernet 网络通信的组态方法。

(2)学习 MCGS 组态软件的以太网络驱动通道参数设置。

三、技能实训

(一)Ethernet 网络的组建

1. 实训设备

所需要的工具、设备、材料如表 5-9 所示。

表 5-9　所需要的工具、设备、材料

序号	名称	型号与规格	数量	备注
1	可编程控制器实训装置	THPFSM-2	2 台	
2	总线电缆		若干根	
3	PC/PPI 通信电缆		1 根	西门子
4	计算机	含以太网卡	1 台	自备

2. 网络结构图

网络结构图如图 5-28 所示。

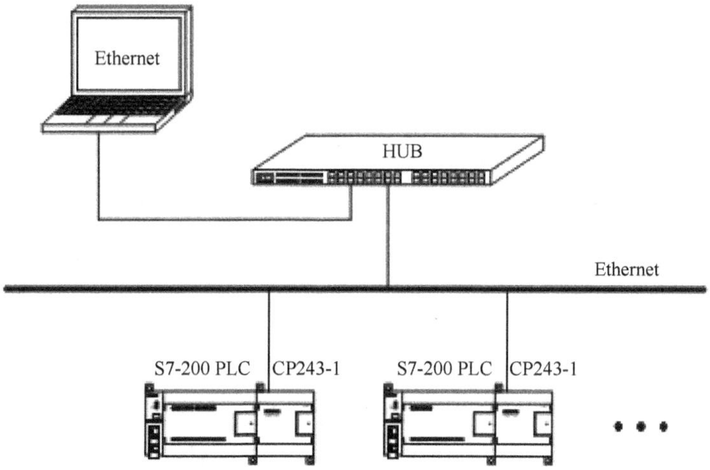

图 5-28　网络结构图

3. 控制要求

（1）能够正确搭建 Ethernet 网络的硬件结构。

（2）通过 Ethernet 网络，STEP 7 软件能够完成对所有 PLC 的程序下载、程序监视、数据修改等工作。

4. 通信原理分析

西门子通过 SIMATIC NET 提供了开放的、适用于工业环境下各种控制级别的不同的通信系统。这些通信系统均基于国家和国际标准，符合 ISO/OSI 网络参考模型的要求。

EM243-1 以太网络通信模块是用于将西门子 S7-200 PLC 接入西门子工业以太网络的通信处理器。通过以太网络，我们可以利用 STEP 7 软件完成对 S7-200 PLC 的远程编程、组态、下载、监视、诊断等操作。S7-200 PLC 可以通过以太网络同其他 S7-200/300/400 PLC 及 OPC 服务器进行数据通信。其具体外形如图 5-29 所示。

5. 操作步骤

1）制作 RJ45 电缆

RJ45 电缆有两种连接方式：交叉连接和直通连接。交叉连接用于网卡之间或集线器之间的直接连接。直通连接用于网卡与集线器之间或网卡与交换机之间的连接。具体示意如图 5-30 所示。

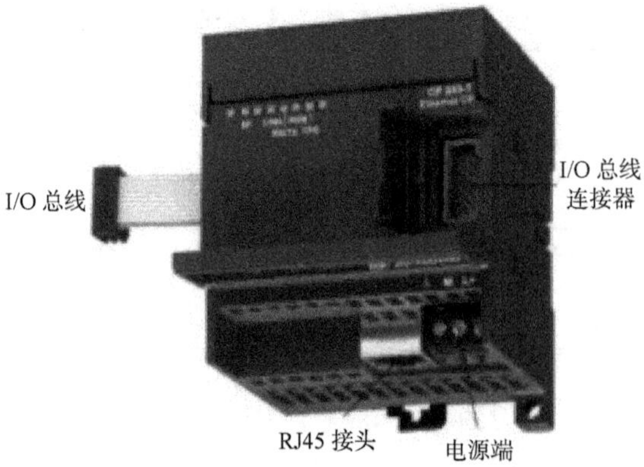

图 5-29　EM243-1 外形

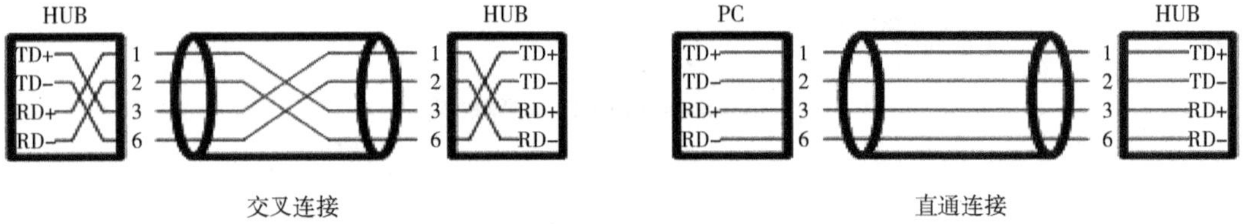

图 5-30　电缆连接方式

2）组态网络

（1）设定 PC 机 IP 地址。打开网络邻居，查看本地连接属性，在弹出的“Internet 协议（TCP/IP）属性”对话框中对该 PC 机的 IP 地址及其他通信参数进行设置，具体如图 5-31 所示。

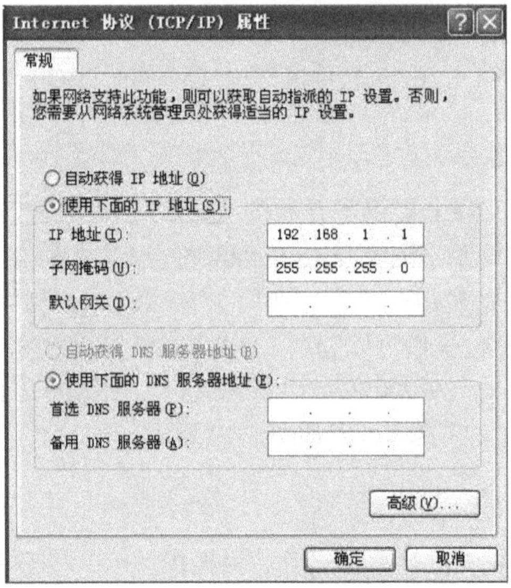

图 5-31　步骤（1）

（2）利用以太网向导创建通信组态（图 5-32）。

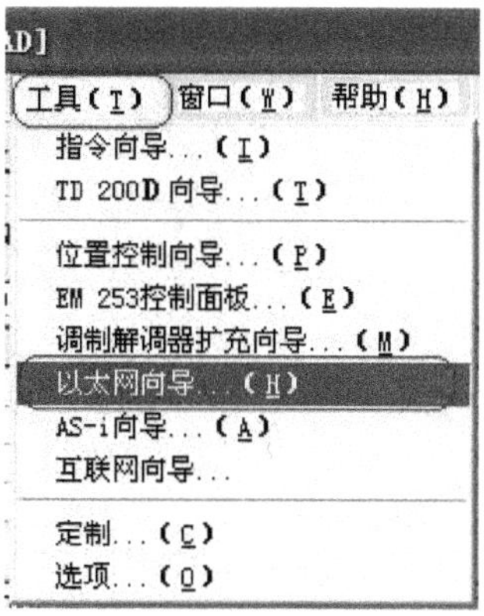

图 5-32　步骤（2）

（3）打开 STEP 7 V4.0 软件，选择“工具/以太网向导”下拉菜单选项，打开“以太网向导”对话框。

（4）如果当前在线网络中连接有正常工作的 EM243-1 通信模块，则可选择“读取模块”，对所连接的 EM243-1 通信模块进行在线读取；如未有连接的模块，则直接点击“下一步”即可，如图 5-33 所示。

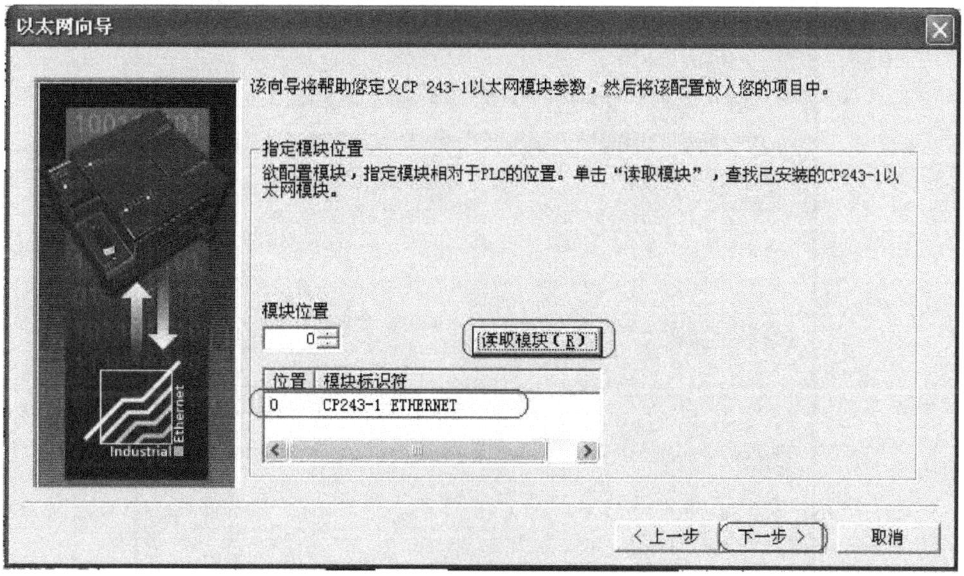

图 5-33　步骤（4）

（5）在弹出的对话框中可设置 EM243-1 通信模块的 IP 地址、子网掩码、网关地址、模块连接类型等通信信息。注意在此处填写的 IP 地址和子网掩码要与 PC 机设置相对应，其他默认设置即可，如图 5-34 所示。

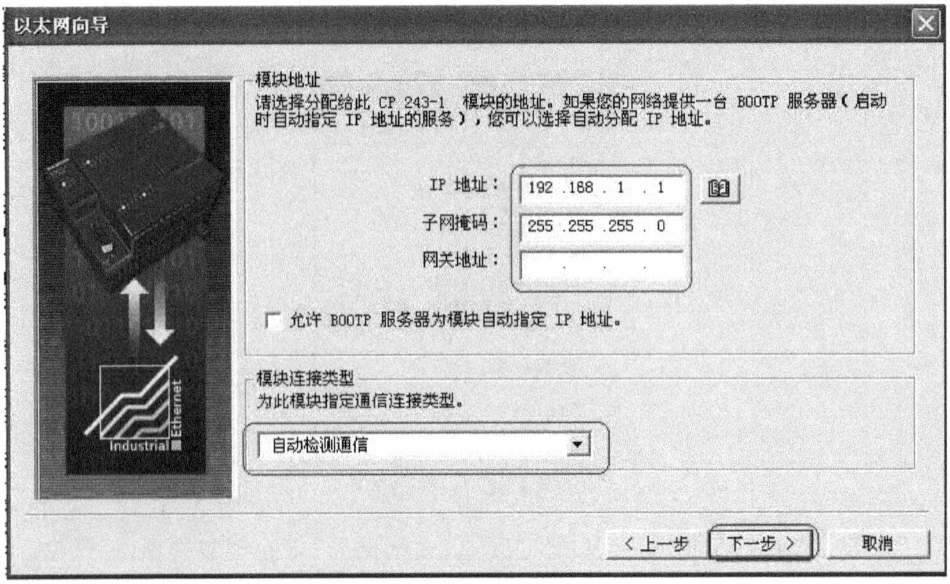

图 5-34 步骤(5)

(6)点击“下一步”，把该模块设置为服务器并接受所有连接，如图 5-35 所示。

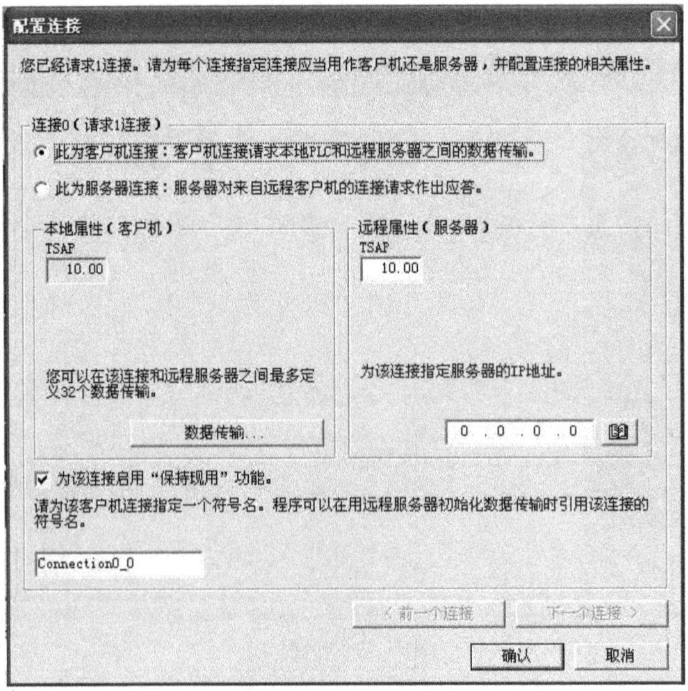

图 5-35 步骤(6)

(7)直接点击“确认”，完成整套通信设置，然后点击“完成”按钮，退出设置对话框，完成对模块的通信设置，如图 5-36 所示。

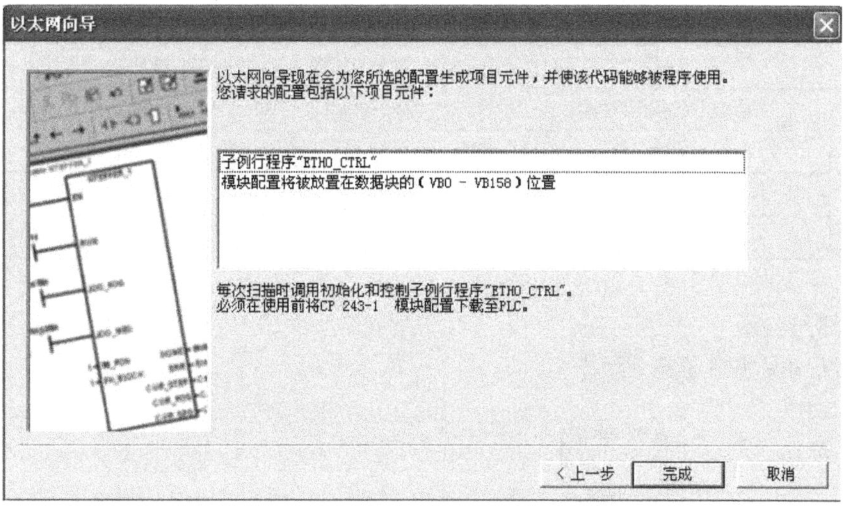

图 5-36　步骤（7）

3）编译通信程序

系统自动生成通信子程序，用户只需对子程序进行调用即可，打开“程序块”，在“主程序”中编译以下程序段，如图 5-37 所示。

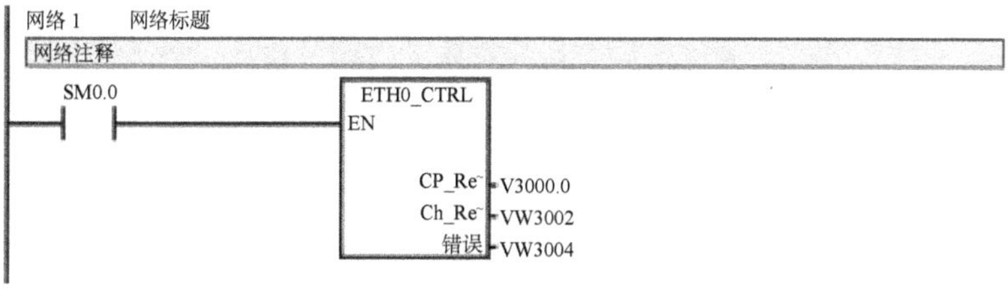

图 5-37　编译通信程序

4）下载程序

程序编译完毕并确认无误后，将其下载至 PLC 中，此时，我们即可通过一台 PC 机对以太网络中的各个 PLC 进行访问，注意各个 PLC 的地址必须设置为唯一的地址。

5. 实训总结

对西门子 S7-200 工业以太网络的组建过程进行详细记录。

（二）Ethernet 网络的 MCGS 组态监控

1. 实训目的

（1）掌握西门子工业以太网络数据采集的方法。

（2）学会 MCGS 组态软件的以太网络驱动通道参数设置。

2. 实训设备

所需要的工具、设备、材料如表 5-10 所示。

表 5-10 所需要的工具、设备、材料

序号	名称	型号与规格	数量	备注
1	可编程控制器实训装置	THPFSM-2	2 台	
2	以太网电缆		若干根	
3	PC/PPI 通信电缆		1 根	西门子
4	计算机		1 台	自备

3. 网络结构图

网络结构图如图 5-38 所示。

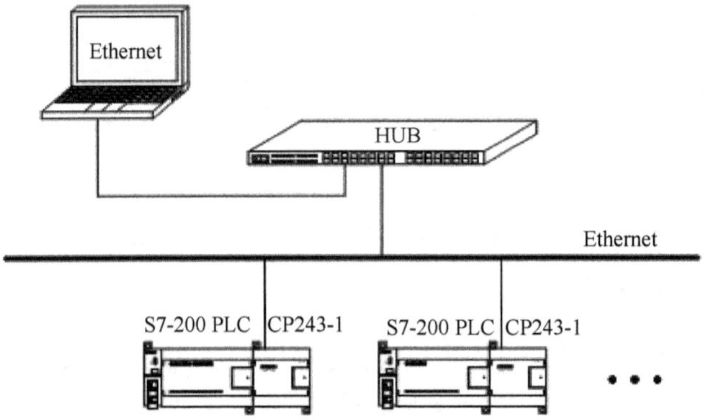

图 5-38 网络结构图

4. 控制要求

(1)MCGS 能对 PLC 中的数据进行采集及控制。

(2)MCGS 中的组件能将数据写入 PLC 中的特定寄存器。

5. MCGS 软件参数设置操作步骤

(1)打开 MCGS 软件，点击"文件"— "新建工程"，新建项目，如图 5-39 所示。

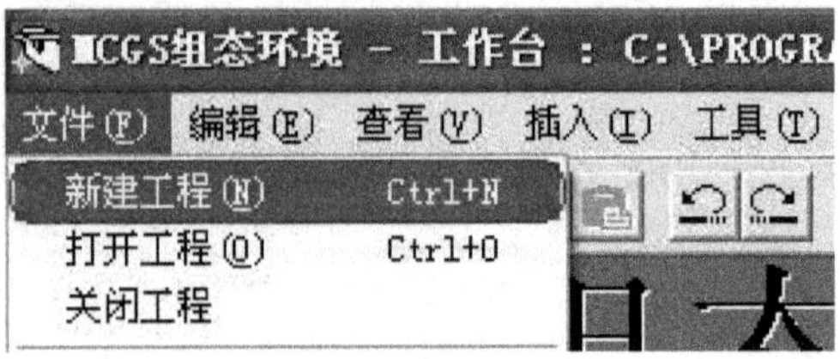

图 5-39 步骤(1)

(2)选择"实时数据库"标题栏，双击"增加对象"图标，添加 MCGS 内部数据，添加成功后，双击添加的数据图标，在弹出的对话框中对该数据进行属性设置，设置完毕后，进而添加定义其他数据，如图 5-40 所示。

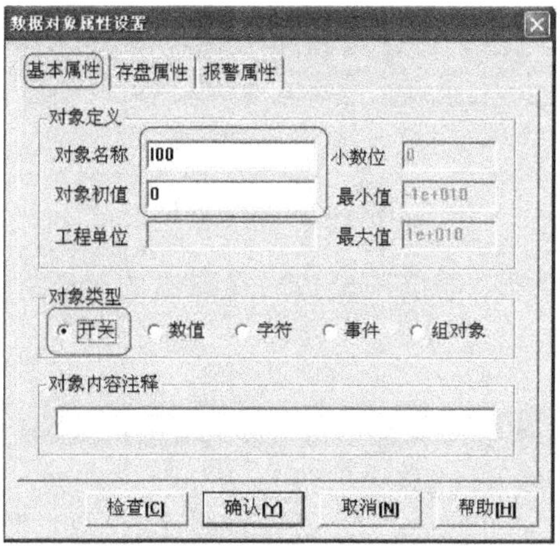

图 5-40　步骤(2)

(3)选择“设备窗口”标题栏,双击“设备窗口”图标,进入通信通道组态窗口,如图 5-41 所示。

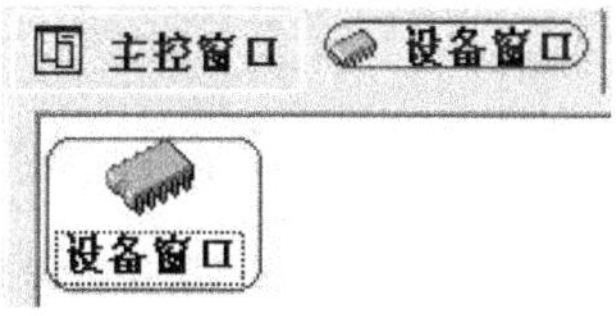

图 5-41　步骤(3)

(4)点击“设备工具箱”快捷按钮,单击“设备管理”进行设备添加,从“可选设备”中将需要的通信组件添加至右侧的“选定设备”中,添加完毕后,点击“确定”,退出设备管理添加窗口,如图 5-42 所示。

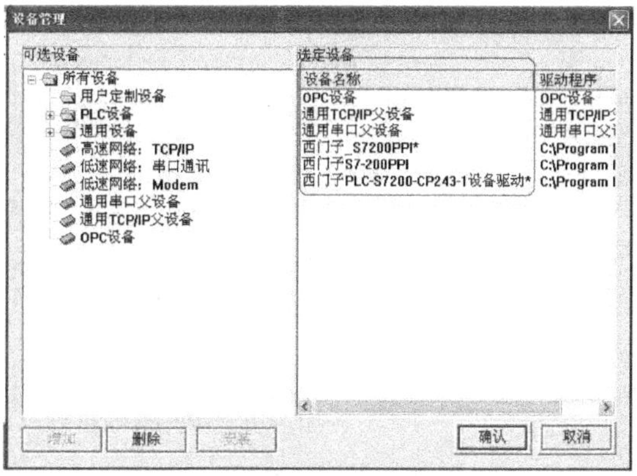

图 5-42　步骤(4)

(5)在“设备窗口”中,点击“设备管理”中的通信组件,将其添加至“设备窗口”下,如图 5-43 所示。

图 5-43 步骤(5)

(6)点击“通信父设备”及“通信子设备”,在弹出的对话框中组态通信设备的通信参数,如图 5-44 所示。

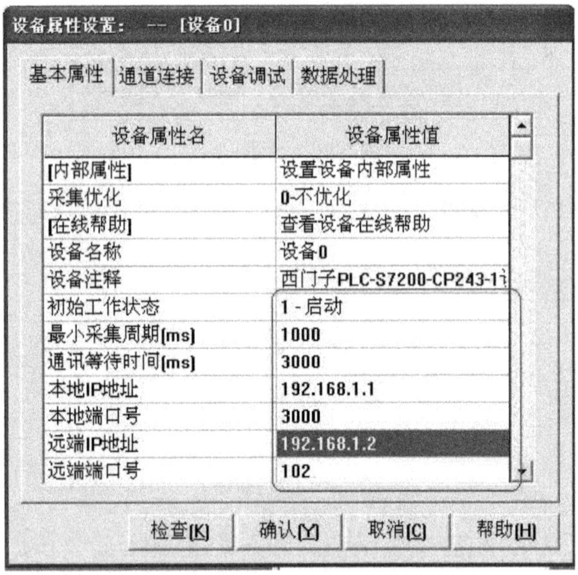

图 5-44 步骤(6)

(7)点击“通信子设备”,在弹出的对话框中选择“基本属性”“设置设备内部属性”,组态通信子设备的数据采集控制通道,如图 5-45 所示。

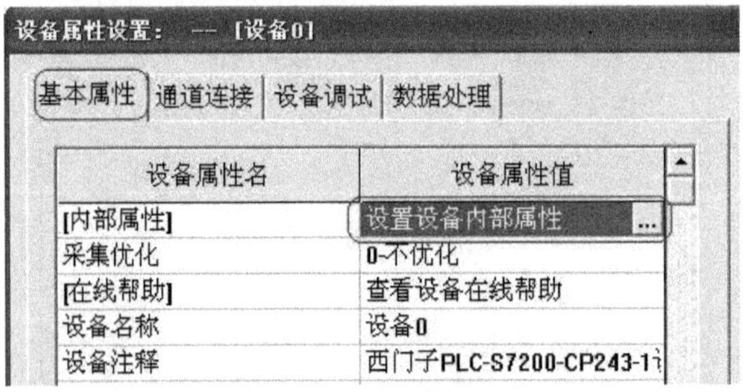

图 5-45 步骤(7)

(8)在弹出的对话框中,系统默认采集通道为 I0.0~I0.7,共 8 个通道,如果想采集控制 PLC 内部其他地址的信息,可以点击“增加通道”,在弹出的对话框中定义通道,如图 5-46 所示。

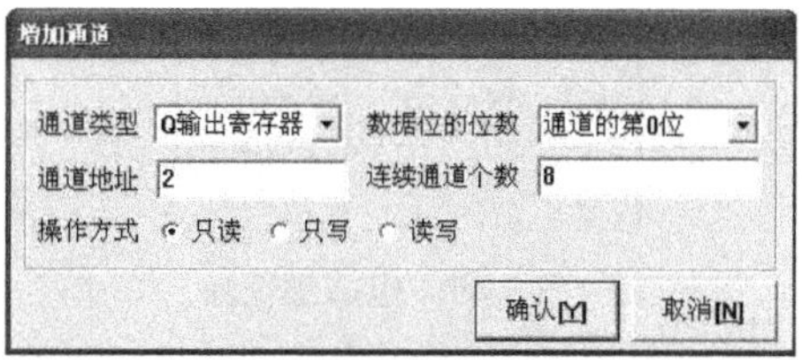

图 5-46　步骤(8)

(9)通道定义完毕后,将第(2)步中定义的内部数据与各通道进行一一对应,如图 5-47 所示。

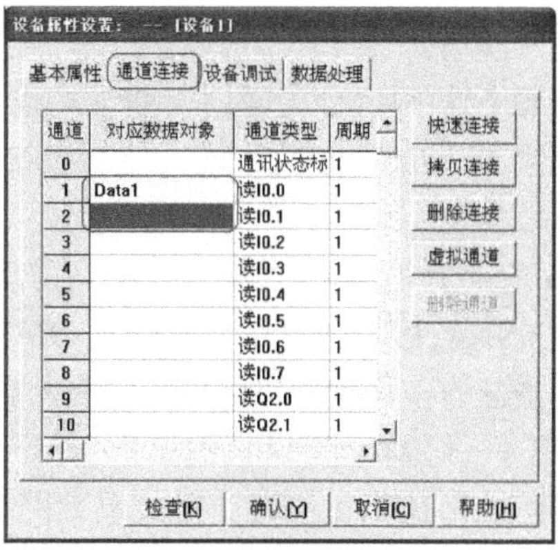

图 5-47　步骤(9)

(10)通道定义并对应完毕后,可以新建画面,在画面中组态不同的按钮及指示单元,检验组态结果的正确性。另外,也可以通过“设备调试”“通信状态标志位”的状态确定通信组态的正确性(通信状态标志位=0 表示通信良好;通信状态标志位=其他表示通信中断),如图 5-48 所示。

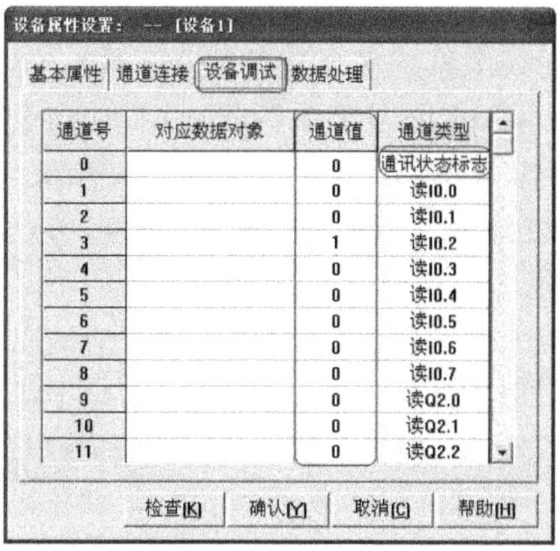

图 5-48　步骤(10)

组态流程图如图 5-49 所示。

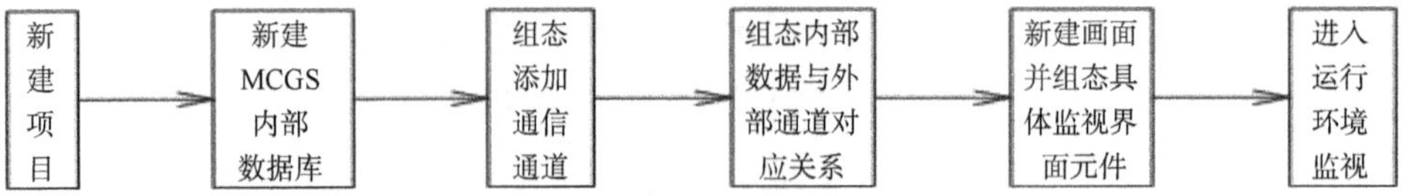

图 5-49 组态流程图

6. 实训总结

尝试组态一个新工程，在画面中新建数值显示框，采集 PLC 内部的 VW10 中的数据并将其实时显示于监视界面。

四、知识链接

基于 Ethernet 的 PLC 通信控制网络分为面向工业现场设备的以 PLC 为核心的控制层和面向控制底层的以主控计算机为核心的监管层。控制系统以工业以太网为主要通信平台。当下位机收到上位机的命令后，PLC 自动分析指令代码，检查数据格式，再根据指令代码执行相应的操作，并返回相应的应答信息，通知计算机当前动作的执行状况和反馈通信中的错误。上位机采用异步 WinSock，PLC 的通信格式使用 OMRON 标准。

以太网是现实世界中最普遍的一种计算机网络。以太网有两类：第一类是经典以太网；第二类是交换式以太网，使用了一种称为交换机的设备连接不同的计算机。经典以太网是以太网的原始形式，运行速度为 3~10 Mbps；而交换式以太网是广泛应用的以太网，可运行在 100、1 000 和 10 000 Mbps 这样的高速率，分别以快速以太网、千兆以太网和万兆以太网的形式呈现。

以太网的标准拓扑结构为总线型拓扑，但目前的快速以太网（100BASE-T、1000BASE-T 标准）为了减少冲突，将能提高的网络速度和使用效率最大化，使用交换机来进行网络连接和组织。如此一来，以太网的拓扑结构就成了星形；但在逻辑上，以太网仍然使用总线型拓扑和 CSMA/CD（Carrier Sense Multiple Access/Collision Detection，载波侦听多路访问/碰撞侦测）的总线技术。

以太网实现了网络上无线电系统多个节点发送信息的想法，每个节点必须获取电缆或者信道才能传送信息（“以太”这个名字来源于 19 世纪的物理学家假设的电磁辐射媒体——光以太。后来的研究证明光以太不存在）。每一个节点都有全球唯一的 48 位地址（制造商分配给网卡的 MAC 地址），以保证以太网上所有节点能互相鉴别。由于以太网十分普遍，许多制造商把以太网卡直接集成进计算机主板。

工业以太网技术源自以太网技术，但是其本身和普通的以太网技术又存在着很大的区别。工业以太网技术进行了适应性方面的调整，同时结合工业生产安全性和稳定性方面的需求，增加了相应的控制应用功能，提出了符合特定工业应用场所需求的相应解决方案。工业以太网技术在实际应用中，能够满足工业生产高效性、稳定性、实时性、经济性、智能性、扩展性等多方面的需求，可以真正延伸到实际企业生产过程中现场设备的控制层面，并结合其技术应用的特点，对实际企业工业生产过程进行全方位控制和管理，是一种非常重要的技术手段。

工业以太网技术应用的优势分析如下。

(1)工业以太网技术具有广泛的应用范围。以太网技术作为重要的基础性计算机网络技术,能够兼容多种不同的编程语言。例如,常见的 Java、C++等编程语言都支持以太网方面的应用开发。

(2)工业以太网技术具有良好的应用经济性。相对于以往传统工业生产中现场总线网卡基础设施方面的投入,以太网的网卡成本具有十分显著的优势。在当前以太网技术不断发展的今天,整体以太网技术的设计、应用已经十分成熟。在具体技术开发方面,有很多现有的资源和设计案例可以应用,这进一步降低了系统的开发和推广成本,同时也让后续培训工作变得更加有效。可以说,经济性强、成本低廉、应用效率高、过渡短、方案成熟,是工业以太网技术的显著优势特征。

(3)工业以太网技术具有较高的通信速率。相对于现场总线来说,工业以太网的通信速率较高, 1 Gb/s 的技术应用已十分成熟。在当前工业控制网络性能吞吐需求不断增长的前提下,这种速率上的优势十分明显,其能够更好地满足当前的带宽标准,是新时期现代工业生产网络工程的重要发展方向。相对于控制网络来说,工业控制网络内部不同节点的实时数据较少,但是其对传输的实时性要求很高。以太网技术的网络负载有着显著的优势,这让整个通信过程的实时性需求得到了更好的满足。良好的通信速率标准,可以进一步降低网络负荷,减少网络传输延时,从而最大限度地规避碰撞,保障工业生产的安全性与可靠性。

(4)工业以太网技术具有良好的共享能力。当前网络技术不断发展,整个互联网体系变得更加成熟,任何一个接入网络的计算机都可以实现对工业控制现场相关数据的浏览和调用,这对远程管控应用来说具有显著的优势,同时这也比以往现场总线管理模式更加便利,是实现现代化工业生产管理的重要基础性依据。

(5)工业以太网技术具有良好的发展空间。通过工业以太网技术的应用,整个工业网络控制系统会有一个更加广阔的发展空间。在后续技术改造和升级的过程中,以太网技术能够为其提供一个良好的基础平台,这种扩展性方面的优势相对于现场总线技术来说是十分明显的。与此同时,在当前人工智能等相关技术发展的背景下,网络通信质量和效率的标准更高,很多新通信协议的应用也需要工业以太网技术给予相应的支持。

☑ 项目小结

本项目主要介绍有关 PLC 的通信与工厂自动化通信网络方面的初步知识,具体内容包括 PPI 通信及其应用、USS 通信及其应用、Ethernet 通信及其应用。

项目六　触摸屏和变频器综合应用

☑ 项目目标

1. 熟悉 S7-200 系列 PLC 的基本配置。
2. 熟悉 PLC 的编程规则及触摸屏和变频器的综合应用。
3. 能根据任务要求分配系统输入、输出地址及绘制接线图。
4. 独立完成 PLC 控制系统的安装与运行。
5. 熟悉控制系统应用程序的编写与联机调试的方法。

★ OBE 考点：掌握 PLC 的编程规则及触摸屏和变频器的综合应用；熟悉 S7-200 PLC 的基本配置；熟悉控制系统应用程序的编写与联机调试的方法。

☑ 项目任务

1. 触摸屏的组态与应用。
2. 变频器的应用。

任务一　触摸屏的组态与应用

一、任务目标

（1）熟悉人机界面的概念、特点和组态方法。
（2）能编写人机交互的组态程序并进行安装调试。
（3）熟悉 PLC 与触摸屏 TK6071iP 的应用。

二、任务描述

人机界面是操作人员与 PLC 之间进行对话的接口设备。人机界面设备可以以图形形式显示所连接 PLC 的状态、当前过程数据及故障信息，可以使用户更方便地操作和观察监控设备或系统。

工业触摸屏已经成为现代工业控制系统中必不可少的人机界面之一。本任务中使用威纶通科技有限公司研发的人机界面 TK6071iP。

任务要求：按下启动按钮系统启动后，设定一个时间，时间到电动机才启动，按下停止按钮后，电动机停止工作。

图 6-1 是触摸屏界面的三相交流异步电动机正反转控制 PLC 接线图。

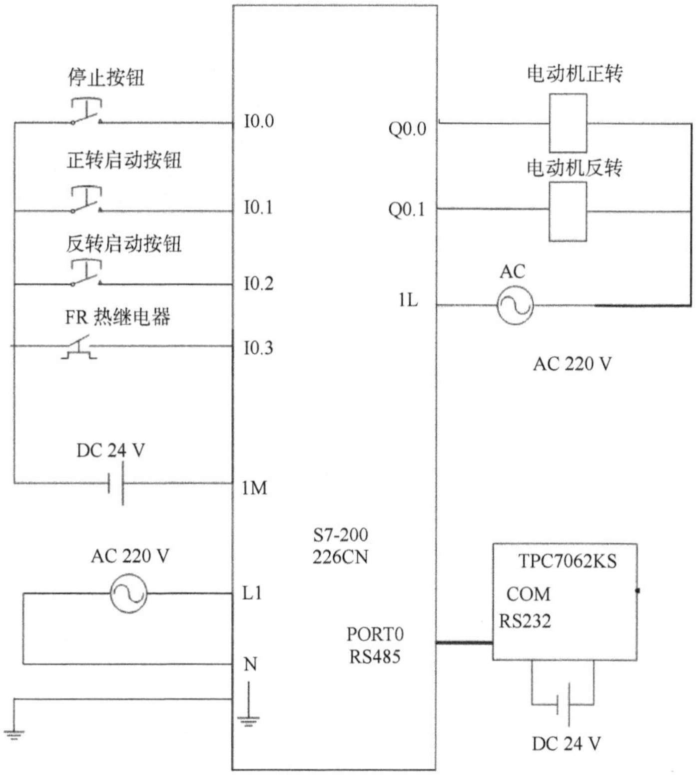

图 6-1　触摸屏界面的三相交流异步电动机正反转控制 PLC 接线图

三、任务实施

1. 所需要的工具、设备、材料

所需要的工具、设备、材料如表 6-1 所示。

表 6-1　所需要的工具、设备、材料

序号	名称	数量	序号	名称	数量
1	三相交流异步电动机	1 台	7	交流接触器	2 个
2	绿色按钮	1 个	8	导线	20 条
3	红色按钮	1 个	9	电工工具	1 套
4	黄色按钮	1 个	10	万用表	1 个
5	熔断器	2 个	11	触摸屏	1 台
6	热继电器	1 个	12	通信线	1 条

2. 线路安装与调试

电动机安装实训挂箱、触摸屏实训挂箱分别如图 6-2、图 6-3 所示，对其进行线路安装与调试。

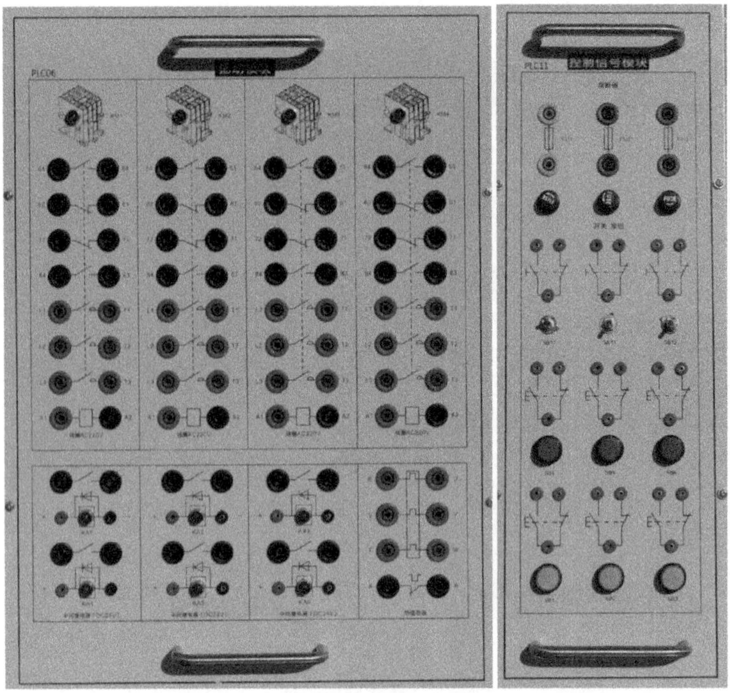

图 6-2　电动机安装实训挂箱

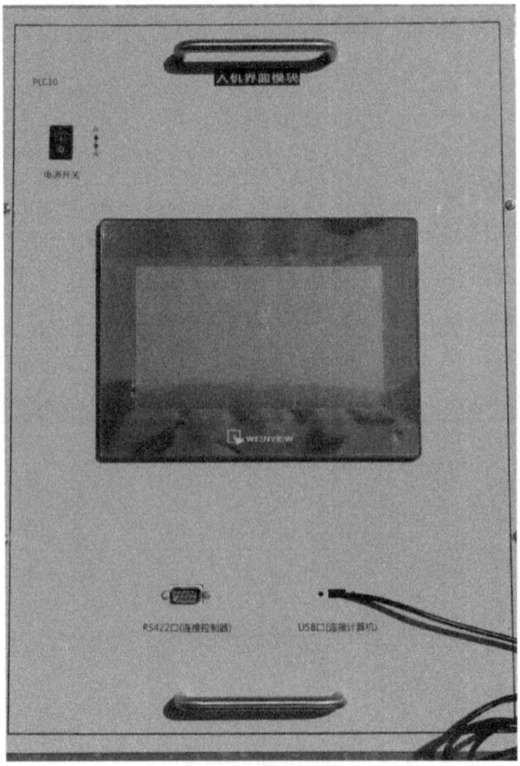

图 6-3　触摸屏实训挂箱

3. I/O 点的分配

根据被控对象对 PLC 系统的动能要求和需要输入、输出的点数选择适当类型的 PLC，并分配输入、输出点，如表 6-2 所示。

表 6-2　I/O 点分配表

输入(I)			输出(O)		
元件	功能	信号地址	元件	功能	信号地址
按钮 SB2	电动机正转	I0.0	KM1	正转	Q0.0
按钮 SB1	电动机停止	I0.1	KM2	反转	Q0.1
按钮 SB3	电动机反转	I0.2			

4. 程序设计

根据被控对象的工艺条件和控制要求设计梯形图，参考梯形图如图 6-4 所示。

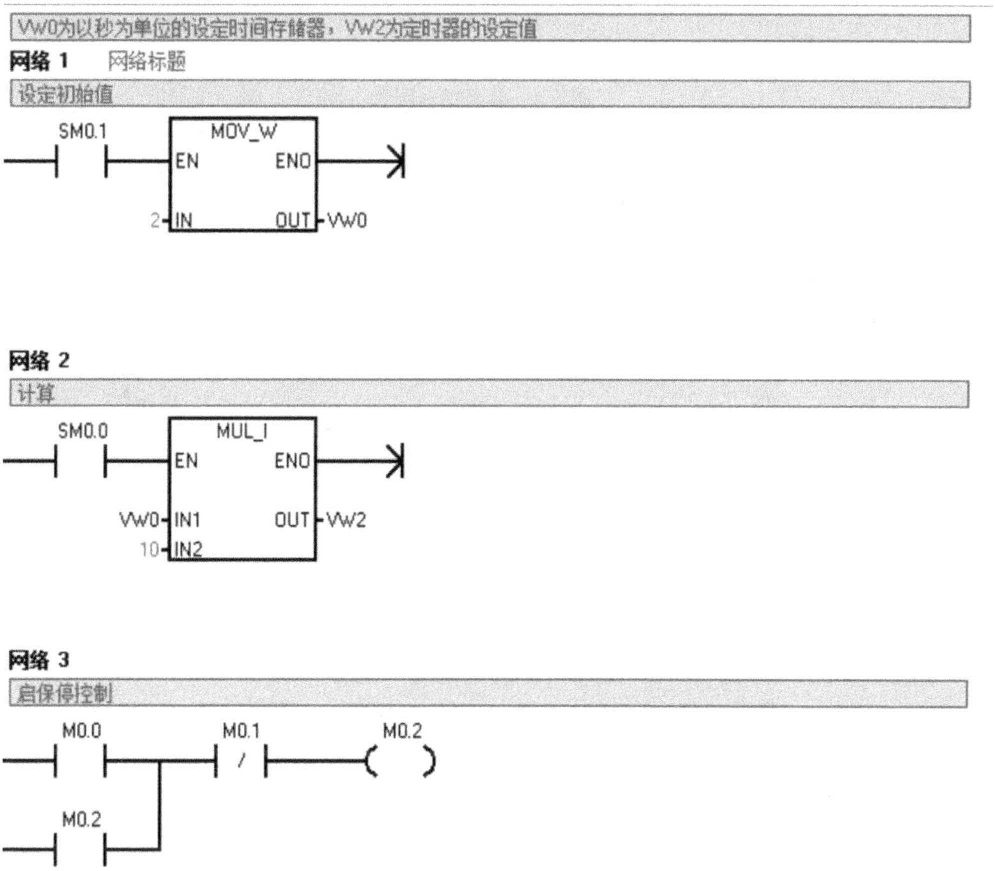

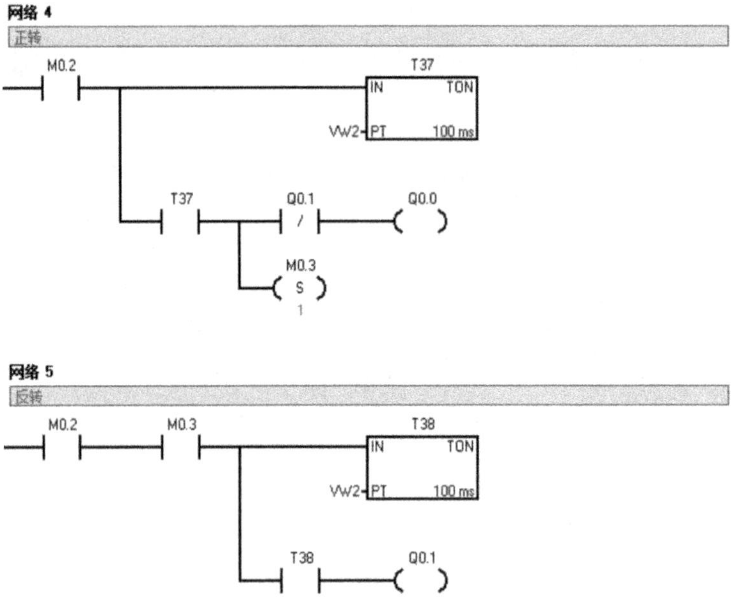

图 6-4　参考梯形图

5. 触摸屏设计

（1）新建工程，选择触摸屏 TK6071iP，如图 6-5 所示。

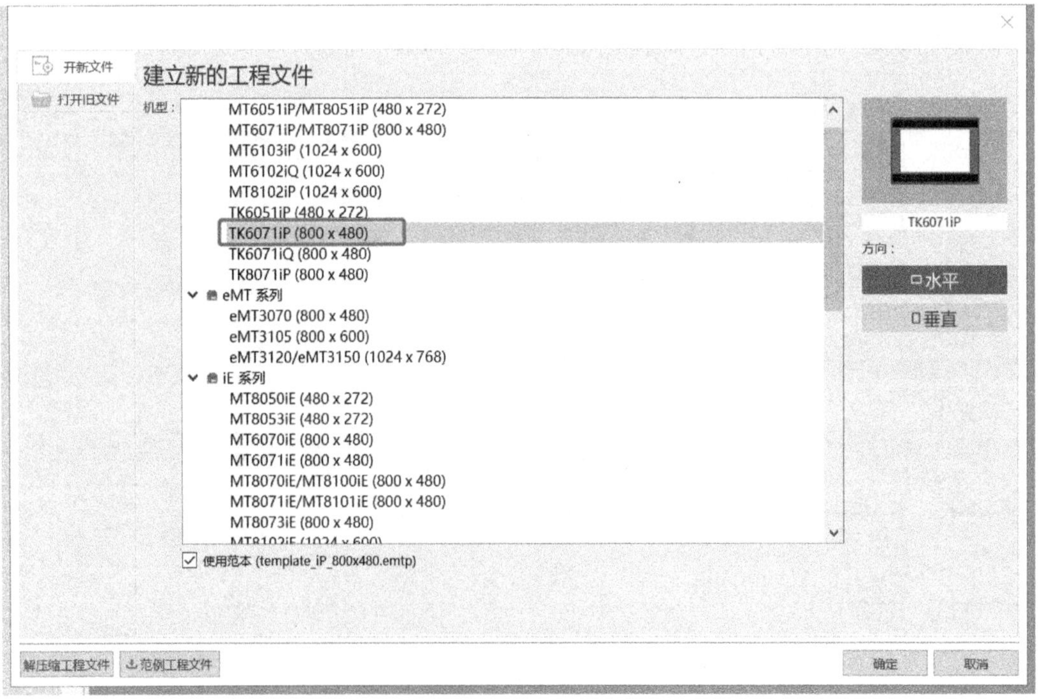

图 6-5　新建工程

(2)选择 PLC 设备为西门子 S7-200,设置系统参数,如图 6-6 所示。

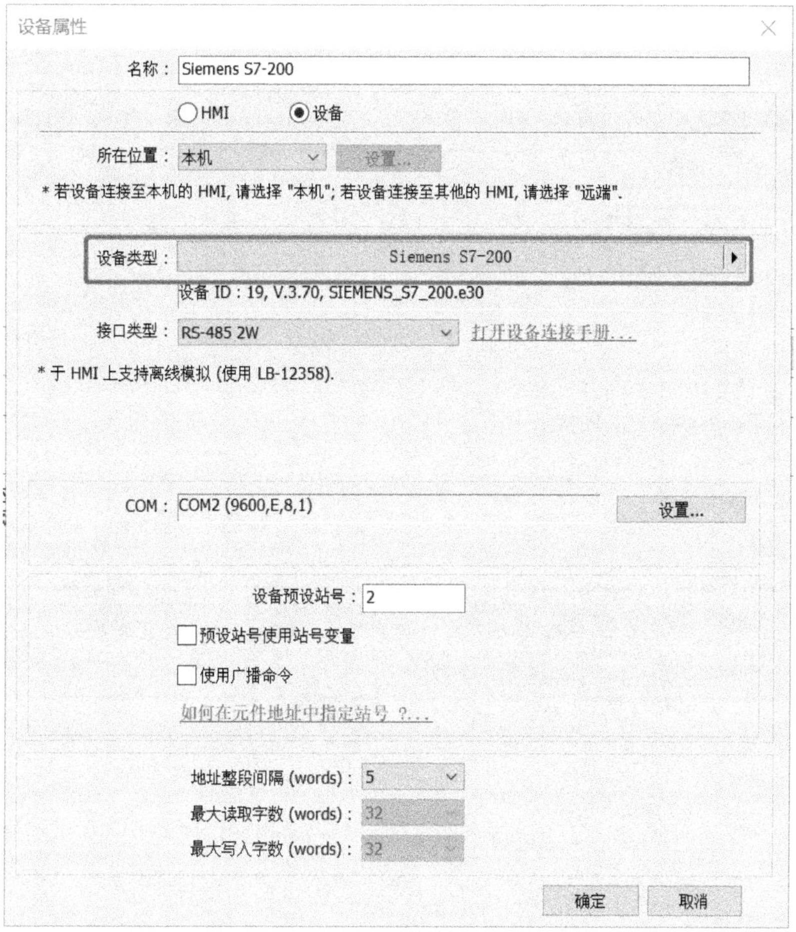

图 6-6　选择 PLC 类型

(3)放置位状态设置按钮,选择复归型开关作为 M0.0、M0.1 的开关属性,如图 6-7 所示。

(4)放置状态指示灯,修改电动机运行指示的相关属性,如图 6-8 所示。

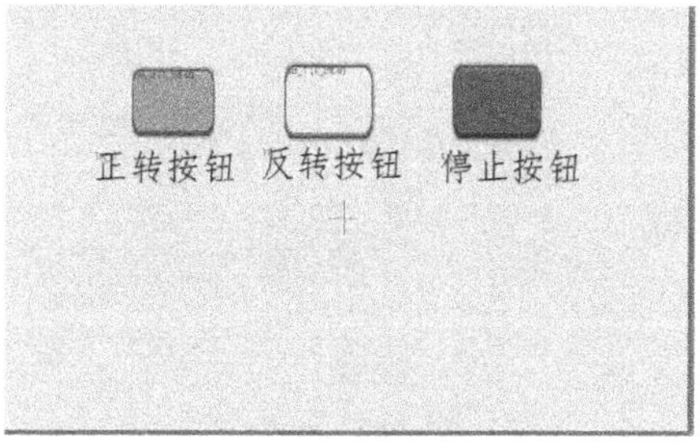

图 6-7　位状态设置按钮

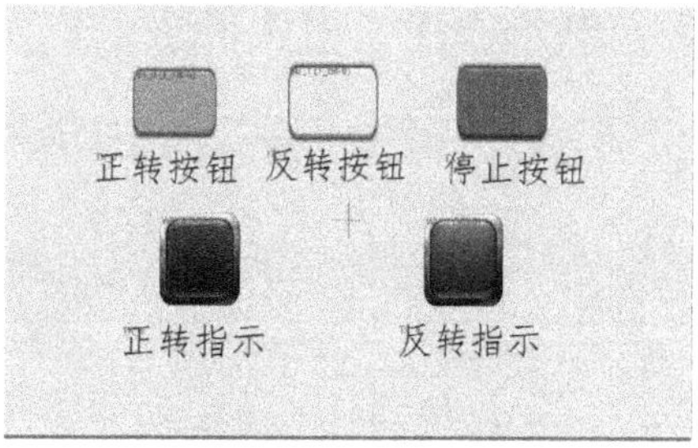

图 6-8　状态指示灯

（4）点击“数值”元件，修改所需要的属性功能，其他默认，然后将其元件放置到画面上，如图 6-9 所示。进行数字格式设置，如图 6-10 所示。

图 6-9　数值属性设置

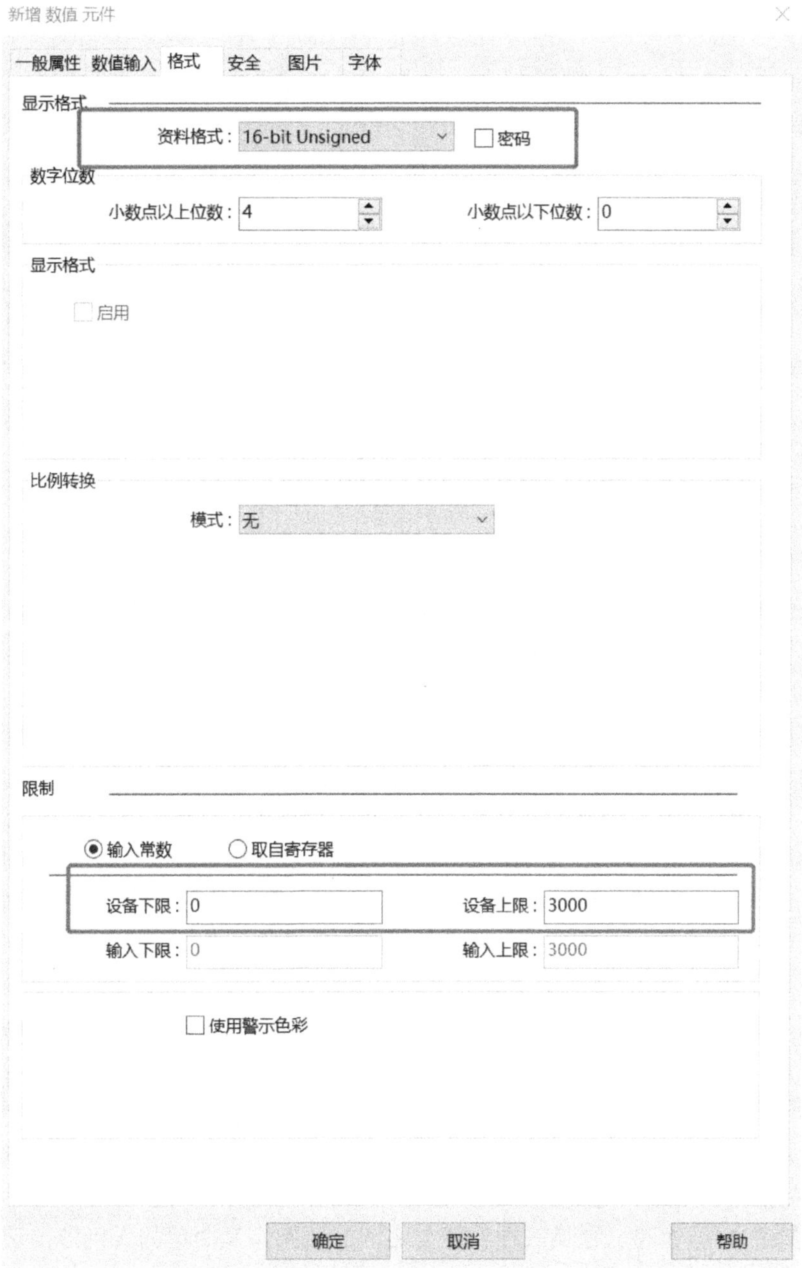

图 6-10　数字格式设置

（5）放置"文字"，给开关、指示灯等元件配上文字说明，便于操作。

（6）设计完成后，进行保存、编译、在线模拟。在线模拟的初始状态如图 6-11 所示。初始设定时间为 2 s，可以在触摸屏下修改设定时间为 5 s，如图 6-12 所示，设定时间时会有键盘弹出，在键盘上操作，然后点击"Enter"键，操作正转按钮，5 s 后，电动机正转指示灯就会点亮，5 s 后电动机正转指示灯灭，电动机反转指示点亮，保持一定时间，操作停止按钮，电动机反转指示灯灭。

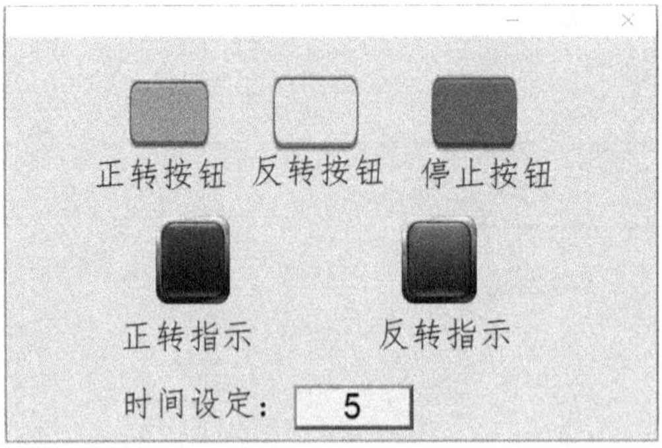

图 6-11　初始状态

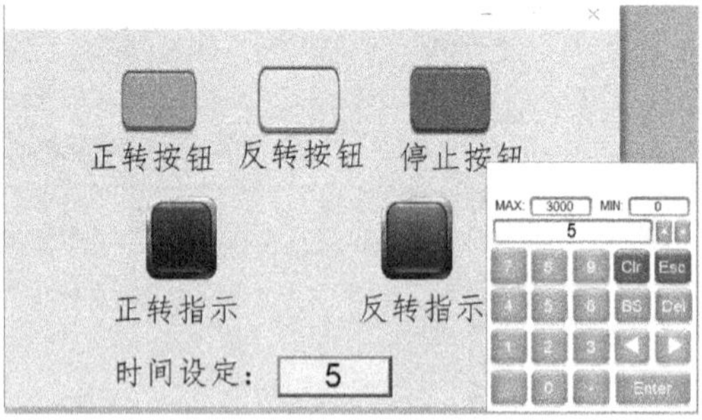

图 6-12　时间设定

四、知识链接

1. 触摸屏的现状与应用

PLC 通常称为可编程逻辑控制器，是一种以微处理器为基础，综合了现代计算机技术、自动控制技术和通信技术发展起来的通用的工业自动控制装置，由于它具有体积小、功能强、程序设计简单、维护方便等优点，特别是它适应恶劣工业环境的能力和高可靠性，使它的应用越来越广泛，PLC 被称为现代工业的三大支柱（PLC、机器人和 CAD/CAM）之一。

人机界面是操作人员和机器设备之间进行双向沟通的桥梁，是用户可以自由地组合文字、按钮、图形、数字等处理、监控、管理随时可能变化的信息的多功能显示屏幕。机械设备以往的操作界面需由熟练的操作员才能操作，而且操作困难，无法提高工作效率。现在使用的人机界面能够明确指示并告知操作员设备目前的状况，使操作变得简单、生动，并且可以减少操作上的失误，即使是新手也可以轻松地操作整个机器设备。使用人机界面还可以使机器的配线标准化、简单化，减少 PLC 所需的 I/O 点数，降低生产成本。同时，由于面板控制的小型化及高性能，相对提高了整套设备的附加价值。

触摸屏作为一种新型的人机界面，从一出现就受到关注，它的简单易用、强大的功能及优异的稳定性使其非常适合用于工业环境，甚至可以用于日常生活中，应用非常广泛，比如自动化停车设备、自动洗车机、天车升降控制、生产线监控等，甚至还可用于智能大厦管理、会议室声光控制、温度调整。

随着科技的飞速发展，越来越多的机器与现场操作都趋向于使用人机界面，PLC 强大的功能及复杂的数据处理也呼唤一种功能与之匹配而操作又简单的人机的出现，触摸屏的应运而生无疑是 21 世纪自动化领域里的一个巨大革新。

2. 触摸屏 TK6071iP 基本情况

TK6071iP 背面有电源进线和各种通信接口，如图 6-13 所示。其中 USB1 为主口，用来连接鼠标和 U 盘，与 USB1.1 兼容；USB2 为从口，用于工程项目下载；COM 口用来连接 PLC；电源为 DC 24 V。

图 6-13 TK6071iP 背部接口

3. EasyBuilder Pro

EasyBuilder Pro 是一款非常好用且功能强大的触摸屏编程软件，该软件提供了人性化的人机交互界面，可以满足不同编程人员的需要，适用于 eMT、cMT、iE、MT(iP)以及 TK(iP)机型。该软件提供了强大实用的编程工具，包含触摸屏设计、传输、维护、数据转换以及管理等多种功能。

1)安装环境要求

软件来源：可登录威纶通科技有限公司网站 http://www.weinview.cn 下载。

计算机硬件要求(建议配置)如下。

CPU：INTEL Pentium Ⅱ 以上。

内存：256 MB 以上。

硬盘：2.5 GB 以上，最少有 500 MB 以上的硬盘空间。

光驱：4 倍速以上光驱。

显示器：支持分辨率 1 024 × 768 以上的彩色显示器。

键盘和鼠标：各一个。

以太网接口：工程下载/上传时使用。

USB 2.0 接口：工程下载/上传时使用。

RS-232 COM 接口：在线模拟时使用。

操作系统：Windows XP、Windows Vista、Windows 7、Windows 8、Windows 10、Windows 11 均可。

2)安装步骤

(1)将光盘放入光驱，计算机会自动执行安装程序，或者手动执行光盘根目录下的 autorun.exe 文件，屏幕将显示安装程序，如图 6-14 所示。

图 6-14　欢迎界面

（2）点击“EasyBuilder Pro”，选择所需语言版本后，点击“确定”，如图 6-15 所示。

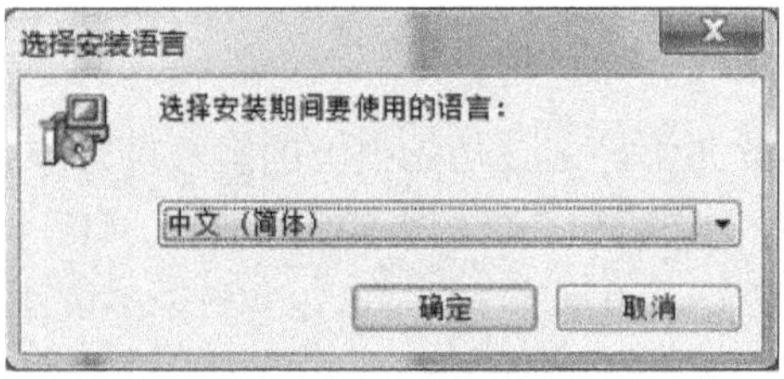

图 6-15　选择语言

（3）系统将会询问使用者是否想要移除计算机中已安装过的 EasyBuilder Pro 版本，根据需求选择后，点击“下一步”，如图 6-16 所示。

图 6-16　安装向导

（4）指定一个全新的文件夹给 EasyBuilder Pro 安装资料，或是直接使用系统建议的文件夹，点击“下一步”，如图 6-17 所示。

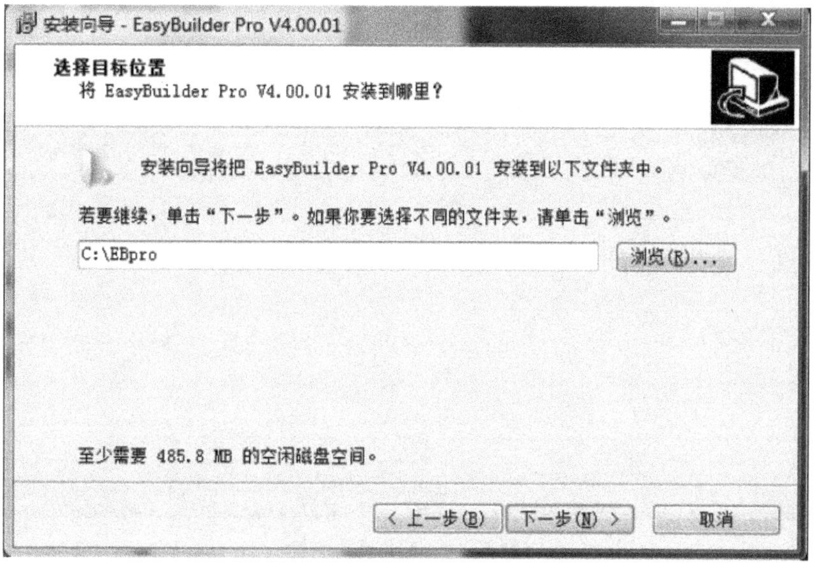

图 6-17　选择目标位置

（5）系统会请使用者指定一个文件夹用来创建程序快捷方式，点击“浏览”指定一个文件夹，或使用程序建议的文件夹，点击“下一步”继续安装程序，如图 6-18 所示。

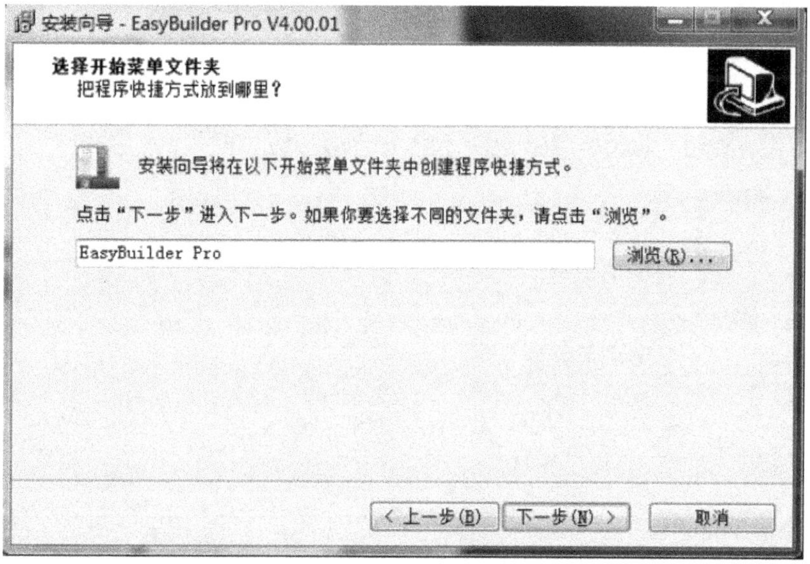

图 6-18　指定文件夹

（6）系统会询问使用者是否要执行附加工作，例如“创建桌面图标”，若需要请勾选，然后点击“下一步”继续安装程序，如图 6-19 所示。

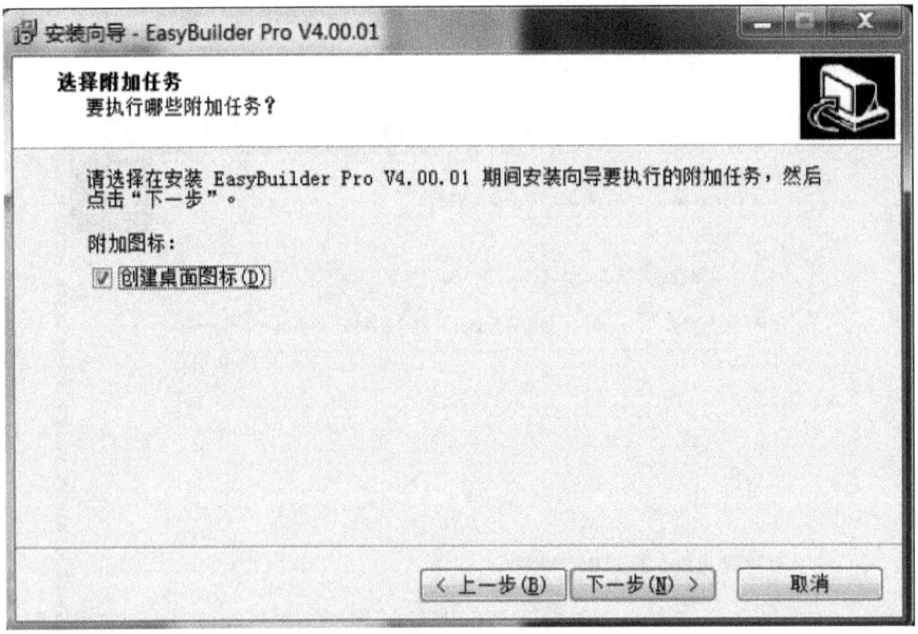

图 6-19　创建桌面图标

(7)在此阶段所有设定已完成,请检查是否无误,若有需要更改的部分,请点击“上一步”,若全部正确,请点击“安装”开始安装程序,如图 6-20 所示。

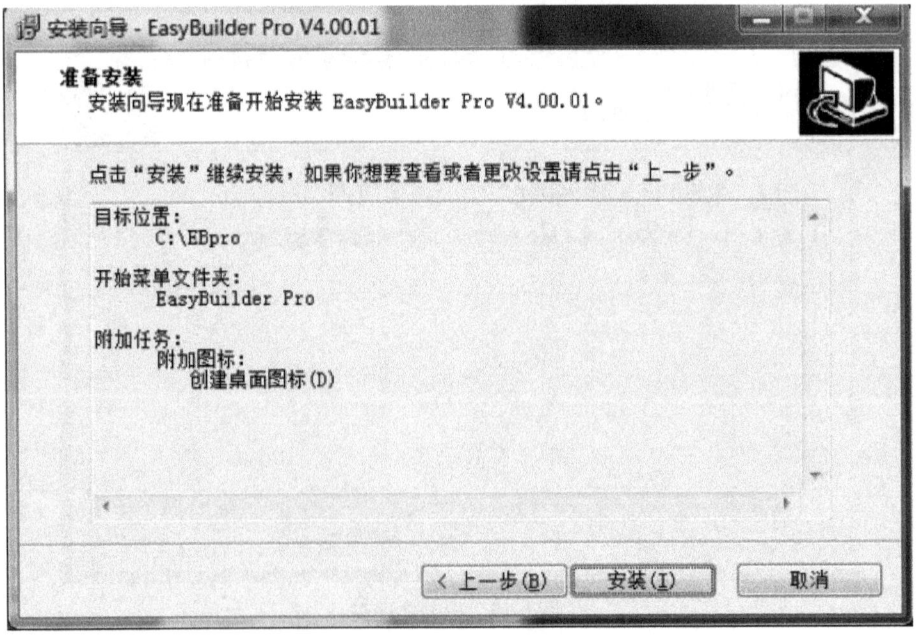

图 6-20　开始安装程序

(8)安装程序执行中,如图 6-21 所示。

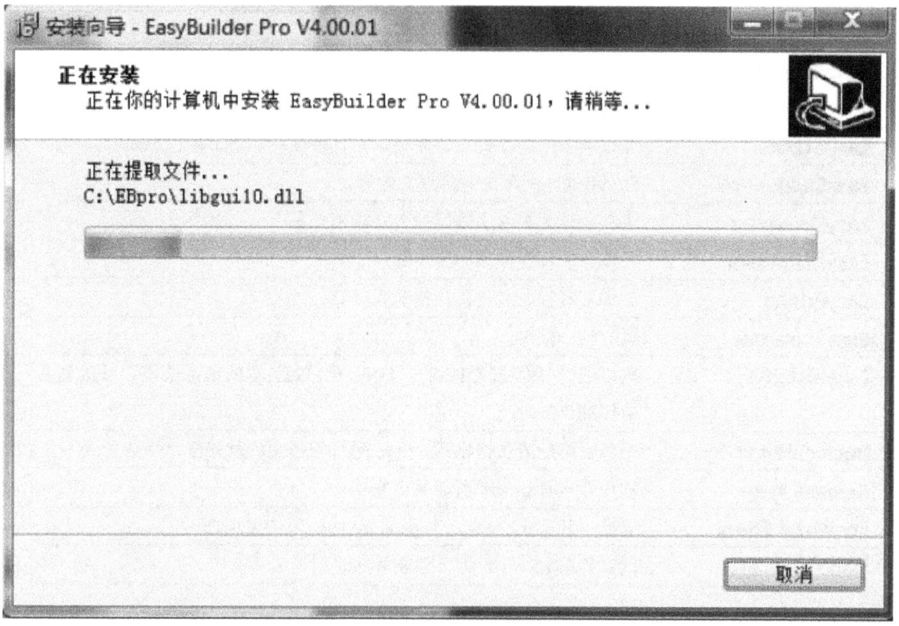

图 6-21　安装程序执行中

（9）安装完成，点击“完成”结束安装，如图 6-22 所示。

图 6-22　安装完成

（10）在“开始”—“所有程序”—“EasyBuilder Pro”目录下可看到 EasyBuilder Pro 的各功能快捷方式。软件目录下各选项的含义如图 6-23 所示。

项目	描述
Administrator Tool	可将 [使用者账号]、[USB 安全金钥]、[e-Mail SMTP 服务器设定]、[e-Mail 联络人] 四种资料储存于 U 盘并导入 HMI 之中。
EasyAccess	透过网络监测连接的触摸屏，并直接在计算机上操作触摸屏。
EasyBuilder Pro	EasyBuilder Pro 程序编辑软件。
EasyConverter	资料取样数据与事件记录文件转档工具。
EasyDiagnoser	在线监控程序通讯诊断工具。
EasyPrinter	远端屏幕打印及资料备份的服务器。
EasySimulator	执行程序模拟。
EasyWatch	可以透过 PC 监看或设定 HMI 和 PLC 内的地址数值，以达到监控的目的。
Recipe Editor	可以设定配方数据格式，开启配方数据文件及外部存储器文件。
Release Note	软件版本及相关最新信息说明。
Structure Editor	支持 AB TAG 结构，可提高元件读/写的灵活性。
Utility Manager	EasyBuilder Pro 综合管理软件。

图 6-23　选项的含义

注：HMI 支持使用 USB 线下载/上传程序，EasyBuilder Pro 完成安装后，可至“我的电脑”—“设备管理器”确认 USB 驱动是否正确安装，若尚未安装，请手动完成安装。

4. Utility Manager

在 EasyBuilder Pro 软件安装完成后，双击电脑桌面上的“Utility Manager”快捷方式即可开启（图 6-24）。这是 EasyBuilder Pro 软件的综合管理器，可当成独立的程序来操作。

图 6-24　启动界面

1）HMI 地址及密码设定

（1）当用户用以太网或 USB 线操作 HMI 时，需正确设定操作 HMI 所需的密码（图

6-25)，避免没有授权的用户入侵 HMI 程序。

图 6-25　设定密码

(2)设定下载密码。若勾选“隐藏密码”，输入密码时会以“*”显示。

注：请妥善保管密码，若因忘记密码而要将 HMI 恢复为原厂设定时，将导致 HMI 内部的所有程序和资料被清除。

(3)重新启动 HMI。不需断开电源即可重新启动 HMI，并恢复到开机时的状态。若使用以太网重启 HMI，请设定正确的 HMI IP 地址。

(4)资料取样/事件记录文件信息。设定好连接方式，即可连线至 HMI 查看内部历史资料文件个数。

2)编辑工具

(1)建立储存在 SD 卡与 USB 中的下载资料(图 6-26)。

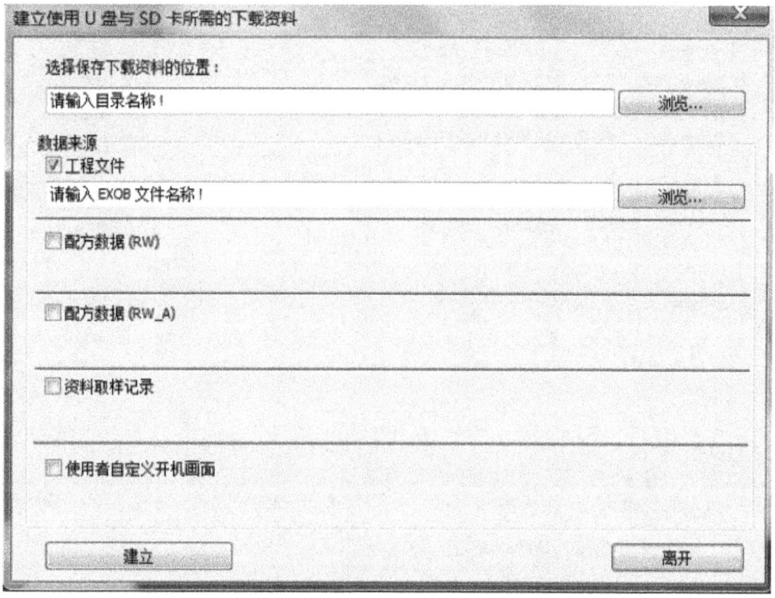

图 6-26　建立储存在 SD 卡与 USB 中的下载资料

①将 SD 卡或 U 盘插入 PC。

②指定文件资料存放的路径位置。

③指定所要建立的来源资料文件存放位置。

④点击“建立”。

所要建立的来源资料文件将被写入指定的外围设备中，让用户可以通过该设备下载工程文件至 HMI，可以不需要通过以太网或 USB 线下载工程文件。

(2)通过 U 盘/SD 卡下载程序到 HMI 的步骤。

假设来源资料文件建立在 U 盘里的文件夹名称为“123”(K:\123)。

①将 U 盘(工程文件已包含在内)接至 HMI。

②弹出“Download/Upload”窗口,请选择“Download”。

③输入下载密码。

④在“Download Settings”窗口,勾选“Download project files”以及“Download history files”。

⑤点击“OK”。

⑥在“Pick a Directory”窗口,选择路径:usbdisk\disk_a_1\123。

⑦点击“OK”。

工程文件将被自动更新。

3)传输

(1)下载。通过此功能可以使用以太网或 USB 线下载文件到 HMI 上(图 6-27)。图 6-27 中各选项的含义如图 6-28 所示。

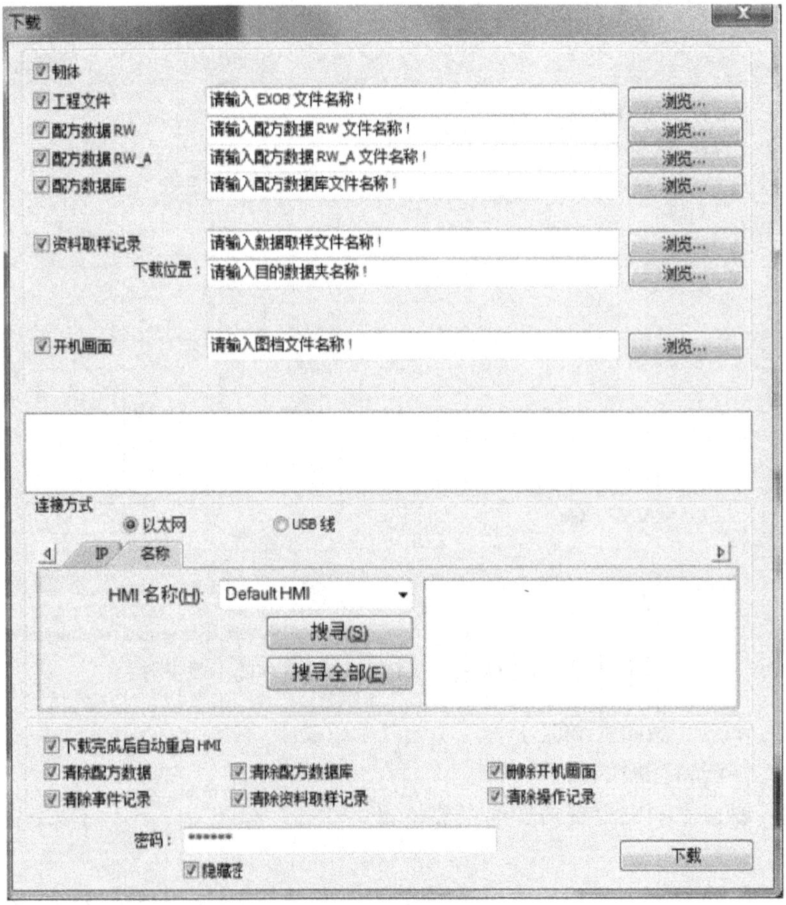

图 6-27　下载

设定	描述
韧体	若勾选此项，表示要更新 HMI 所有核心程序。 第一次下载文件至 HMI 时，一定要下载韧体。
工程文件	选择 .exob 格式的工程文件。
配方数据 RW / RW_A	选择 .rcp 格式的配方文件。
配方数据库	选择 .db 格式的配方数据库文件。
资料取样记录	先选择 HMI 上资料取样的文件夹名称，再选择 .dtl 格式的资料取样文件。
开机画面	将指定的 .bmp 图片下载到 HMI，HMI 启动时，就会先显示此图片，再载入下载的程序。
下载完成后自动重启 HMI	若勾选此项，HMI 将会在下载文件成功后自动重新启动。
清除 配方数据 / 事件记录 / 配方数据库/ 资料取样记录 删除开机画面/ 清除操作记录	下载文件前会先清除勾选的文件。

图 6-28　选项的含义

（2）上传。通过此功能可以使用以太网或 USB 线上传 HMI 的文件到 PC。上传前须先选择存放文件的路径，点击“浏览”，指定上传文件所要存放的位置，如图 6-29 所示。图 6-29 中各选项的含义如图 6-30 所示。

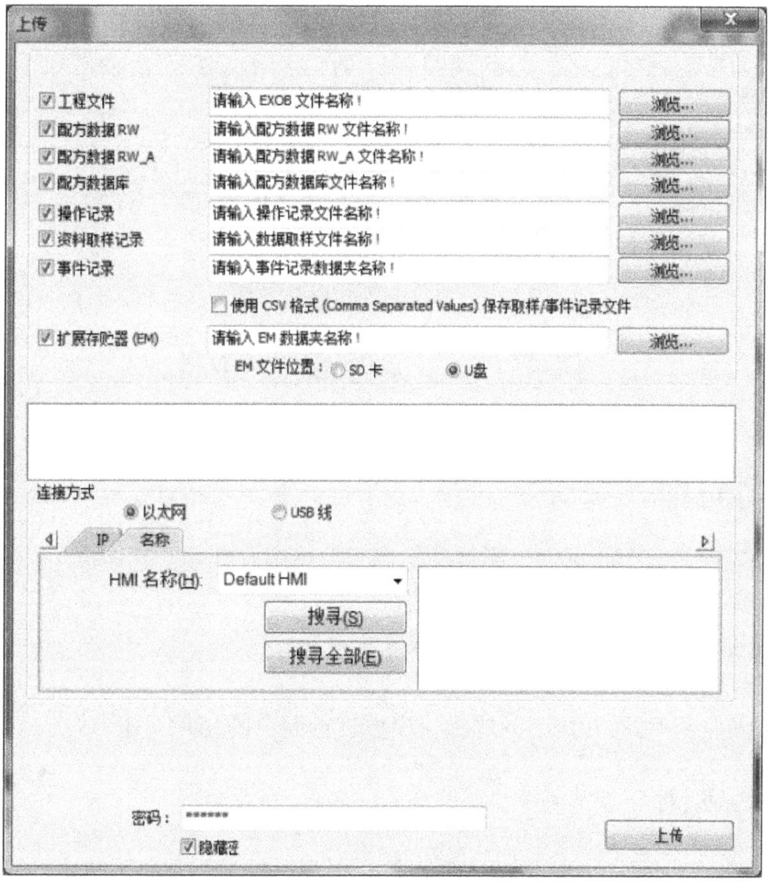

图 6-29　上传

设定	描述
事件记录	将 HMI 的 .evt 文件上传到 PC。
扩展存贮器 (EM)	将 HMI 上的 SD 卡、USB 内的 .emi 文件上传到 PC。

图 6-30 选项的含义

4）模拟

模拟分为离线模拟和在线模拟。

离线模拟：在 PC 上模拟工程文件的运行，不与任何装置连线。

在线模拟：在 PC 上模拟工程文件的运行，此时 PLC 直接与 PC 连接。

执行在线模拟和离线模拟功能，需先选择 .exob 文件的来源位置。

执行在线模拟/离线模拟时，点击鼠标右键可以执行图 6-31 所示的功能。

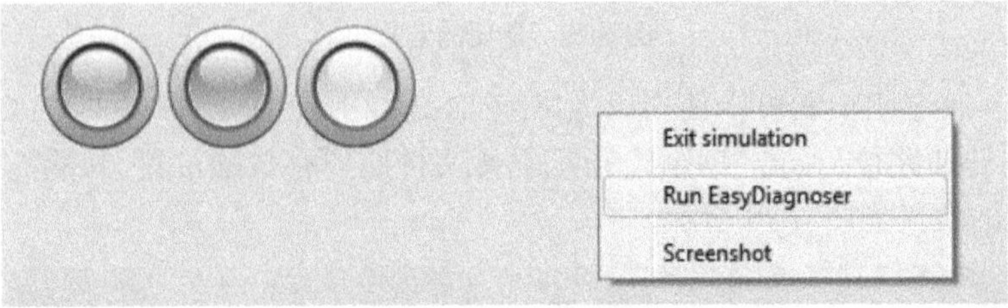

设定	描述
Exit simulation	关闭模拟状态。
Run EasyDiagnoser	执行 EasyDiagnoser 监看目前的通信状态。
Screenshot	将目前的模拟画面使用图片的方式储存到安装路径下的 screenshot 文件夹。

图 6-31 执行在线模拟/离线模拟

任务二 变频器的应用

一、任务目标

（1）掌握三菱 FR-E700 系列变频器外部端子接线图及其端子功能。

（2）熟悉变频器的各项功能参数及预置。

（3）熟悉变频器的主要功能及其他常见功能。

（4）熟悉变频器面板操作及外部操作模式。

（5）熟练操控变频器，并用不同的操作模拟进行简单的变频调速。

二、任务描述

变频器（variable-frequency drive，VFD）是应用变频技术与微电子技术，通过改变电动机工作电源频率方式来控制交流电动机的电力控制设备。

变频器主要由整流(交流变直流)、滤波、逆变(直流变交流)、制动单元、驱动单元、检测单元、微处理单元等组成。变频器靠内部IGBT(绝缘栅双极晶体管)的开断来调整输出电源的电压和频率,根据电动机的实际需要提供其所需要的电源电压,进而达到节能、调速的目的,另外,变频器还有很多保护功能,如过流、过压、过载保护等。随着工业自动化程度的不断提高,变频器得到越来越广泛的应用。

任务要求:S7-200 PLC和三菱FR-E700变频器联机实现3段速固定频率控制。按下启动按钮,电动机启动并运行在10 Hz频率所对应的280 r/min转速上;延时10 s后电动机升速,运行在25 Hz所对应的700 r /min转速上;再延时10 s后电动机继续升速,运行在50 Hz所对应1 400 r /min转速上,按下停止按钮,电动机停止运行。

三、任务实施

1. 所需要的工具、设备、材料

所需要的工具、设备、材料如表6-3所示。

表6-3　所需要的工具、设备、材料

序号	名称	数量	备注
1	可编程控制器实训装置	1台	
2	变频器挂箱	1个	
3	导线	若干条	
4	PC/PPI通信电缆	1条	西门子
5	计算机	1台	自备
6	三相异步电动机	1台	

2. I/O点的分配

根据被控对象对PLC系统的动能要求和需要输入、输出的点数选择适当类型的PLC,并分配输入、输出点,如表6-4所示。

表6-4　I/O点分配表

输入(I)			输出(O)		
电气符号(面板端子)	功能	信号地址	电气符号(面板端子)	功能	信号地址
SB1	启动按钮	I0.0	STF	启动	Q0.0
SB2	停止按钮	I0.1	RL	低速	Q0.1
			RM	中速	Q0.2
			RH	高速	Q0.3

3. I/O接线图

本任务的PLC与变频器的硬件接线如图6-32所示,PLC及变频器实训挂箱如图6-33所示。

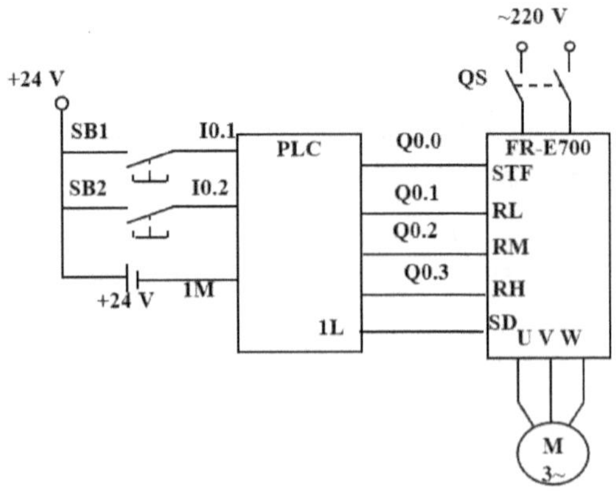

图 6-32　PLC 与变频器的硬件接线

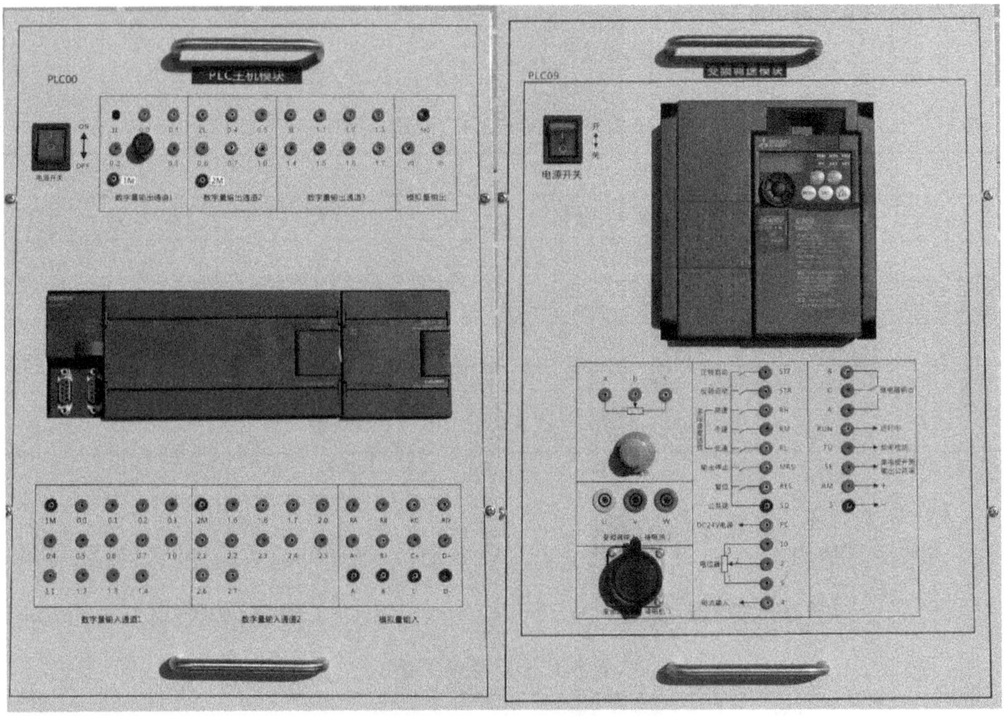

图 6-33　PLC 及变频器实训挂箱

4. 变频器参数设置

(1)接通电源。

(2)在 PU 模式下按 MODE 键。

(3)使 Pr79=2,Pr180=0,Pr181=1,Pr182=2。

(4)设置 Pr3=50,Pr4=30,Pr5=10。

5. 程序设计

当启动按钮 SB1 闭合时,驱动输入继电器 I0.0，I0.0 的动合触点闭合,使输出继电器 Q0.0 得电,同时 Q0.1 和时间继电器 T37 也得电。电动机在 10 Hz 下工作,当时间达到 10 s

时，Q0.1 断电，Q0.2 和 T38 得电，电动机在 30 Hz 下工作，又过 10 s，Q0.1、Q0.2 都断电，Q0.3、T39 工作，电动机在 50 Hz 下正常工作，当时间继电器 T39 计时到 10 s 时开始循环以上动作。

停止时，按下停止按钮 SB2 驱动输入继电器 I0.1，I0.1 的动断触点断开，变频器停止工作。

3 段速控制梯形图如图 6-34 所示。

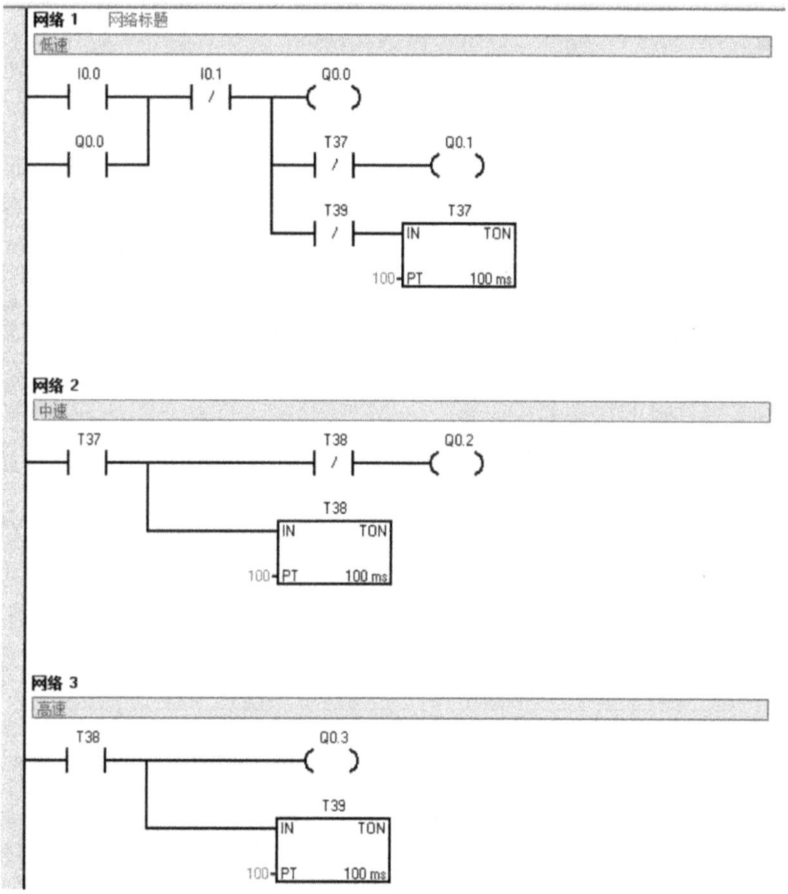

图 6-34　3 段速控制梯形图

6. 编写、下载、调试程序

编写梯形图程序，在 STEP 7-Micro/WIN 软件中进行程序的检查、调试与仿真，确认无误后写入 PLC。

四、知识链接

1. 结构

变频器的结构主要包括 PU 连接器、USB 接线器、内置选件连接用连接器、电压/电流输入切换开关、操作面板、冷却风扇、主电路端子排、控制电路端子排、EMC 过滤器连接器。

PU 连接器：进行 RS-485 通信，与外部的计算机、可编程控制器和外部的参数单元一对一连接。

USB 接线器：个人电脑和变频器间仅通过 1 根 USB 线便可实现简单连接。

内置选件连接用连接器：用于连接功能扩展用的各种配件。

电压/电流输入切换开关：能够选择通过模拟量输入端子的规格。

操作面板：装有 4 位 LED 显示屏、各种功能按钮、M 旋钮，可以实现对变频器的参数设定、启停控制及监视等功能。

冷却风扇：对主回路半导体的发热部件进行冷却。

主电路端子排：连接变频器的电源、电动机、制动电阻与制动单元、直流电抗器用的端子排。

控制电路端子排：连接外部输入/输出的端子排。

EMC 过滤器连接器：变频器内置有 EMC 滤波器，用于降低变频器的输入侧的空中传播噪声。

2. 端子接线图

三菱 FR-E700 变频器的主回路端子接线图如图 6-35 所示。

变频器的外部端子包括主回路端子和控制回路端子。

主回路端子功能说明如表 6-5 所示。

表 6-5 主回路端子功能说明

端子记号	端子名称	端子功能说明
R/L1 S/L2 T/L3	主回路电源	连接工频电源； 当使用高功率因素交流器（FR-HC，MT-HC）及共直流母线变流器（FR-CV）时不要连接任何东西
U、V、W	变频器输出	接三相笼形电动机
R1/L11 S1/L21	控制回路用电源	与交流电源端子 R/L1、S/L2 相连。在保持异常显示或异常输出时，以及使用高功率因素变流器（FR-HC，MT-HC）、电源再生共通变流器（FR-CV）等时，拆下端子 R/L1~ R1/L11、S/L2~S1/L21 间的短路片，从外部对该端子输入电源。在主回路电源（R/L1、S/L2、T/L3）设为 ON 的状态下请勿将控制回路用电源（R1/L11、S1/L21）设为 OFF，这样可能造成变频器损坏。控制回路用电源（R1/L11、S1/L21）为 OFF 的情况下，请在回路设计上保证主回路电源（R/L1、S/L2、T/L3）同时为 OFF
P/+、PR	制动电阻器连接	拆下端子 PR 与 PX 间的短路片（7.5K 以下），连接在端子 P/+与 PR 间，作为任选件的制动电阻器（FR-ABR）
P/+、N/-	连接制动单元	连接制动单元（FR-BU，BU，MT-BU5）、共直流母线变流器（FR-CV）、电源再生转换器（MT-RC）及高功率因素变流器（FR-HC，MT-HC）
P/+、P1	P1 连接改善功率因素直流电抗器	对 55K 以下的产品请拆下端子 P/+与 P1 间的短路片，连接上 DC 电抗器（75K 以上的产品已配备有 DC 电抗器，必须连接。FR-740-55K 通过 LD 或 SLD 设定并使用时，必须设置直流电抗器）
PR、PX	内置制动器回路连接	端子 PX 与 PR 间连接有短路片（初始状态）的状态下，内置的制动器回路有效
⏚	接地	变频器外壳接地用，必须接大地

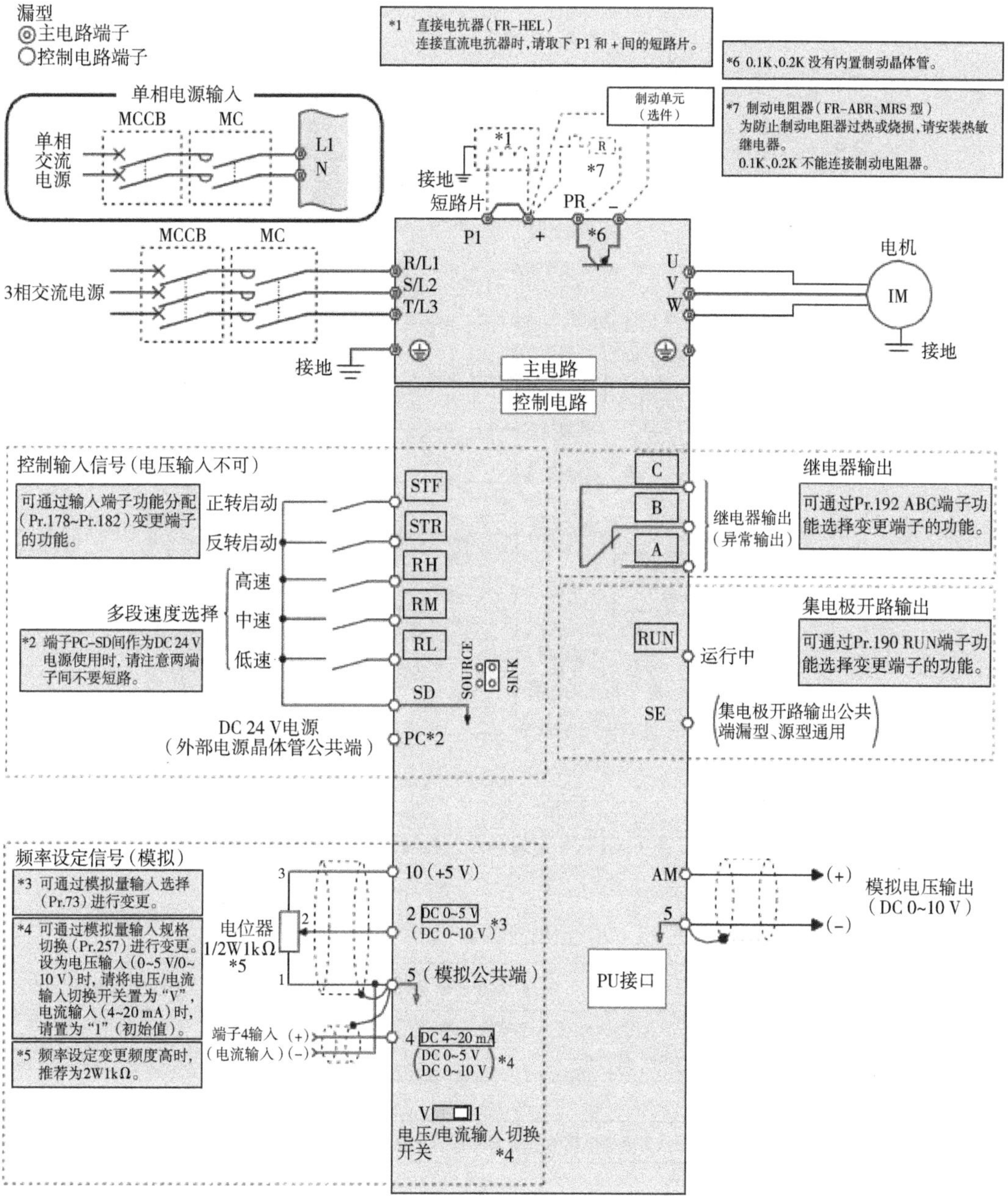

注　记

- 噪声干扰可能导致误动作发生，所以信号线要离动力线 10 cm 以上。
- 接线时不要在变频器内留下电线切屑。
  电线切屑可能导致异常、故障、误动作发生。请始终保持变频器的清洁。在控制柜等上钻安装孔时请务必注意不要使切屑粉掉进变频器内。
- 为安全起见，单相电源输入规格的产品的输入电源通过电磁接触器及漏电断电器或无熔丝断路器与接头相连。电源的开关用电磁接触器实施。
- 单相电源输入规格的产品的输入电源输出为 3 相 200 V。

图 6-35　三菱 FR-E700 变频器的主回路端子接线图

三菱 FR-E700 变频器开关量输入控制端子接线图如图 6-36 所示。控制回路端子功能说明如表 6-6 所示。

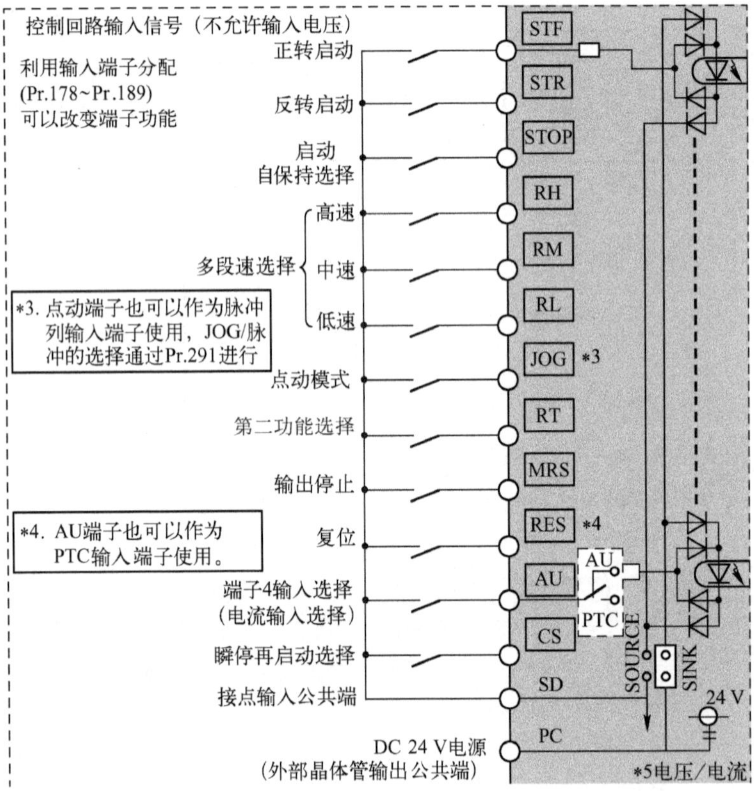

图 6-36 三菱 FR-E700 变频器开关量输入控制端子接线图

表 6-6 控制回路端子功能说明

种类	端子记号	端子名称	端子功能说明		额定规格
接点输入	STF	正转启动	STF 信号处于 ON 时正转,处于 OFF 时停止	STF、STR 信号同时为 ON 时变成停止指令	输入电阻 4.7 kΩ,开路时电压 DC 21~27 V,短路时 DC 4~6 mA
	STR	反转启动	STR 信号 ON 为逆转,OFF 为停止		
	STOP	启动自保持选择	使 STOP 信号处于 ON,可以选择启动信号自保持		
	RH RM RL	多段速选择	用 RH、RM 和 RL 信号的组合可以选择多段速		
	JOG	点动模式选择	JOG 信号为 ON 时选择点动运行(初始设定),用启动信号 STF 或 STR 可以点动运行		
		脉冲列输入	JOG 端子也可作为脉冲列输入端子使用。作为脉冲列输入端子使用时,有必要对 Pr.291 进行变更。(最大输入脉冲数:100k 脉冲/s)		输入电阻 2 kΩ,短路时 DC 8~13 mA

续表

种类	端子记号	端子名称	端子功能说明	额定规格
接点输入	RT	第二功能选择	RT 信号为 ON 时,第二功能被选择。设定了“第二转矩提升”“第 2V/F(基准频率)”时也可以用 RT 信号。处于 ON 时选择这些功能	输入电阻 4.7 kΩ,开路时电压 DC 21~27 V,短路时 DC 4~6 mA
	MRS	输出停止	MRS 信号为 ON(20 ms 以上)时,变频器输出停止。用电磁制动停止电动机时用于断开变频器的输出	
	RES	复位	在保护电路动作时的报警输出复位时使用。使端子 RES 信号处于 ON 在 0.1 s 以上,然后断开。工厂出厂时,通常设置为复位,根据 Pr.75 的设定,仅在变频器报警发生时可能复位。复位解除后约 1 s 恢复	
	AU	端子 4 输入选择	只有把 AU 信号置为 ON 时端子 4 才能用(频率设定信号在 DC 4~20 mA 之间可以操作)。AU 信号置为 ON 时端子 2(电压输入)的功能将无效	
		PTC 输入	AU 端子也可以作为 PTC 输入端子使用(电动机的热继电器保护)。用作 PTC 输入端子时要把 AU/PTC 切换开关切换到 PTC 侧	
	CS	瞬停再启动选择	CS 信号预先处于 ON,瞬时停电再恢复时变频器便可自动启动。但用这种运行必须设定有关参数,因为出厂设定为不能启动	
	SD	接点输入公共端子(漏型)	接点输入端子(漏型逻辑)和端子 FM 的公共端子	—
		DC 24 V 电源	DC 24 V,0.1 A 电源(PC 端子)的公共输出端子,与端子 5 及端子 SE 绝缘	
		外部晶体管输出公共端(源型)	源型逻辑时连接 PLC 等的晶体管输出(电极开路输出),将晶体管输出用的外部电源公共端接到该端子上,可以防止因漏电引起的误动作	
	PC	接点输入公共端(源型)	当选择源型逻辑时,该端子作为接点输入端子的公共端	电源电压范围 DC 19.2~28.8 V,消耗电流 100 mA
		DC 24 V 电源	可作为直流 24 V,0.1 A 电源使用	

3. 变频器操作面板说明

变频器需要设置频率指令与启动指令。将启动指令设为 ON 后电动机便开始运转,同时根据频率指令(设定频率)来确定电动机的转速。请参照图 6-37 所示的流程图进行设定。

4. 操作面板各部分名称

三菱 FR-E700 变频器采用 FR-PA07 操作面板,其外形、各部分名称及功能如图 6-38 所示。

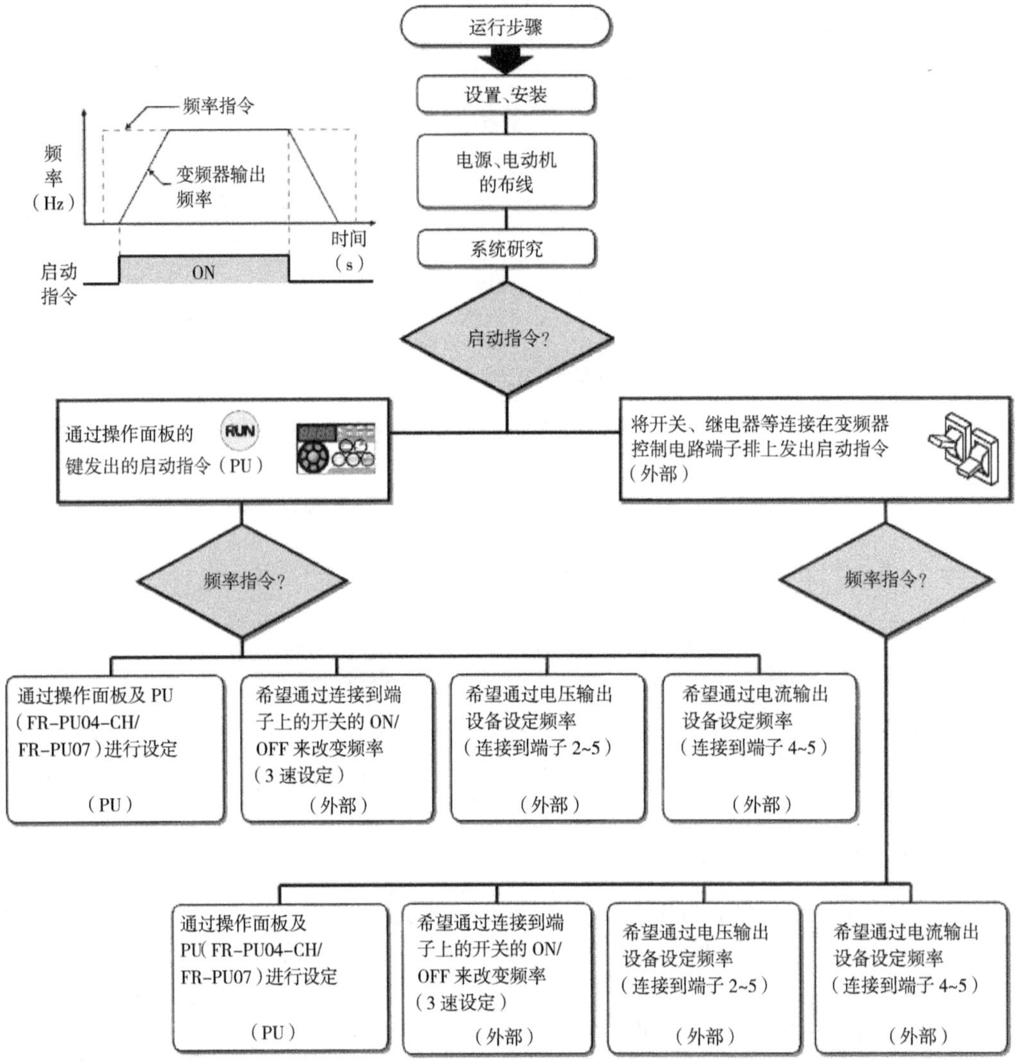

注　记

通电前请确认下列项目。

· 变频器是否已正确地安装在适当的位置。

· 接线是否正确。

· 电动机是否处于无负载状态。

图 6-37　变频器设置流程图

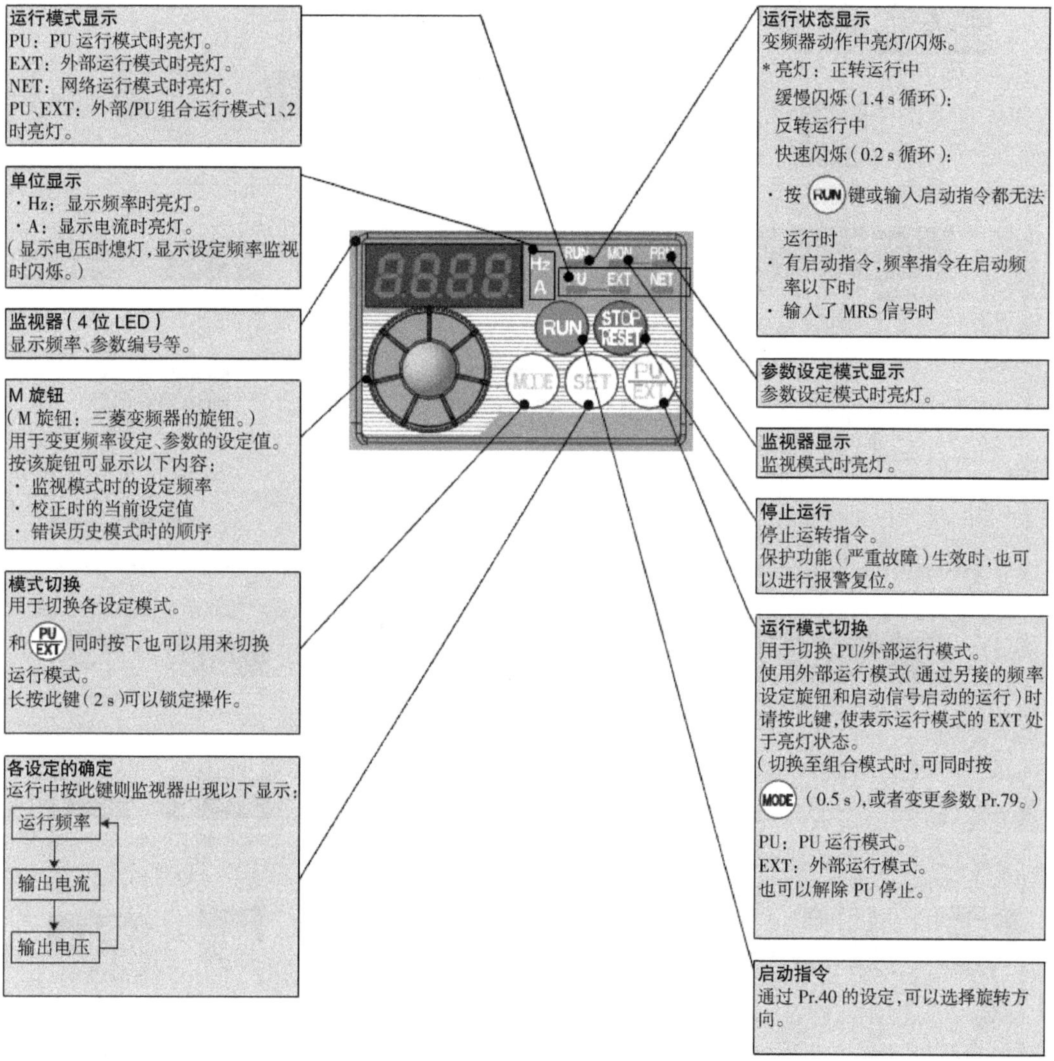

图 6-38　FR-PA07 操作面板功能说明

5. 模式切换操作

对变频器来说，要实现某些操作，首先要把操作面板切换到相应的模式，然后进行相应的操作。

变频器接通电源后，自动进入外部运行模式（输出频率监视器），按 PU/EXT 键，进入 PU 运行模式（输出频率监视器），再按“MODE”键进入参数设定模式，反复按“MODE”键进入报警历史，最后回到外部运行模式。具体操作过程如图 6-39 所示。当切换到某一模式后，操作“SET”或“M 旋钮”可对该模式进行具体的操作。

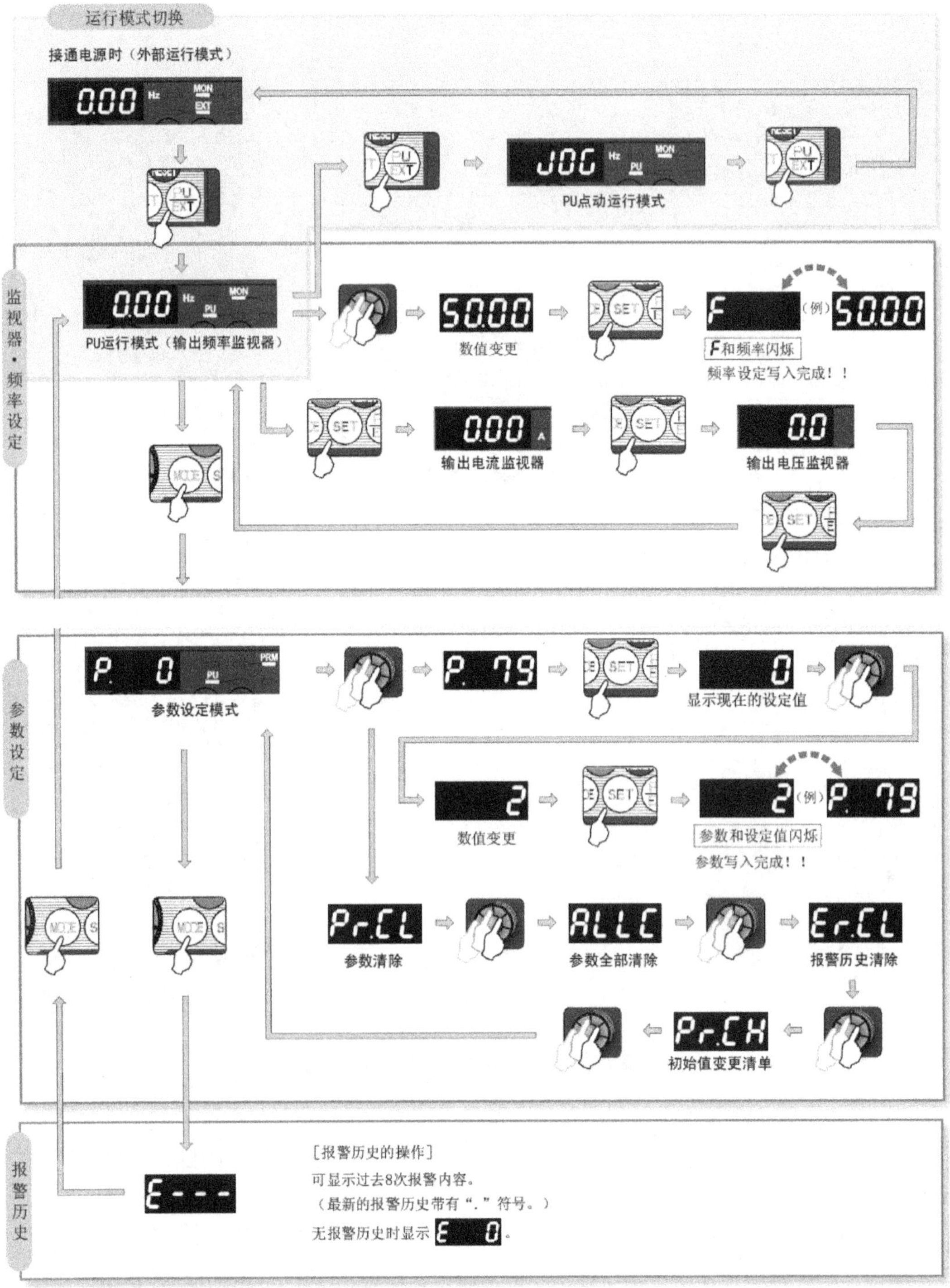

图 6-39 模式切换的操作

可通过简单的操作完成利用启动指令和速度指令的组合进行 Pr.79 运行模式的选择设定，如图 6-40 所示。运行模式如图 6-41 所示。

变更例　启动指令：外部（STF/STR）、频率指令：通过（旋钮）运行。

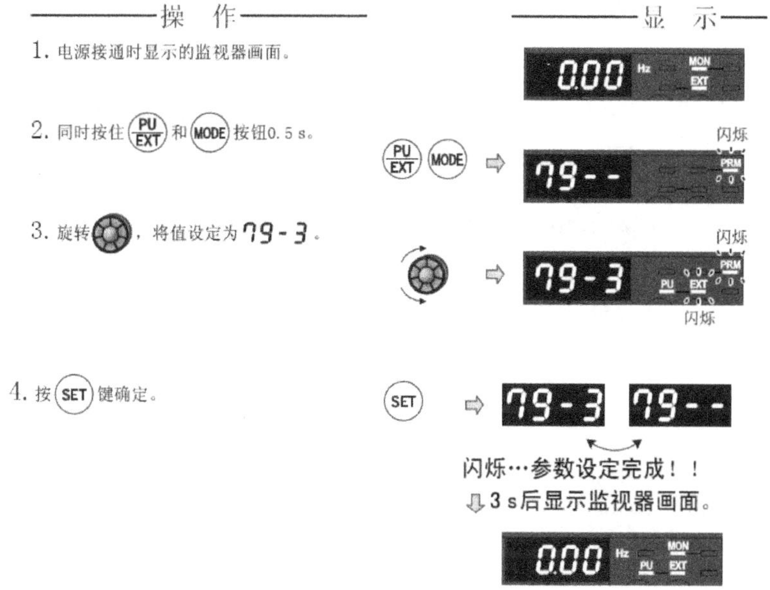

备　注

- ?显示 Er1 …为什么？
  - Pr.77＝"1"，禁止写入参数。
- ?显示 Er2 …为什么？
  - 运行中不能设定。请关闭启动指令（RUN、STF或STR）。
- 按 SET 键前按 MODE 键可以取消设定，返回监视器画面。如果此时是在PU运行模式（PU　JOG运行模式）下，则切换到外部运行模式；若在外部运行模式下，则切换到PU运行模式。
- 按 STOP/RESET 键可复位。

图 6-40　模式选择

操作面板显示	运行方法	
	启动指令	频率指令
闪烁 79-1 PU PRM 闪烁	RUN	
闪烁 79-2 EXT PRM 闪烁	外部（STF、STR）	模拟电压输入
闪烁 79-3 PU EXT PRM 闪烁	外部（STF、STR）	
闪烁 79-4 PU EXT PRM 闪烁	RUN	模拟电压输入

图 6-41　运行模式

变更参数的设定值,如图 6-42 所示。

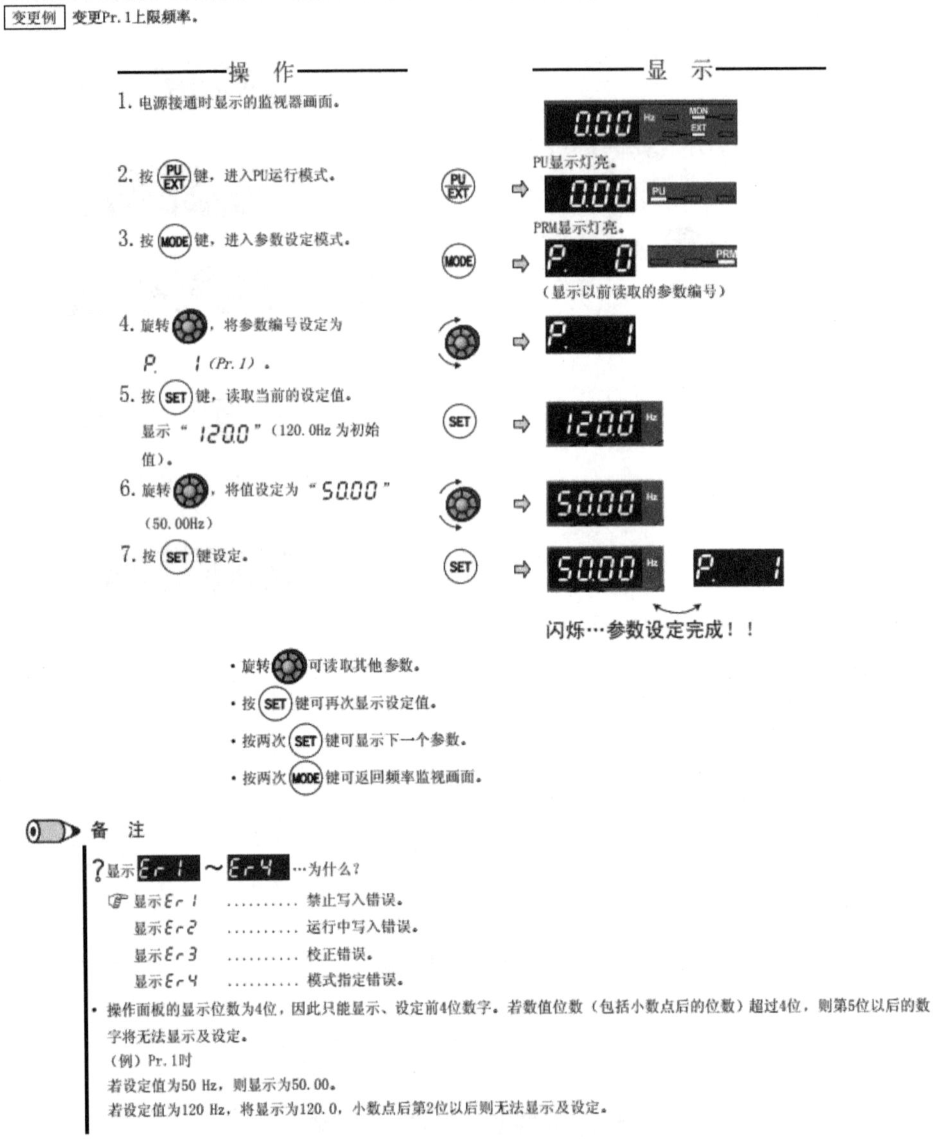

图 6-42 变更参数

6. 操作锁定(长按“MODE”键 2 s)

操作锁定(图 6-43)可以防止参数变更、意外启动或频率变更,使操作面板的 M 旋钮、键盘操作无效。

(1)Pr.161 设置为 10 或 11,按住 MODE 键 2 s 左右,此时 M 旋钮与键盘操作均无效。

(2)M 旋钮与键盘操作无效后操作面板会显示 HOLd 字样。在 M 旋钮、键盘操作无效的状态下，旋转 M 旋钮或者进行键盘操作将显示 HOLd（2 s 之内无 M 旋钮及键盘操作则回到监视画面）。

（3）如果想使 M 旋钮与键盘操作有效，按住 MODE 键 2 s 左右。

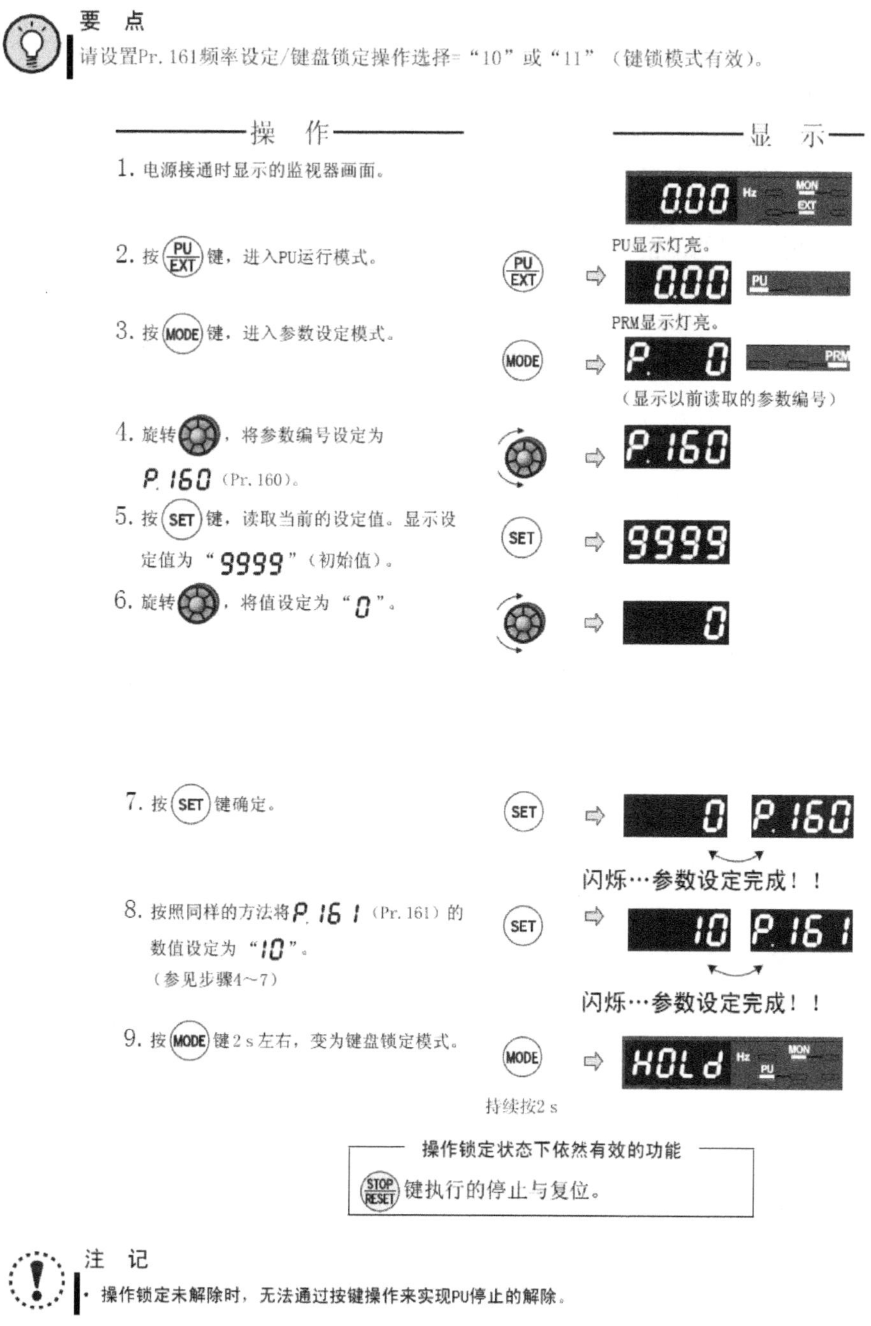

图 6-43　操作锁定

☑ 项目小结

1. 触摸屏的结构及外形。
2. EasyBuilder Pro 软件的使用。
3. 触摸屏和 PLC 之间的组态和通信设置。
4. 三菱 FR-E700 变频器的结构与外形。
5. 主回路端子与控制回路端子的功能。
6. 操作面板的组成和功能。
7. 不同运行模式下的操作,运行及相关参数设置。
8. 变频器的常用功能。
9. PLC 和变频器的连接、调试。